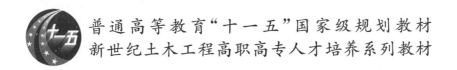

普通高等教育"十一五"国家级规划教材

新世纪土木工程高职高专人才培养系列教材

建筑施工技术

（第二版）

U0274310

应惠清　主编

同济大学　出版社

TONGJI UNIVERSITY PRESS

内容提要

本教材是根据国家最新的设计与施工规范、规程、标准等,通过解剖不同结构形式的工程对象,从施工组织、测量放线、基(槽)坑与土方工程、基础工程、主体结构等方面完整、系统地讲述建筑施工全过程。全书采取结合实际、典型深入的方法,将与建筑施工有关的内容组织在一起。编写遵循深入浅出、通俗易懂、图文并茂的原则,十分有利于教学。

本教材还配有完整的供教学用的电子教案,扫描封底二维码即可下载。该电子教案以文字教材为基础,将教学重点、难点和基本内容按章节编排,并与教学重点内容相结合,精选了大量的实际工程照片,还附有若干动画等素材,大大丰富了多媒体教学内容。电子教案可供教师课堂教学使用,也是学生自学与复习的最好工具。

本教材适合全日制院校、高职高专院校及函授、电大等建筑学专业和土木工程类相关专业作为教材使用;也可供高等院校其他相关专业的师生与土木工程技术人员参考学习。

图书在版编目(CIP)数据

建筑施工技术/应惠清主编. —2 版. —上海:同济
大学出版社,2011.6(2019.12 重印)
普通高等教育"十一五"国家级规划教材
ISBN 978-7-5608-4605-7

Ⅰ.①建… Ⅱ.①应… Ⅲ.①建筑施工—工
程施工—施工技术—高等学校—教材
Ⅳ. TU74

中国版本图书馆 CIP 数据核字(2011)第 120240 号

普通高等教育"十一五"国家级规划教材
新世纪土木工程高职高专人才培养系列教材

建筑施工技术(第二版)

应惠清　编著

责任编辑　杨宁霞　　责任校对　徐春莲　　封面设计　陈益平

出版发行　同济大学出版社　　www.tongjipress.com.cn
　　　　　(地址:上海市四平路 1239 号　邮编:200092　电话:021—65985622)

经　　销　全国各地新华书店
印　　刷　上海崇明裕安印刷厂
开　　本　787mm×1092mm　1/16
印　　张　14.25
字　　数　355000
版　　次　2011 年 6 月第 2 版　　2019 年 12 月第 5 次印刷
书　　号　ISBN 978-7-5608-4605-7

定　　价　32.00 元

序

本系列教材是针对土木工程高等职业教育应用型人才培养的需要而编写的。作者由同济大学土木工程专业知名教授、兄弟院校的资深教师以及有关工程技术人员担任。

为了使本教材符合土木类应用型人才培养的要求,既有较高的质量,又有鲜明的特色,我们组织编写人员认真学习了国家教育部的有关文件,在对部分院校和用人单位进行调研的基础上,拟定了丛书的编写指导思想,讨论确定了各分册的主要编写内容及相互之间的知识点衔接问题。之后,又多次组织召开了研讨会,最后按照土木类应用型人才培养计划与课程设置要求,针对培养对象适应未来职业发展应具备的知识、能力和素质结构等要求,确定了每本书的编写思路及编写提纲。并根据第一版出版几年来使用者的意见和建议。原有教材进行了修编,使之日臻完善。

本系列教材具有以下特点:

1. 编写指导思想以培养技术应用能力为主

本系列教材改变了传统教材过于注重知识的传授,及学科体系严密性而忽视社会对应用型人才培养要求和学生的实际状况的做法,理论的阐述以"必需、适度、够用"为原则,侧重结论的定性分析及其在实践中的应用。例如,专业基础课与工程实践密切结合,突出针对性;职业技术技能课教材内容以工程实际案例引领,主要介绍工程中必要的、重要的工艺、技术及相关的管理知识和现行规范。

2. 精选培养对象终身发展所需的知识结构

除了介绍高级应用型人才应掌握的基础知识及现有成熟的、在实践中广泛应用的技术外,还适当介绍了土木工程领域的新知识、新材料、新技术、新设备及发展新趋势,给予学生一定的可持续学习和能力发展的基础,使学生能够适应未来技术进步的需要。另外,兼顾到学生今后职业生涯发展的需要,教材在内容上还增加了有关建造师、项目经理、技术员、监理工程师、预算员等注册考试及职业资格考试所需的基础知识。

3. 编写严谨规范,语言通俗易懂

本系列教材根据我国土木工程最新设计与施工技术标准(规范、规程等)编写,体现了当前我国和国际上土木工程施工技术与管理水平,内容精炼、叙述严谨。另外,针对学生的群体水平,采取循序渐进的编写思路,深入浅出,图文并茂,文字表达通俗易懂。并根据教学需要配备了电子教案,附上大量多媒体、教学素材,更有利于课程的教学。

本系列教材在编写中得到许多兄弟院校的大力支持与方方面面工程界专家的悉心指导和帮助,在此表示衷心感谢。教材编写的不足之处,恳请广大读者提出宝贵意见。

2011 年 4 月

前　言

随着我国高等教育的普及与发展,在高等专业人才培养方面需要研究型、应用型、技能型等不同类型的人才,新世纪土木工程高职高专人才培养系列教材正是根据当高职土木类专业人才培养目标而编写的。

本教材编写的基本指导思想是使学生在掌握传统施工工艺的同时,也能掌握各种施工新技术;突出高职教育的特点,强调理论联系实际,以能力培养为核心。教材的编写根据我国最新的设计与施工规范、规程、标准等,体现当前我国与国际土木工程施工技术与管理水平。第二版编写中增添了许多近年来涌现的新的施工技术。

土木工程施工的相关课程是土木工程专业学生的重要专业课程。在培养学生具有独立分析与解决土木工程施工中有关施工技术与组织管理的基本知识与基本能力方面起着重要的作用。本教材重点讨论多层砌体结构、单层大跨结构、钢筋混凝土框架结构、高层建筑施工;叙述上述几种常见结构形式建筑的施工方案设计、方法及建筑工程施工技术的一般规律。教材通过解剖不同结构形式的工程对象,从施工准备、测量放线、基(槽)坑与土方工程、基础工程、主体结构等方面完整、系统地讲述建筑施工全过程,采取结合实际、典型深入的方法,将与建筑施工有关内容组织在一起。教材编写力求深入浅出、图文并茂、通俗易懂,第二版教材还配套了完整的供教学用的电子教案,扫描封底二维码即可下载。电子教案以文字教材为基础,将教学重点、难点和基本内容按章节编排,并精选了大量的实际工程照片,与教学内容有机结合,还附有若干动画等多媒体生动形象。电子教案可供教师课堂教学使用,也可供学生自学、复习。

本教材适合高职(高专)院校及函授、电大等土木类专业作为教学参考书,也可供高等院校其他相关专业的师生与土木工程技术人员学习、参考。

本教材由应惠清主编,2.3 节网架结构施工由金人杰编写,其余各章节均由应惠清编写。全书的插图由周太震、张骅绘制。

由于笔者对高职教材的编写经验不多,本书难免有不足之处,又由于工程技术的发展日新月异,教材内容仍显滞后,诚挚地希望广大读者提出宝贵意见,不吝赐教。

编　者

2010 年 12 月

目　录

1 多层砌体结构施工

砖石砌体建筑在我国有悠久的历史,目前在土木工程中仍占有相当的比重。

采用砖、砌块和砂浆砌筑而成的结构称为砌体结构。多层砌体结构是用砖、石砌体为竖向承重体系,并通过混凝土圈梁、楼板等来加强结构的受力性能以及整体性,这种结构具有很多优点,比如,砌体材料抗压性能较好;砌体材料易于就地取材;结构具有较好的耐火性、保温性、隔热性和耐久性;施工简便,管理、维护方便。它适用于多层住宅、办公楼、学校、旅馆以及中、小型厂房。砌体结构也有一些缺点是:砌体的抗压强度相对于混凝土及钢材等的强度来说还很低,其抗弯、抗拉强度更低;结构自重大,施工劳动强度高,运输损耗大。黏土砖所需土源要占用大片农田,因此,我国建筑技术政策明确限制使用黏土砖,2003 年 7 月 1 日起实心黏土砖"不得用于各直辖市,沿海地区的大、中城市和人均占有耕地面积不足 0.8 亩的省的大、中城市的新建工程。"因此,墙体材料的改革显得非常重要,如采用粉煤灰砖、蒸压灰砂砖等新型墙体材料。

1.1 砌体结构材料

砌体结构所用材料主要是砖、石或砌块及砌筑砂浆。

烧结普通砖、多孔砖等的强度等级分为 MU30,MU25,MU20,MUl5 和 MU10 五级。蒸压灰砂砖、蒸压粉煤灰砖的强度等级分为 MU25,MU20,MUl5 和 MU10 四级。

常温下施工对普通黏土砖、空心砖的含水率宜在 10%～15%,一般应提前 1～2 d 浇水润湿,避免砖吸收砂浆中过多的水分而影响粘结力,并可除去砖面上的粉末。但浇水过多会产生砌体走样或滑动。气候干燥时,石料亦应先洒水湿润。但灰砂砖、粉煤灰砖不宜浇水过多,其含水率控制在 8%～12% 为宜。对混凝土小型空心砌块,可提前洒水湿润,但表面不得有浮水。

砌筑砂浆有水泥砂浆、石灰砂浆和水泥石灰混合砂浆。砂浆强度等级分为五级,即 M15,M10,M7.5,M5 和 M2.5。

用于拌和砂浆的水泥在进场使用前,应分批对其强度、安定性和初凝时间进行复验。检验批应以同一生产厂家、同一编号为一批。施工中应注意检查水泥强度、安定性的复验报告单,对安定性不合格的水泥,不得在砌筑砂浆中使用,强度等级应依据复验结果来定。

当在使用中对水泥质量有怀疑或水泥出厂超过 3 个月(快硬硅酸盐水泥超过 1 个月)时,应复查试验,并按其结果使用。不同品种的水泥,不得混合使用。在工程中应经常了解施工现场水泥使用状况。

砂浆用砂不得含有有害杂物。砂浆用砂的含泥量对水泥砂浆和强度等级不小于 M5 的水泥混合砂浆,不应超过 5%;对强度等级小于 M5 的水泥混合砂浆,不应超过 10%。

凡在砂浆中掺入有机塑化剂、早强剂、缓凝剂、防冻剂等,应经检验和试配符合要求后,方可使用,有机塑化剂应有砌体强度的型式检验报告。由于有机塑化剂种类较多,其作用机理各异,故除了应进行材料本身性能(如对砌筑砂浆密度、稠度、分层度、抗压强度、抗冻性等)检测之外,尚应针对砌体强度进行检验,应有完整的型式检验报告。例如,在水泥砂浆中掺入微沫剂后,经搅拌,在砂粒四周形成微小而稳定的空气泡,从而起到润滑和改善砂浆性能的作用。但是,经国内、外的试验表明,掺用微沫剂的水泥砂浆对砌体抗压强度将产生不利影响,其强度降低 10%,而对砌体的抗剪强度没有影响。

水泥砂浆和混合砂浆可用于砌筑潮湿环境和强度要求较高的砌体,但对于基础不应采用混合砂浆。

石灰砂浆宜用于干燥环境中以及强度要求不高的砌体,不宜用于潮湿环境的砌体及基础,因为石灰属气硬性胶凝材料,在潮湿环境中,石灰膏不但难以结硬,而且会出现溶解流散现象。

混合砂浆和石灰砂浆制备中严禁使用脱水硬化的石灰膏。石灰膏是施工中常用的一种塑化材料,它是生石灰经过熟化,用网滤渣后,储存在石灰池内,沉淀后形成膏糊状材料。用于砌筑工程石灰熟化的时间不应少于 7 d。脱水硬化的石灰膏不但起不到塑化作用,还会降低砂浆强度。

砌筑砂浆应采用机械搅拌,自投料完算起,搅拌时间对水泥砂浆和水泥混合砂浆不得少于 2 min;对水泥粉煤灰砂浆和掺用外加剂的砂浆不得少于 3 min;对掺用有机塑化剂的砂浆,应为 3~5 min。砂浆在砌筑施工中还应随拌随用,水泥砂浆和水泥混合砂浆应分别在 3 h 和 4 h 内使用完毕;当施工期间最高气温超过 30℃时,应分别在拌成后 2 h 和 3 h 内使用完毕。对掺用缓凝剂的砂浆,其使用时间可根据具体情况延长。

此外,砌筑砂浆的稠度、分层度、试配抗压强度必须都符合要求。砌筑砂浆的分层度是衡量砂浆经砂浆运输、停放等其保水能力降低的性能指标,即分层度越大,砂浆失水越快,其施工性能越差。因此,为保证砌体灰缝饱满度、块材与砂浆间的粘结和砌体强度,砌筑砂浆的分层度不得大于 30 mm。

砖、砌块、石材和砂浆的强度等级必须符合设计要求。由于砌体强度设计值不仅取决于块材,而且与砂浆的强度等级以及施工质量等有关,因此,为保证砖砌体的受力性能和施工质量,砖和砂浆的强度等级必须符合设计要求。

对于砖、砌块的每一验收批抽 1 组进行强度检验。砖的验收批是这样确定的:烧结普通砖 15 万块、多孔砖 5 万块、灰砂砖及粉煤灰砖 10 万块、小砌块每一生产厂家每 1 万块小砌块为一批,用于多层以上建筑的基础和底层的小砌块至少抽 2 组进行强度检验。对同产地的石材至少抽 1 组进行强度等级检验。施工时所用的灰砂砖、粉煤灰砖及小砌块的产品龄期不应小于 28 d。

对于砌筑砂浆同一类型、强度等级的每一砌体检验批且不超过 250 m³ 砌体施工中,对每台搅拌机应至少进行一次砂浆强度抽检。

1.2　浅埋条形基础施工

多层砌体结构多采用浅埋条形基础,当遇到地基承载力不足、设计沉降量较大或局部土质较差等情况时,通常采用地基处理的方法,如水泥土搅拌桩复合地基、沉降控制小方桩、注浆法、换土法等。

条形基础的施工顺序为:建筑定位→放线(轴线及基槽(坑)边线)→土方开挖→基槽(坑)验收→垫层→基础放线→砖石或混凝土基础施工→墙身防潮层→基槽回填土→房心填土或底层架空板铺设。

1.2.1 建筑定位与放线

1)建筑定位

房屋建筑的定位根据建筑总平面图确定,定位时一般先确定主轴线,建筑物的细部则可根据主轴线确定。建筑总平面图中会给出定位依据,通常有以下几种。

（1）根据建筑红线确定拟建建筑的主轴线

如图1-1所示,图中$ABCD$为拟建建筑,Ⅰ—Ⅱ及Ⅱ—Ⅲ为建筑规划红线,AB,BC为拟建建筑主轴线,分别平行于Ⅰ—Ⅱ和Ⅱ—Ⅲ,a,b是AB轴线与Ⅰ—Ⅱ红线及BC轴线与Ⅱ—Ⅲ红线的距离,依此可确定房屋的位置。

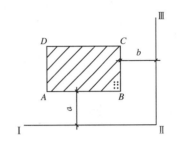

图1-1 由建筑红线测设主轴线

（2）根据已有建筑物等确定

如图1-2(a)所示,已有建筑$ABCD$,其左侧为拟建建筑$EFGH$,它们的主轴线相互平行,根据它们的相对位置关系a和b即可确定拟建建筑的位置。图1-2(b)则是根据已有道路中心线来定位,它根据a,b及α即可定位。

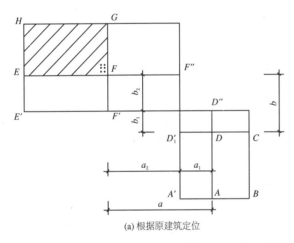

(a) 根据原建筑定位

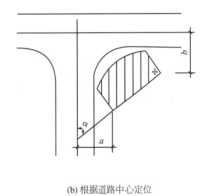

(b) 根据道路中心定位

图1-2 由已有建筑等测设主轴线

（3）根据建筑方格网确定主轴线

对于大型建筑群,建筑总平面图上通常会绘出测量方格网及建筑与其关系,此时房屋建筑的定位可根据现场方格网来确定。

（4）根据坐标确定主轴线

有些建筑形体复杂,曲线较多,这种情况下定位一般根据坐标来确定。

上述定位方法在高层建筑及单层厂房等施工中也适用。

2)基础放线

（1）基础放线

根据定位的主轴线及控制点,将房屋的外墙轴线的交点用木桩测定于地面上,在木桩上钉一小钉作为轴线交点的标志,再根据基础平面图确定内部分间轴线,也测定分间轴线桩,所有定位桩设置定后,应进行复核。轴线间距离的误差不得超过轴线长度的1/20 000。

根据轴线,放出基槽(坑)开挖的边线,基槽(坑)的开挖宽度除基础底部宽度外,应增加施工作业面及模板支撑的宽度。开挖边线一般用石灰粉在地面上撒出,故通常称为"放灰线"。放灰线有时在龙门板设置后进行。

（2）标志板（龙门板）及引桩的设置

土方开挖后,轴线桩要被挖除,这对以后基础定位带来麻烦。因此,在基础施工前应在建筑物的主要轴线部位设置标志板。标志板上标明基础、墙身和轴线的位置与标高。标志板亦称龙门板,设在基槽（坑）外一定距离,它对基础定位比较方便,可确定轴线位置及基础标高,但它占地较大,且易被碰动。因此,对于外形或构造简单的建筑物,工程中亦常采用控制轴线的引桩代替标志板,但引桩只能确定轴线,标高则需另外测定。

① 标志板的设置（图1-3）

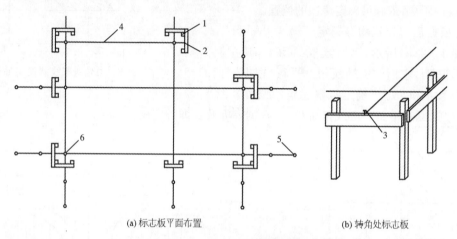

(a) 标志板平面布置　　　　　　　　　(b) 转角处标志板

图1-3　标志板设置

1—龙门桩;2—标志板;3—轴线钉;4—线绳;5—引桩;6—轴线桩

标志板设置的步骤和要求如下:

a. 在建筑物的四角与内墙两端的基槽（坑）外侧先打设龙门桩,龙门桩应离开基槽（坑）开挖外边线1~2 m（根据基槽（坑）开挖深度及土质而定）。

b. 将水准点引至龙门桩上,同一建筑宜用同一标高,如遇地形起伏较大而选用两个标高时,应做标志,以防开挖基槽（坑）及基础施工时发生错误。

c. 根据龙门桩上的标高标志钉上的标志板,标志板的标高差不应大于5 mm。

d. 用经纬仪或拉线后用线锤,通过轴线桩将轴线引至标志板的顶面上,并在其上钉上小钉作为标志,该钉称为轴线钉。轴线钉的容许偏差为±3 mm。

e. 在轴线钉之间拉线,复核检查控制轴线之间的距离。如龙门板在同一标高上,则只要测量拉线交点间的间距;如标志板在不同标高上,则丈量时应注意保持钢尺的水平,防止测量误差。轴线间的距离相对误差不应大于1/20 000。

如果放灰线是在标志板设置后进行的,则可以标志板上的轴线钉为准,将基础宽标在龙门板上,再以基槽宽度拉线放出灰线。在标志板上还可标出基础墙的宽度,以便砌筑时的放线。

② 引桩的设置

根据轴线桩或龙门板上的轴线钉,将轴线延长至建筑外若干距离,在轴线的延长线上设置定位桩,这种桩称为"引桩"。

引桩一般设在建筑外5~10 m的位置,如该引桩将来还要作为向上层投测轴线的依据,则可设在更远的地方,以免向上投测时经纬仪的仰角过大而不便测量。引桩应设在不易被碰到的位置,并应妥善保护。如附近有永久性建筑物,也可将轴线延伸至永久建筑物上划出标志备用。

1.2.2 土方开挖

土方开挖前应先计算好土方工程量,包括挖、填土方量,并根据原地面标高及设计±0.00标高,确定土方的弃留。土方不应堆在基坑边缘。对于基槽的土方,如果土方量不大,一般可以堆置在基槽边,但堆土不宜过高,堆土坡脚至基槽上方边缘不宜太近,以防止松土塌落基槽内及槽壁塌方。较深的基槽及基坑的土方不应堆在坑边,一般外运或在场区内平衡。

基槽(坑)土方可采用反铲或抓铲挖土,也可用人工开挖。基坑土方一般用反铲开挖。挖土接近基底时应进行基底找平。基底找平用水准仪进行,其方法是在基槽(坑)侧壁打设一排小竹桩,其标高一致,一般离坑底500 mm左右,竹桩间距2 m左右;基底标高以上应预留一层土(厚度根据挖土机械确定)用人工清理,在人工清理时,以竹桩为基准找平基底(图1-4)。

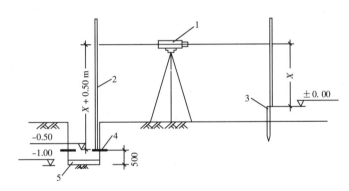

图1-4 基底找平
1—水准仪;2—水准尺;3—龙门板;4—小竹桩;5—预留人工挖土

雨季施工或基槽(坑)挖好后不能及时进行下一工序时,可在基底标高以上留150~300 mm厚的一层土不挖,待下一工序开始前再挖除。

在基槽(坑)开挖时,应做好排水和降水位工作。设置若干集水井或井点降水,以抽取槽(坑)内的积水、降低地下水位,而保证基础工程顺利进展。

1.2.3 基槽(坑)验收

基槽(坑)开挖后的验收内容包括基槽(坑)的标高及平面位置,基槽的断面尺寸,地基土有无异常,如软硬点、空洞、旧基、暗浜等,如有地基处理的,则应验收地基处理的质量。

基槽(坑)开挖的验收标准见表1-1。

表 1-1　　　　　　　　　　　基槽(坑)土方开挖的允许偏差　　　　　　　　　　(单位：mm)

项	序	项　目	允许偏差	检验方法	备　注
主控项目	1	底面标高	-50	水准仪	
	2	长度、宽度	+200,-50	经纬仪,用钢尺量	由设计中心线向两边量
	3	边坡坡度	设计要求	观察或用坡度尺量	
一般项目	1	表面平整度	20	用2m靠尺和楔形塞尺检查	
	2	基底土性	设计要求	观察或土样分析	

基槽(坑)验收时,施工单位必须会同勘察设计单位及建设(或监理)单位共同进行,检查基底土质是否符合要求,并作好隐蔽工程记录,如有异常应会同设计单位确定处理方法。

一般情况下可以采用观察验槽,主要检查基槽(坑)的位置、尺寸、标高和边坡;槽底是否已挖至老土层(地基持力层)上;土的颜色、坚硬程度等是否均匀一致;土的含水量;槽底有无空穴声音等。

基槽(坑)的验收必要时可以采用钎探的方法。钎探就是用锤将钢钎打入坑底以下的土层内一定深度,根据锤击次数和入土难易程度来判断土的软硬情况及有无墓穴、枯井、土洞、软弱下卧土层等。钢钎的打入分人工和机械两种。钎探前一般先绘制钎探点平面布置图,然后按钎探点进行钎探。对于同一工程,钎径、锤重应一致、用力(落距)也应一致。每贯入300 mm,记录一次锤击数,并将其填表。钎探后将记录整理并进行分析,再横向分析。将有关结果在钎探点平面布置图上加以圈注,以备检查。施工检验后应用砂灌实钎孔。

如果原地基土进行过地基加固,则应根据地基加固设计进行相应的检测。对灰土地基、砂和砂石地基、土工合成材料地基、粉煤灰地基、强夯地基、注浆地基、预压地基,其竣工后的地基强度或承载力必须达到设计要求的标准。检验数量,每单位工程不应少于3点;1 000 m²以上工程,每100 m²至少有1点;3 000 m²以上工程,每300 m²至少有1点。每个独立基础下至少有1点,基槽每20延米应有1点。

对水泥土搅拌桩复合地基、高压喷射注浆桩复合地基、砂桩地基、振冲桩复合地基、土和灰土挤密桩复合地基、水泥粉煤灰碎石桩复合地基及夯实水泥土桩复合地基,其承载力检验,数量为总数的0.5%～1%,且不应少于3处。有单桩强度检验要求时,数量为总数的0.5%～1%,且不应少于3根。

1.2.4　基础施工

基槽(坑)验收后应及时浇筑垫层,以防止水扰动基底或遇水浸泡。在垫层上应弹出设计的基础外边线,基础弹线仍利用标志板或引桩拉线,再用线锤引至垫层,然后用墨斗弹线。

对钢筋混凝土基础,则应先支撑侧模板,再放置钢筋,然后浇筑混凝土。浇筑混凝土前也应进行隐蔽工程验收。对砖基础则应先设置基础小皮数杆,然后进行基础墙的砌筑。基础墙的砌筑,应注意以下几点:

(1)砌筑基础前,必须用钢尺校核放线尺寸,其允许偏差不应超过表1-2的规定。

表 1 - 2　　　　　　　　　　放线尺寸的允许偏差

长度 L、宽度 B 的尺寸/m	允许偏差/mm
$L(B) \leqslant 30$	± 5
$30 < L(B) \leqslant 60$	± 10
$60 < L(B) \leqslant 90$	± 15
$L(B) > 90$	± 20

（2）有高低台基础时，应从低处砌起，并由高台向低台搭接。如无设计要求，搭接长度不应小于基础扩大部分的高度。基础高低台的合理搭接对于保证基础砌体的整体性至关重要。从受力角度看，基础扩大部分的高度与荷载、地基承载力等都有直接关系。因此，在砌筑时应予以注意。

（3）为保证基础的整体性，砌体的转角处和交接处应同时砌筑。当不能同时砌筑时，应按规定留槎、接槎。因基础墙一般高度不太大，因此，在需留槎时应采用斜槎搭接的方法。

（4）基础中通常有预留孔洞作为管线的出入口，在砌筑时应随砌随留，避免砌后凿开而影响结构。

（5）基础墙顶一般设计有防潮层（如 60 mm 厚细石密实混凝土、钢筋混凝土基础梁等），如设计无具体要求，可用 20 mm 厚 1：2.5 的水泥砂浆加适量的防水剂铺设。抗震设防地区，不应用油毡作基础墙的水平防潮层。

如采用毛石砌筑基础，应将毛石表面泥垢、水锈等杂质清除干净，并采用铺浆法砌筑。毛石砌体宜分皮卧砌，上下错缝，内外搭砌，不得采用外面侧立石块、中间填心的砌筑方法。毛石基础的第一皮应将大面向下，基础扩大部分一般做成阶梯形，上级阶梯的石块应至少压砌下级阶梯的 1/2。当砌至最上一皮时，外皮石块要求伸入上部墙内的长度不应小于墙厚的 1/2，以保证其可靠的搭接。

1.2.5　回填土

基础施工完成后，应及时进行土方回填，以防止基础浸水。填土时应与地下管线埋设工作统筹安排，可以先进行管线的埋设工作，再进行土方回填，这样可以避免土方的二次开挖，但回填土方时应注意防止管线受损。

填土前应清除基底的垃圾、树根等杂物，抽除坑穴内积水、淤泥。

回填土应选择好的土料，尽量采用同类土；选择合适的压实机具，确保填土的密实度；注意应从最低处开始，整个宽度分层回填；基础两侧的土方应同时回填，并使两侧回填土的高差不要太大，以防止将墙挤动引起过大的侧向位移或产生裂缝、坍塌。如不能做到双侧回填，单侧回填应在砌体达到足够的侧向承载能力后进行。

填方施工结束后，应检查填土的标高、边坡坡度、压实程度等，检验标准应符合表 1 - 3 的规定。

表 1 - 3　　　　　　　　　填土工程质量检验标准　　　　　　　　　（单位：mm）

项	序	项　目	允许偏差	检验方法
主控项目	1	标　高	−50	水准仪
	2	分层压实系数	设计要求	按规定方法
一般项目	1	回填土料	设计要求	取样检查或直观鉴别
	2	分层厚度及含水量	设计要求	水准仪及抽样检查
	3	表面平整度	20	用靠尺或水准仪

1.3　主体结构施工

1.3.1　施工流程

砌体结构主体工程的施工流程如下：

基础顶面抄平、放线→立皮数杆→砌筑第一层墙体（包括安装过梁等预制构件）→吊装或浇筑楼板→砌筑第二层墙体→……（逐层向上砌筑墙体）……→吊装或浇筑屋面板。

砌体结构施工的主导工程为砌筑工程。

如楼板为预制板时，则在预制楼板吊装前应先浇筑圈梁，再进行板底找平，然后进行楼板安装；如楼板为现浇板时，则通常将圈梁与楼板同时整体浇筑。

在各层结构施工时，水、电、暖等工种应穿插配合进行，砌墙及混凝土浇筑时均应防止遗漏预留孔洞及预埋管线、埋件等工作，并为管线及设备安装工作提供必要的时间及作业面。

1.3.2　施工方法

1）基础顶面抄平放线

基础顶面标高一般在基础防潮层施工时就应控制好，并达到标准。局部标高偏差应在上部结构施工前用水泥砂浆予以找平。

基础顶面放线仍可借助标志板或引桩，但一般只弹出墙的中心线。并将中心线引至基础墙的立面，作为标志，以便向上投测轴线。在基础顶面放线时，应同时画出门洞、墙端、砖柱等的位置。

2）立皮数杆

当砌体结构的材料为黏土砖、灰砂砖、粉煤灰砖、料石及小型砌块时，在砌筑前应先设置皮数杆。皮数杆对保证砌体灰缝一致，避免砌体发生错缝、错皮的作用很大。一般先按规定的层高、结构变化位置、允许灰缝大小及块材的规格计算砌筑的灰缝厚度，并在皮数杆上画出标线。

墙身皮数杆一般设立在建筑的外墙拐角处。为便于施工，当采用外脚手架砌筑时，皮数杆宜设立在墙角内侧；当采用里脚手架砌筑时，皮数杆宜设立在墙角外侧（图1-5）。

首层墙的皮数杆可用木桩固定，也可附于基础墙上，二层及二层以上的皮数杆则固定于下层墙面或楼板面上。皮数杆的设立应注意使皮数杆上的±0.00标高或楼面起始标高（如＋2.800）定位准确，并应使皮数杆保持垂直。

3）砌筑墙体

砖、石墙体砌筑有关工艺要求可以参考《土木工程施工》，在此不再赘述。

下面讨论砌筑墙体应注意的一些问题。

（1）砌体的灰缝厚度与饱满度

由于砌体强度与砌筑质量也有直接关系，其中灰缝厚度及灰缝饱满度是砌筑时应重点控制的指标。

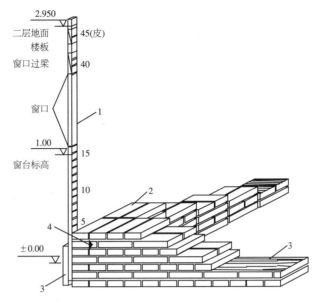

图 1-5　皮数杆设置
1—皮数杆；2—砖墙；3—木桩；4—墙的中心线标志

不同块体材料其灰缝厚度不同。砖砌体和混凝土小型空心砌块砌体的灰缝厚度为 10±2 mm；加气砌块水平灰缝为 15 mm，竖向灰缝为 20 mm；石砌体中毛石和粗料石不宜大于 20 mm，细料石不宜大于 5 mm。竖向灰缝不得出现透明缝、瞎缝和假缝。砖砌体检查时用尺量 10 皮砖砌体高度折算。混凝土小型空心砌块砌体检查时用尺量 5 皮砖小砌块的高度和 2 m 砌体长度折算。试验表明，竖向灰缝的饱满度对砌体的抗剪强度、弹性模量均有直接影响，竖向没有砂浆的砌体，其抗剪强度比竖向有砂浆的砌体降低约 23％。

灰缝的饱满度对砖砌体水平灰缝每检验批抽检数量不应少于 5 处，砖砌体水平灰缝饱满度不得小于 80％。对混凝土小型空心砌块砌体其水平灰缝饱满度按净面积计算不得小于 90％，竖向灰缝饱满度不得小于 80％。其抽检数量为每检验批抽查不应少于 3 处。检查方法与砖砌体相同。

检验方法：用百格网检查砖底面与砂浆的粘结面积。每处检测 3 块砖，取其平均值。

（2）洞口、管道等的预留与预埋

设计的洞口、管道及沟槽等均应按照设计要求进行预留与预埋，未经设计同意，不得打凿墙体或在墙体上开凿水平的沟槽。跨度大于 300 mm 的洞口上部，应设置过梁。

（3）墙体的自由高度

砖墙或砖柱顶面尚未安装楼板或屋面板时，如有可能遇到大风，其允许自由高度不得超过表 1-4 的规定，否则应采取可靠的临时加固措施。对于设置圈梁的墙及柱，如墙体未达到圈梁位置时，其砌筑高度从地面算起；如墙体超过圈梁，并圈梁的混凝土强度达到 5 N/mm² 以上时，则可从最近的一道圈梁算起。

表 1-4　　　　　　　　　　　　　　　墙和柱的允许自由高度

墙(柱)厚/mm	墙和柱的允许自由高度/m					
	砌体密度＞1 600 kg/m³			砌体密度＞1 300～1 600 kg/m³		
	风载/(kN/m²)			风载/(kN/m²)		
	0.30 (约7级风)	0.40 (约8级风)	0.60 (约9级风)	0.30 (约7级风)	0.40 (约8级风)	0.60 (约9级风)
190	—	—	—	1.4	1.1	0.7
240	2.8	2.1	1.4	2.2	1.7	1.1
370	5.2	3.9	2.6	4.2	3.2	2.1
490	8.6	6.5	4.3	7.0	5.2	3.5
620	14.0	10.5	7.0	11.4	8.6	5.7

注：① 本表适用于施工处标高(H)在 10 m 范围内的情况,如 10 m＜H≤15 m,15 m＜H≤20 m 时,表内的允许自由高度值应分别乘以 0.9,0.8 的系数;如 H＞20 m 时,应通过抗倾覆验算确定其允许自由高度。

② 当所砌筑的墙有横墙或其他结构与其连接,而且间距小于表列限值的 2 倍时,砌筑高度可不受本表规定的限制。

（4）砌体的接槎

"接槎"是指相邻砌体不能同时砌筑而设置的临时间断,它可便于先砌砌体与后砌砌体之间的接合。

砖砌体房屋在地震作用下的震害特点是破坏率高。统计表明,当遭遇 6 度、7 度地震时,多层砖房就有破坏的可能;遭遇 8 度、9 度地震时,将发生明显的破坏,甚至倒塌;遭遇到 11 度地震时,几乎全部倒塌。震害调查还表明,多层砖房的转角部位和内外墙交接部位的破坏是一种典型的震害。砌体内外墙节点的砌筑质量是保证砌体结构整体性及抗震性的关键之一。试验表明,纵横墙同时砌筑的整体性最好;留置斜槎时,墙体的整体性有所降低,承受水平荷载能力较同时砌筑墙体的低 7% 左右;留直槎并设拉结钢筋的墙体和只留直槎不设拉结钢筋的墙体,其承受水平荷载能力分别较同时砌筑墙体的低 15% 和 28%。混凝土小砌块砌体的房屋转角处和纵横墙交接处也和砖砌体房屋一样墙体转角处和纵横墙交接处是受力(特别是在地震作用下)的薄弱部位。此外,在结构正常沉降下还易引起内外墙之间的开裂。因此,在砌体结构施工时应处理好砌体的接槎。

① 砖砌体的接槎

砖砌体的转角处和交接处应同时砌筑,严禁无可靠措施的内外墙分砌施工。对不能同时砌筑而又必须留置的临时间断处应砌成斜槎,斜槎水平投影长度不应小于高度的 2/3。

非抗震设防及抗震设防烈度为 6 度、7 度地区的临时间断处,当不能留斜槎时,除转角处外,可留直槎,但直槎必须做成凸槎。留直槎处应加设拉结钢筋,拉结钢筋的数量为每120 mm 墙厚放置 1φ6 拉结钢筋(120 mm 厚墙放置 2φ6 拉结钢筋),间距沿墙高不应超过 500 mm;埋入长度从留槎处算起每边均不应小于 500 mm,对抗震设防烈度 6 度、7 度的地区,不应小于 1 000 mm;末端应有 90°弯钩(图 1-6)。

② 混凝土小型空心砌块砌体的接槎

混凝土小型空心砌块墙体转角处和纵横墙交接处应同时砌筑。临时间断处应砌成斜槎,斜槎水平投影长度不应小于高度的 2/3。

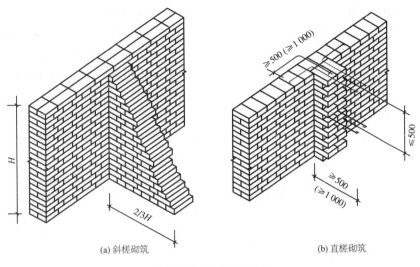

(a) 斜槎砌筑   (b) 直槎砌筑

图 1-6　砖墙的接槎

为使接槎牢固,在后面墙体补槎施工前,必须将留设的接槎处表面清理干净,浇水湿润,并填实砂浆,保持灰缝平直。

（5）构造柱施工

砌体结构中设置构造柱及圈梁是为了增强砌体结构整体性和抗震性能。从受力角度讲,构造柱不是柱,而圈梁也不是梁,因为它们的形式与柱、梁相似故被称为柱和梁。它们的作用是将砌体结构"箍"成整体。

设置钢筋混凝土构造柱的砌体,应按先砌墙后浇柱的施工程序进行。构造柱与墙体的连接处应砌成马牙槎,从每层柱脚开始,先退后进,每一马牙槎沿高度方向的尺寸不宜超过300 mm。沿墙高每 500 mm 设 2φ6 拉结钢筋,并不少于 2 根,每边伸入墙内不宜小于1m。预留伸出的拉结钢筋,不得在施工中任意反复弯折,如有歪斜、弯曲,在浇灌混凝土之前,应校正到准确位置并绑扎牢固（图 1-7）。

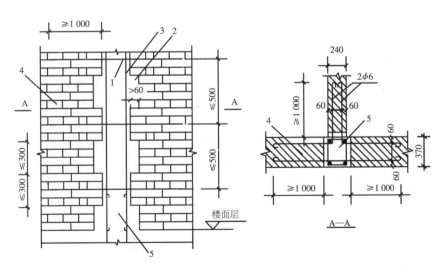

图 1-7　构造柱与墙体的连接
1—拉结钢筋;2—马牙槎;3—构造柱钢筋;4—墙;5—构造柱

在浇灌砖砌体构造柱混凝土前，必须将砌体和模板浇水润湿，并将模板内的落地灰、砖碴和其他杂物清除干净。构造柱混凝土可分段浇灌，在施工条件较好并能确保浇灌密实时，亦可每层浇灌一次。浇灌混凝土前，在结合面处先注入适量水泥砂浆（构造柱混凝土配比相同的去石子水泥砂浆），再浇灌混凝土。振捣时，振捣器应避免触碰砖墙，严禁通过砖墙传递振动。

构造柱位置及垂直度允许偏差应符合表1-5的规定。

（6）砌体工程冬期施工

当室外日平均气温连续5 d稳定低于5℃时，砌体工程施工应采取冬期施工措施。如果在冬期施工期限外，当日的最低气温低于0℃时也应采取冬期施工措施。

砌体工程冬期施工时应制定完整的工期施工方案，提出有关材料管理与控制、施工技术，试验要求，养护方法等相应的技术与管理措施。

砌体工程冬期施工所用材料应符合表1-5中的规定：

表1-5 构造柱尺寸允许偏差

项次	项 目		允许偏差/mm	抽检方法
1	柱中心线位置		10	用经纬仪和尺检查或用其他测量仪器检查
2	柱层间错位		8	用经纬仪和尺检查或用其他测量仪器检查
3	柱垂直度	每层	10	用2 m托线板检查
		全高 ≤10 m	15	用经纬仪、吊线和尺检查或用其他测量器检查
		>10 m	20	

注意：

① 石灰膏、电石膏等应防止受冻，如遭冻结，应在融化后使用；

② 拌制砂浆用砂，不得含有冰块和大于10 mm的冻结块；

③ 砌体用砖或其他块材不得遭水浸冻。

由于石灰膏、电石膏等处于冻结状态下很难在砂浆中拌合均匀，这不仅起不到改善砂浆和易性的作用，还会降低砂浆强度。施工中对石灰膏、电石膏应覆盖保温材料，避免暴露在空气中，直接受大风和雨、雪影响而冻结。

砂浆用砂有一定的含水率，在冬期施工中有可能冻结成一定直径的砂块，且可能混有冰块，从而影响砂浆的均匀性和强度，因此，施工中对拌制砂浆用的砂应过筛，必要时可以进行加热，去除冰块和冻结块。

常温下，砖或其他块材表面的污物的清除比较容易，但当其遭受水浸冻后，块材表面的污物较难清除干净，会直接影响块材与砂浆间的粘结，进而降低砌体的整体性和强度。块材堆放中可适当覆盖，以防止雨、雪直接飘落在块材上。普通砖、多孔砖及空心砖等在冬期气温低于0℃时，可以不浇水，但必须增大砂浆的稠度。抗震设防烈度为9度的建筑物，普通砖、多孔砖和空心砖无法浇水湿润时，如无特殊措施，不得砌筑。

冬期施工砂浆试块的留置，除应按常温规定要求外，尚应增留不少于1组与砌体同条件养护的试块，测试检验28 d强度。

砌体工程的冬期施工常采用掺盐砂浆法。掺入盐类的水泥砂浆、水泥混合砂浆或微沫砂浆称为掺盐砂浆，它的作用主要是降低砂浆冰点，在一定负温度条件下能起抗冻作用。掺盐砂浆与砖石有一定的粘结力,使砌体在解冻期不必采取加固措施,但每日砌筑后应在砌体表面用保温材料加以覆盖。冬期施工操作时,砂浆应随拌随用,铺灰砌筑可用"三·一"砌砖法,使热砂浆上墙后砂浆内热量散失较少,为解决对砖浇水后砖皮表面结有冻膜,影响上下皮砖的粘结问题,可采取适当增大砂浆稠度的方法,以弥补因采用干砖而对砌体强度产生的不利影响。当采用掺盐砂浆法施工时,宜将砂浆强度等级按常温施工的强度等级提高一级。配筋砌体不得采用掺盐砂浆法施工,因为盐对于钢筋有腐蚀作用。

冬期进行砌体施工时,如采用热拌砂浆,宜用两步投料法。水的温度不得超过80℃、砂的温度不得超过40℃。砂浆使用温度当采用掺外加剂法,或采用氯盐砂浆法,或采用暖棚法时,不应低于+5℃;当采用冻结法当室外空气温度分别为0℃～−10℃,−11℃～−25℃,−25℃以下时,砂浆使用最低温度分别为10℃,15℃,20℃。

在冻结法施工的解冻期间,应经常对砌体进行观测和检查,如发现裂缝、不均匀下沉等情况,应立即采取加固措施。

4)轴线及标高的投测和传递

在砌体结构墙体施工过程中,还应将轴线及标高逐层向上投测和传递。

(1)轴线投测

楼面上的轴线投测可用经纬仪进行。将经纬仪放置在引桩位置或投测轴线的延长线上。

如无引桩或延长线上无放置位置,则可略偏离轴线延长线来放置,但不能偏离太大,以免引起过大的测量误差。后视基础墙立面上的轴线标志,用正倒镜取中的方法,将轴线投测至上层待测楼板的外侧,再引至楼板面。一般根据建筑投测外墙轴线,再用钢尺校核轴线间距,内墙及分间轴线则可从外墙轴线在楼面上测量。

轴线投测的仪器必须经过检验校正,安置时要严格对中、定平,投测时仪器应与墙面有足够的距离,一般应大于投测高度,以防止测量时仰角过大。

轴线投测也可用线锤,由于线锤受风等外界影响较大,故测量精度较低,因此,只有在建筑层数不多、无风的条件下方可采用线锤投测。

(2)高程传递

砌体结构施工中,需将标高逐层向上传递,即高程传递。一般可用以下两种方法:

① 利用皮数杆传递高程

皮数杆上的刻度是包括一个楼层,从该层楼板面标高,门窗口、过梁底、面标高至楼板底、面标高等都一一标明,因此,只要皮数杆标高设置准确,则可直接利用皮数杆将标高传递至上一楼面。它是逐层向上传递的。

② 钢尺丈量法

用钢尺沿基准水准点(如某墙角的±0.00)直接向上丈量,引至楼面。这种方法对各层楼面标高的传递均从一个基准水准点出发,因此,无累积误差,传递精度较高。

不论用哪种方法,传递至楼面的标高点都只有一个或数个,因此,引至楼面后还要用水准仪将楼面标高引至所有需要的位置,如楼面皮数杆设置处、所有的墙角、楼梯梁底(或面)等,将楼面标高引至墙角的目的是可使每片墙上都弹出一水准线,以便于该层墙的砌筑、过梁吊装、门窗安装、室内装修与楼地面抹灰等的标高控制。每片墙的水准线是通过墙角处标高弹出的,通常弹在楼、地面设计标高上500 mm处,每片墙的两侧均有,给以后的标高标志控制带来很大方便。

5)楼(屋)面板施工

砌体结构的楼(屋)面板有预制楼板和现浇楼板两种形式。

预制楼板主要是吊装,在吊装前应在圈梁顶面用水泥砂浆进行抄平,抄平可利用墙上的水准线测定标高。抄平的标高一般在楼(屋)面板板底标高下 20 mm,在吊装预制板时,再随吊随铺 20 mm 厚的 M10 砂浆(称为座灰),这样方能保证预制板搁置平稳。如未作找平或直接将预制板搁置在结硬的抄平层上,则预制板往往会发生翘动,易发生板块开裂,而且板缝处有高差,对今后板底找平和抹灰带来不利影响。预制楼板的吊装一般采用起重机进行。如工程中不设置塔式起重机,则一般可用井架把杆作垂直运输,用杠杆车在楼面作水平运输。楼板搁置后,应铺设板缝锚固钢筋,并及时嵌缝,以防止碎砖、垃圾掉入其中。楼板嵌缝应分两次进行,第一次先在板底用封缝条封密,再用细石混凝土嵌 1/3 缝的深度,再进行第二次嵌缝,嵌至楼板面下 10 mm 的位置。

现浇楼板应先进行模板支撑,再绑扎钢筋,同时埋设有关管线,如电气管、电气盒等,待隐蔽工程验收后浇筑混凝土。现浇楼板一般与圈梁同时浇筑,故支模时也应一并考虑。

楼板模板可采用竖向排架支撑,上面设置水平楞木,再在楞木上铺设平模,如夹板或定型钢模板。楼面模板也可采用快拆模板体系,以加快平模的周转。利用桁架作为支撑体系,减少下层楼面的竖向支撑,减小对下层楼面的荷载,增大空间,便于下层其他工作开展及通行畅通,也是一种很好的楼面支模方法(图 1-8)。

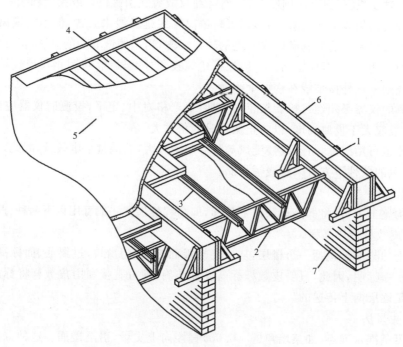

图 1-8 楼板桁架支模法(钢筋未画出)
1—桁架托具;2—桁架;3—檩条;4—平模板;5—楼板混凝土;6—圈梁模板;7—墙体

钢筋安放时,钢筋的规格间距、搭接长度均应符合设计及规范要求,此外,钢筋的保护层间隔件应设置牢固,其厚度应符合设计要求,数量不可太少,以免混凝土浇筑时在无间隔件处压弯钢筋。悬臂板的负钢筋位置切勿放置错误,并应有可靠的措施以防止浇筑混凝土时负钢筋被压到下面而造成质量事故。

由于砌体结构楼面的混凝土浇筑量一般不大,故可利用塔吊或井架作垂直运输;如用井架运输时,楼面上一般还配以手推车进行人工布料;也可设置混凝土泵车进行混凝土输送与布料,这样效率更高,施工也更方便。在砌体施工中,楼面和屋面的堆载不得超过楼板的允许荷载值。施工层进料口楼板下宜采取临时加固措施。在楼面上砌筑施工中经常发生以下几种超载现象:一是集中卸料造成楼面超载;二是因各种原因需要提前集中备料(堆放块体材料);三是进料口因运料车辆进出造成冲击荷载。这些超载现象往往造成楼板或砌体的裂缝,应引起管理人员和操作人员的足够重视。

1.3.3 砌体施工质量控制

1)砌体施工质量控制等级

砌体结构设计与施工的国际上普遍就材料规定、质量控制、砌体的砌筑及细部构造要求等提出了具体建议,其中质量控制内容包括工厂控制、施工控制及砂浆、砖、砌块强度和墙体尺寸等,施工控制分为三级。参照国际标准的有关内容及控制标准,根据我国工程建设的特点,管理方式、施工技术水平与管理水平、质量等级评定标准等,我国将砌体施工质量控制等级分为A,B,C三级(表1-6)。砌体施工质量控制等级当设计无规定时,由建设单位、设计单位及监理单位等共同商定。

表 1-6　　　　　　　　　　砌体施工质量控制等级

项　目	砌体施工质量控制等级		
	A	B	C
现场质量管理	制度健全,并严格执行;非施工方质量监督人员经常到现场,或现场设有长驻代表;施工方有在岗专业技术管理人员,人员齐全,并持证上岗	制度基本健全,并能执行;非施工方质量监督人员间断到现场进行质量控制;施工方有在岗专业技术管理人员,并持证上岗	有制度;非施工方质量监督人员很少到现场进行质量控制;施工方有在岗专业技术管理人员
砂浆、混凝土强度	试块按规定制作,强度满足验收规定,离散性小	试块按规定制作,强度满足验收规定,离散性较小	试块按规定制作,强度满足验收规定,离散性大
砂浆拌合方式	机械拌合;配合比计量控制严格	机械拌合;配合比计量控制一般	机械或人工拌合;配合比计量控制较差
砌筑工人	中级工以上,其中,高级工不少于20%	高、中级工不少于20%	初级工以上

2)砌体的质量控制标准

砌体的质量控制除要求在砌筑时做到墙面平整、灰浆饱满及搭接错缝确保砌体的整体性外,砌体结构在位置、标高、垂直度等方面的偏差也应严格控制。砖及混凝土小型空心砌块砌体的位置及垂直度允许偏差应符合表1-7的规定。

表 1-7　　　　　　　　　　砌体的位置及垂直度允许偏差

项次	项　目			允许偏差/mm	检验方法
1	轴线位移			10	用经纬仪和尺检查或用其他测量仪器检查
2	垂直度	每层		5	用2 m托线板检查
		全高	≤10 m	10	用经纬仪、吊线和尺检查或用其他测量仪器检查
			>10 m	20	

砖砌体的一般尺寸允许偏差应符合表1-8的规定。

表 1-8　　　　　　　　　　　　　　　　砖砌体的一般尺寸允许偏差

项 次	项 目		允许偏差/mm	检验方法
1	基础顶面和楼面标高		±15	用水平仪和尺检查
2	表面平整度	清水墙、柱	5	用 2 m 直尺和楔形尺检查
		混水墙、柱	8	
3	门窗洞口宽度(后塞口)		±5	用尺检查
4	外墙上下窗口偏移		20	以底层窗口为准,用经纬仪或吊线检查
5	水平灰缝平直度	清水墙	7	拉 10 m 线和尺检查
		混水墙	10	
6	清水墙游丁走缝		20	吊线和尺检查,以每层第一皮砖为准

1.4　脚手架与垂直运输设备

1.4.1　脚手架

砌筑用脚手架是砌筑过程中堆放材料和人工操作的临时性设备。按其搭设位置分为外脚手架和里脚手架两大类;按其所用材料分为木脚手架、竹脚手架与金属脚手架;因多层砌体结构总高度较小,一般采用多立杆式、门式、悬挂式以及用于楼层间操作的工具式脚手架等。对脚手架的基本要求是:其宽度应满足工人操作、材料堆置和运输的需要,坚固稳定,装拆简便,能多次周转使用。脚手架的宽度一般为 1.0～1.2 m,砌筑用脚手架的每步架高度一般为 1.2～1.4 m,外脚手架考虑砌筑、装饰两用,其步架高一般为 1.6～1.8 m。

1) 外脚手架

外脚手架沿建筑物外围从地面搭起,既可用于外墙砌筑,又可用于外装饰施工。其主要形式有多立杆式、门式等。多立杆式应用最广,门式次之。

多立杆式外脚手架由立杆、大横杆、小横杆、剪刀撑、脚手板等组成。其特点是每步架高可根据施工需要灵活布置,取材方便,钢、竹、木等均可应用(图 1-9)。多立杆式钢管外脚手架有扣件式、碗扣式、盘扣式等几种。

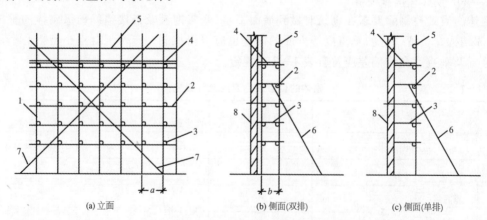

(a) 立面　　　　　　　　　　(b) 侧面(双排)　　　　　　　　(c) 侧面(单排)

图 1-9　多立杆式脚手架

1—立杆;2—纵向水平杆;3—横向水平杆;4—脚手板;5—栏杆;6—抛撑;7—剪刀撑;8—墙体

（1）钢管扣件式脚手架

钢管扣件式多立杆脚手架由钢管（φ48×3.5）和扣件（图1-10）组成，节点采用扣件既牢固又便于装拆，可以重复周转使用，这种脚手架应用广泛（图1-11）。

(a) 回转扣件　　　　　　　(b) 直角扣件　　　　　　　(c) 对接扣件

图1-10　扣件形式

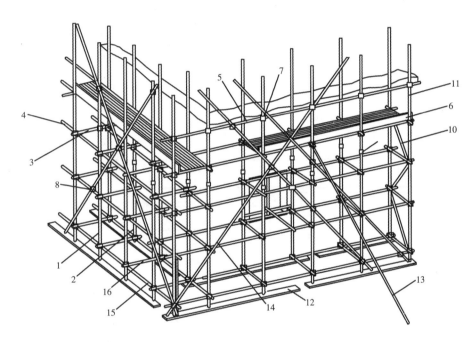

图1-11　扣件式钢管脚手架

1—外立杆；2—内立杆；3—横向水平杆；4—纵向水平杆；5—栏杆；6—挡脚板；7—直角扣件；8—旋转扣件；
9—对接扣件；10—横向斜撑；11—主立杆；12—垫板；13—抛撑；14—剪刀撑；15—纵向扫地杆；16—横向扫地杆

钢管扣件式脚手架搭设要求如下：

钢管扣件脚手架搭设中应注意地基要平整坚实，设置底座和垫板，并有可靠的排水措施，防止积水浸泡地基。

根据连墙杆设置情况及荷载大小，常用敞开式双排脚手架立杆横距一般为1.05～1.55 m。砌筑脚手架步距一般为1.20～1.35 m，装饰或砌筑、装饰两用的脚手架一般为1.80 m。立杆纵距1.2～2.0 m。其允许搭设高度为30～50 m。当为单排设置时，立杆横距1.2～1.4 m，立杆纵距1.5～2.0 m。允许搭设高度为24 m。

纵向水平杆宜设置在立杆的内侧，其长度不宜小于3跨，纵向水平杆可采用对接扣件，也可采用搭接。如采用对接扣件方法，则对接扣件应交错布置；如采用搭接连接，搭接长度不应小于1 m，并应间距设置3个旋转扣件固定。

脚手架主节点（即立杆、纵向水平杆、横向水平杆三杆紧靠的扣接点）处必须设置一根横向水平杆用直角扣件扣接且严禁拆除。主节点处两个直角扣件的中心距不应大于150 mm。在双排脚手架中，横向水平杆靠墙一端的外伸长度不应大于立杆横距的0.4倍，且不应大于500 mm；作业层上非主节点处的横向水平杆，宜根据支承脚手板的需要等间距设置，最大间距不应大于纵距的1/2。

作业层脚手板应铺满、铺稳，离开墙面120～150 mm；狭长型脚手板，如冲压钢脚手板、木脚手板、竹串片脚手板等，应设置在三根横向水平杆上。当脚手板长度小于2 m时，可采用两根横向水平杆支承，但应将脚手板两端与其可靠固定，严防倾翻。宽型的竹笆脚手板应按其主竹筋垂直于纵向水平杆方向铺设，且采用对接平铺，四个角应用镀锌钢丝固定在纵向水平杆上。

每根立杆底部应设置底座或垫板。脚手架必须设置纵、横向扫地杆。纵向扫地杆应采用直角扣件固定在距底座上皮不大于200 mm处的立杆上。横向扫地杆亦应采用直角扣件固定在紧靠纵向扫地杆下方的立杆上。当立杆基础不在同一高度上时，必须将高处的纵向扫地杆向低处延长两跨与立杆固定，高低差不应大于1 m。靠边坡上方的立杆轴线到边坡的距离不应小于500 mm（图1-12）。

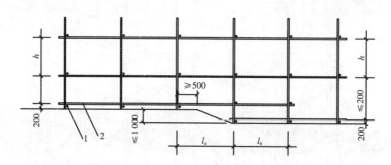

图1-12 纵、横向扫地杆构造
1—横向扫地杆；2—纵向扫地杆

脚手架底层步距不应大于2 m。立杆必须用连墙件与建筑物可靠连接。连墙杆布置间距应符合表1-9的要求。立杆接长除顶层顶步外，其余各层接头必须采用对接扣件连接。如采用对接方式，则对接扣件应交错布置；当采用搭接方式，则搭接长度不应小于1 m，应采用不少于2个旋转扣件固定，端部扣件盖板的边缘至杆端距离不应小于100 mm。

表1-9 连墙杆布置最大间距

脚手架高度		竖向间距/m	水平间距/m	每根连墙件覆盖面积/m²
双排	≤50 m	$3h$	$3l_a$	≤40
	>50 m	$3h$	$3l_a$	≤27
单排	≤24 m	$3h$	$3l_a$	≤40

连墙件的布置宜靠近主节点设置，偏离主节点的距离不应大于300 mm；应从底层第一步纵向水平杆处开始设置；一字型、开口型脚手架的两端必须设置连墙件，这种脚手架连墙件的垂直间距不应大于建筑物的层高，并不应大于4 m（2步）。对高度24 m以上的双排脚手架，必须采用刚性连墙件与建筑物可靠连接。连墙杆的做法见图1-13。

双排脚手架应设剪刀撑与横向斜撑，单排脚手架应设剪刀撑。

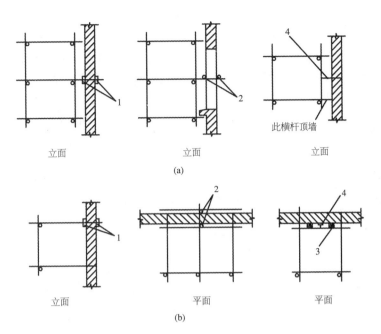

图 1-13　连墙杆的做法
1—扣件;2—短钢管;3—木楔;4—预埋拉结件

每道剪刀撑跨越立杆的根数按如下情况选用:当剪刀撑斜杆与地面的倾角为45°时不应超过7根;当剪刀撑斜杆与地面的倾角为50°时不应超过6根;当剪刀撑斜杆与地面的倾角为60°时不应超过5根。每道剪刀撑宽度不应小于4跨,且不应小于6 m,斜杆与水平面的倾角宜在45°~60°之间。

高度在24 m以下的单、双排脚手架,均必须在外侧立面的两端各设置一道剪刀撑,并应由底至顶连续设置,中间各道剪刀撑之间的净距不应大于15 m。高度在24 m以上的双排脚手架应在外侧立面整个长度和高度上连续设置剪刀撑;横向斜撑应在同一节间,由底至顶层呈之字型连续布置,斜撑的固定应符合有关规定;一字型、开口型双排脚手架的两端均必须设置横向斜撑,中间宜每隔6跨设置一道。

护栏和挡脚板。铺设脚手板的操作层上必须设护栏和挡脚板。护栏高度离脚手板0.8~1 m。挡脚板可用竹笆板,也可用一道低位护栏代替,如用低位护栏,其高度离脚手板0.2~0.4 m。

安全网。脚手架的外侧立面应用安全网封密,以防砖块、杂物等外落伤人。

杆件应按设计方案进行搭设,并注意搭设顺序,扣件拧紧程度应适度(扭力矩控制在40~50 kN·m为宜,最大不得超过60 kN·m)。应随时校正杆件的垂直和水平偏差。

单排脚手架的小横杆一端需搁在砌筑的墙体上,此时应注意下列墙体及部位不得设置脚手眼:

① 120 mm厚砖墙、料石清水墙和砖、石独立柱;

② 过梁上与过梁成60°角的三角形范围及过梁净跨度1/2的高度范围内;

③ 宽度小于1 m的窗间墙;

④ 砌体的门窗洞口两侧200 mm(石砌体为300 mm)和转角处450 mm(石砌体为600 mm)的范围内;

⑤ 梁或梁垫下及其左右各 500 mm 的范围内;

⑥ 设计不允许设置脚手眼的部位。

上述部位是结构较为薄弱或受力较集中的部位,在施工阶段其强度较低,如果留设脚手眼,则会使墙体受到附加的集中力而使其结构损伤,因此,不可将脚手眼设置在这些部位。施工脚手眼补砌时,灰缝应填满砂浆,不得用砖填塞,以保证结构的整体性。

(2) 碗扣式钢管脚手架

碗扣式钢管脚手架其杆件接点处采用碗扣连接,由于碗扣是固定在钢管上的,因此,其连接可靠,组成的脚手架整体性好,也不存在扣件丢失问题。

碗扣式接头由上、下碗扣及横杆接头、限位销等组成,图 1 - 14 是碗扣接头的示意图。

碗扣式接头可以同时连接四根横杆,横杆可相互垂直亦可组成其他角度,因而可以搭设各种形式,如曲线形的脚手架。碗扣式立杆纵距 a 为 1.2~2.4 m,可根据脚手架荷载选用,立杆横距 b 为 1.2 m。搭设时将上碗扣提起并对准限位销,然后将横杆接头插入下碗扣,再放下上碗扣并旋转扣紧,并用小锤轻击,即完成接点的连接。

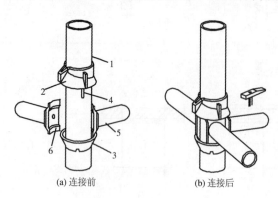

图 1 - 14　碗扣接头
1—立杆;2—上碗扣;3—下碗扣;
4—限位销;5—横杆;6—横杆接头

(3) 门式钢管脚手架

门式钢管脚手架(图 1 - 15)也称为框式脚手架,是当今国际上应用最为普遍的脚手架之一。它不仅可作为外脚手架,且可作为内脚手架或满堂脚手架。

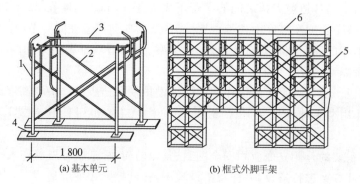

图 1 - 15　框式脚手架
1—门式框架;2—剪力撑;3—水平梁架;4—螺旋基脚;5—脚手板;6—栏杆

门式脚手架由门式框架、剪刀撑、水平梁架、螺旋基脚组成基本单元,将基本单元相互连接并增加梯子、栏杆及脚手板等即形成脚手架。

门式脚手架系一种由工厂生产、现场搭设的脚手架,一般只要根据产品目录所列的使用荷载和搭设规定进行施工,不必再进行验算。如果实际使用情况与规定有出入时,应采取相应的加固措施或进行验算。通常门式脚手架搭设高度限制在 45 m 以内,采取一定措施后可达到 80 m 左右。其施工荷载一般为:均布荷载 1.8 kN/m²,或作用于脚手架板跨中的集中荷载 2 kN。

门式脚手架的地基应有足够的承载力。地基必须夯实找平,并严格控制第一步门式框架顶面的标高(竖向误差不大于 5 mm),并应逐片校正门式框架的垂直度和水平度,以确保整体刚度,门式框架之间必须设置剪刀撑和水平梁架(或专用脚手板)。

2)里脚手架

里脚手架搭设于建筑物内部,每砌完一层墙后,即将其转移到上一层楼面,进行新的一层墙体砌筑。里脚手架也可用于室内装饰施工。

里脚手架装拆较频繁,要求灵活轻便,装拆方便。通常将其做成工具式的,结构形式有折叠式、支柱式和门架式。

图 1-16 所示为角钢折叠式里脚手架,其架设间距,砌墙时不超过 2 m,粉刷时不超过 2.5 m。可以搭设两步脚手架,第一步高约 1 m,第二步高约 1.65 m。

图 1-17 所示为套管式支柱,它是支柱式里脚手架的一种,将插管插入立管中,以销孔间距调节高度,在插管顶端的凹形支托内搁置方木横杆,横杆上铺设脚手板。架设高度为 1.50~2.10 m。

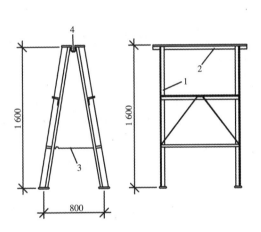

图 1-16　折叠式里脚手架
1—立柱;2—横楞;3—挂钩;4—铰链

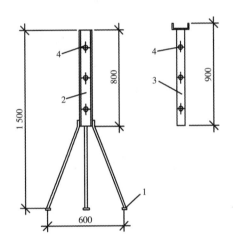

图 1-17　套管式支柱
1—支脚;2—立管;3—插管;4—销孔

门架式里脚手架由两片 A 形支架与门架组成(图 1-18)。其架设高度为 1.5~2.4 m,两片 A 形支架间距为 2.2~2.5 m。

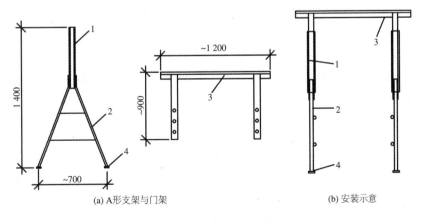

(a) A形支架与门架　　　　　　　　(b) 安装示意

图 1-18　门架式里脚手架
1—立管;2—支脚;3—门架;4—垫板

1.4.2 垂直运输设备

砌筑工程中不仅要运输大量的砖(或砌块)、砂浆,而且还要运输脚手架、脚手板和各种预制构件;不仅有垂直运输,而且有地面和楼面的水平运输。其中垂直运输是影响砌筑工程施工速度的重要因素。

常用的垂直运输机具有塔式起重机、井架及龙门架。

塔式起重机生产效率高,并可兼作水平运输,在可能条件下宜优先选用。图1-19是某工程轨道塔式起重机的布置示意图。

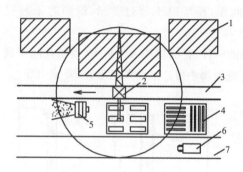

图1-19 塔式起重机布置示意图
1—拟建建筑物;2—塔式起重机;3—起重机的轨道;
4—材料及构件;5—搅拌机;6—运输车辆;7—道路

塔式起重机的布置应保证其起重高度与起重量满足工程的需求,同时起重臂的工作范围应尽可能地覆盖整个建筑,以使材料运输切实到位。此外,主材料的堆放、搅拌站的出料口等均应尽可能地布置在起重机工作半径内。用轨道塔式起重机施工砌体结构更具有优越性,由于起重机可沿轨道开行,其作业区大大扩大,随着起重机在轨道上开行,可将材料作更大范围的水平运输,从而大大提高工效。

一般塔式起重机平均每小时工作约10吊次,每次吊重1t左右,而砌体结构几乎所有材料均需经过垂直运输到各楼层,砌体结构每平方米建筑面积需运输约1 t材料、构件。因此,提高塔式起重机的工作效率有十分重要的意义。工程中可采取下列措施来提高工作效率:

(1)充分利用起重机的起重能力以减少吊次。对于分散材料可用集装方式,如砖笼、砂浆斗就是很好的集装器。

(2)减少二次搬运以减少总吊次。加强调度管理,做好吊运指挥协调工作,使材料、构件一步到位。

(3)合理布置施工平面图以减少每次吊运时间。尽可能使材料、构件、机具的临时堆放点靠近其使用地点,以加快吊运速度。

(4)妥善安排作业计划以使吊运作业均衡,充分利用时间。

井架也是砌筑工程垂直运输常用设备之一(图1-20)。井架通常带一个起重臂和吊笼。起重臂起重能力为5~10 kN,在其外伸工作范围内也可作小距离的水平运输。吊笼在井架内升降,仅作为垂直运输,吊笼的起重量为10~15 kN,其中可放置运料的手推车或其他散装材料。搭设高度一般为40 m左右,需设缆风绳保持井架的稳定。

龙门架是由两根格构式截面的钢立柱及横梁(又称天轮梁)组成的门式架。龙门架上设滑轮、导轨、吊笼、缆风绳等,进行材料、机具和小型预制构件的垂直运输(图1-21)。

砌筑工程中水平运输除可用塔式起重机外,散料一般用双轮手推车或机动翻斗车进行运输。运输过程中,应防止砖块破损和砂浆的分层离析。预制楼板通常采用杠杆车(图1-22)进行运输。

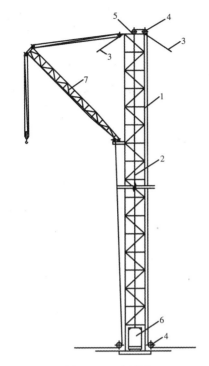

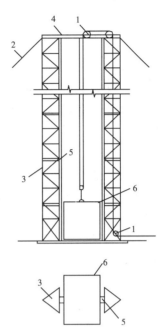

图 1-20　钢井架
1—井架;2—起重钢丝绳;3—缆风;4—滑轮;
5—垫梁;6—吊笼;7—辅助吊臂

图 1-21　龙门架
1—滑轮;2—缆风绳;3—立柱;
4—横梁;5—导轨;6—吊笼

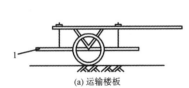
(a) 运输楼板

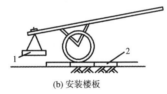
(b) 安装楼板

(c) 纵向安装楼板

图 1-22　用杠杆小车运输及安装楼板示意图
1　待安装的楼板;2　已安装的楼板;3　脚手板

1.5　多层砌体结构施工实例

　　某住宅小区一期工程有Ⅰ型房 2 幢、Ⅱ型房 4 幢,总建筑面积为 13 750 m²。小区东、北两边临街,南、西两侧与二期工程用地相邻。图 1-23 是该小区一期工程的总平面图。

　　Ⅱ型房为 7 层砌体结构,建筑面积为 1 513 m²。Ⅱ型房基础为钢筋混凝土条形基础。基础墙及底层墙用 MU10 普通黏土砖,二层及二层以上用 MU10 多孔黏土砖,内隔墙为三孔砖;楼板为现浇钢筋混凝土楼板,板厚 120 mm。

　　该建筑内墙装饰做法为:起居室、卧室采用 15 mm 厚 1∶1∶6 水泥石灰砂浆抄平,白内墙涂料面;厨卫则采用瓷砖贴面。外墙为 20 mm 厚 1∶3 水泥砂浆打底、1∶2 水泥砂浆罩面,米黄色外墙涂料。楼地面为 40 mm 厚细石混凝土,内配 φ4@200 双向钢筋。屋面采用红色亚光大波形瓦。柳桉木门框,压制成型实心门。窗及阳台均采用白色塑钢门窗。该建筑的标准层平面图见图 1-24。

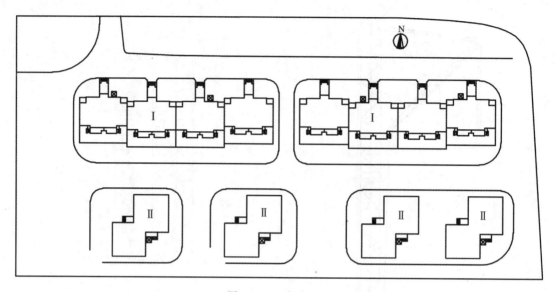

图 1-23　总平面图

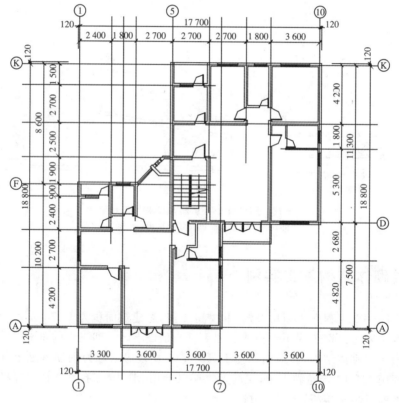

图 1-24　标准层平面图

这一多层砌体结构的施工具有以下几个特点：

（1）该建筑系新建住宅小区内的一幢建筑，因此，有些施工问题应从小区整体施工方案一并考虑，如测量放线、大型机械布置、施工道路等。

（2）该建筑条形基础土方开挖工程量不大，但基础施工有多个工种穿插进行。如土方工程、模板支撑、钢筋绑扎、混凝土浇筑、基础墙砌筑和管道预埋等。施工中应考虑在有限的作业面上合理安排多工种的施工顺序及相互搭接。

（3）主导工程为砌筑工程，施工中应重视砌体的质量，同时，应合理组织砌筑与构造柱、砌筑与楼板施工的交叉、搭接施工。

（4）主体结构施工中楼面模板支撑荷载较大，应选择合理的模板与支撑体系。

（5）砌筑工程、楼面施工及抹灰等辅助工作量大，材料的水平、垂直运输量也大，应对材料堆放场地及水平、垂直运输设备做好合理布置。

在拟定施工方案时，可按照各分部工程（基础工程、主体结构工程、楼地面工程、屋面工程及装饰工程等）予以考虑，并做好各分部工程之间的衔接工作。

1.5.1 定位放线

本工程设计的建筑定位是根据规划红线确定的，施工中定位的基本依据也是规划红线，但考虑规划红线系该小区边线，施工时将有临时围墙等影响，故在定位时采用二级控制的方法，首先按规划红线定出该小区一级测量控制网，即建立小区的控制方格网。根据该小区几幢建筑的位置，确定采用 4 横 2 纵的方格网，方格网控制线与建筑轴线应尽可能合一（图 1-25）。在一级控制网的基础上，确定建筑单体的位置与轴线。

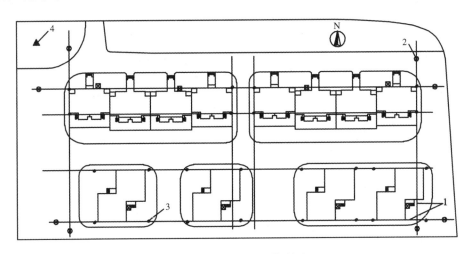

图 1-25　测量平面控制网
1—控制线；2——级控制网控制点；3—二级控制网控制点；4—高程控制基准点

测量控制基准点的设置应考虑基础挖土过程对其的影响，故测量基准点均布置在开挖土方影响区外，以防损坏或移位。本例平面控制标准设在场区的 4 个角的位置上，高程控制点设于西北角。平面控制网标桩及高程控制基点埋设方法见图 1-26。平面控制网标准顶部安放一块 100 mm×100 mm 的钢板，钢板下焊有锚固钩，钢板埋设固定于混凝土中。由于控制网的点位需进行调整，调整点位可在钢板上进行，最后标定点位后，在钢板上钻一直径为 1～2 mm 的小孔（即点位），并通过中心画一十字线，小孔周围用红漆画一圆圈标志，使点位醒目。水准点的布置用 30 mm 左右的粗钢筋，上端磨成半圆，下端做成弯钩埋入混凝土中，最后在标桩上方放置一保护盖。标桩可采用预制方法，也可现场就地浇筑。对于测量标桩，应采取妥善的保护措施，防止破坏。

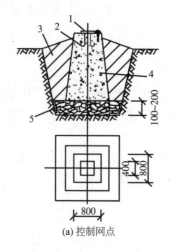

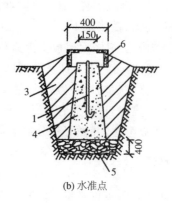

图 1－26　标桩的设置
1—金属标板；2—钢筋；3—回填土；4—混凝土礅；5—垫层；6—保护盖

1.5.2　基础工程

1）放灰线

根据标志板上的控制轴线钉位置定出所有纵横轴线，并设置轴线控制桩（图 1－27），于是可在标志板或轴线桩之间拉线，在地面上形成建筑轴线网。再根据设计的基础宽度，在该轴线网中放出基槽土方开挖边线，基槽一般比基础宽 100～200 mm；如条形基础较深，基槽壁需放坡，则应根据放坡坡度确定。基槽边线是"画"在地面上的，由于地面粗糙不平，故采用干石灰粉放线的方法，即用灰板作依托，将灰板搁置于基槽外边线处，作为挖土的依据。用干石灰粉沿灰板散下，形成白色标记线。

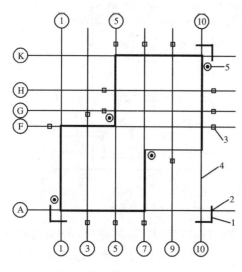

图 1－27　基础放线
1—标志板；2—轴线桩；3—轴线桩；
4—轴线定位；5—集水井

2）土方开挖

多层住宅采用条形基础，基础宽度一般不太大，开挖土方量也不多。通常可采用人工挖土，也可采用反铲挖土机开挖；如多层建筑有地下室时，则开挖土方量较大，应采用机械挖土。本例中，拟采用 1 m³ 斗容量的反铲挖土机进行基槽开挖。

土方开挖前应先做好开挖与回填土方工程量的计算，并做好土方外运计划。在施工现场条件允许的情况下，后期回填用土宜暂留施工区内，以便在基础结构完成后及时回填，并避免土方远距离的往返运输，减少施工费用；只有在施工场地狭窄或无法堆土的情况下，才将挖出的土方用汽车或其他运土工具将其运出场外。工程余土均应在开挖时直接运至卸土区，防止重复转运。本例中，余土不多，可将其临时堆放在二期工程用地处。

基槽开挖时应控制好开挖深度，不得超深开挖，当开挖至离坑底 500 mm 左右，应及时打设抄平竹桩(图1-4)。采用反铲挖槽挖至坑底上200 mm标高处应改为人工修底，以确保槽底平整、标高偏差在允许范围内。土方开挖时在槽边留设4个集水井，以便排水。

3）基础施工

条形基础包括垫层、钢筋混凝土条形基础、基础墙、防潮层等。

垫层施工前应进行验槽，发现基槽异常时应作地基处理，基槽会同设计及业主方(或监理)验收后方可浇筑垫层。由于本工程垫层工程量较小，拟采用现场搅拌混凝土，用人工手推车运输，在地槽间跳板穿搭通道，便于混凝土浇筑。为控制垫层面标高，在基槽底打设小竹桩控制标高，小竹桩间距为1 m，竹桩顶与垫层面平齐。垫层浇筑时，应保留并适时起动排水设施，保持槽内干燥。垫层浇筑后用平板式振捣器振捣密实，并用木蟹打磨平整。

基础垫层施工完成后，进行条形基础弹线工作。先在基槽的标志板的轴线钉上拉麻线，在纵横轴线的合适位置处紧靠麻线挂线锤，找出麻线在地面上的投影点，用墨斗弹出相关投影点的连线，即基础墙外墙的轴线，再在已有墙轴线的基础上，用钢尺量出内墙轴线。再根据轴线量出条形基础的宽度，也可用墨斗弹出边线，作为条形基础控制线(图1-28)。

钢筋混凝土条形基础包括钢筋、模板及混凝土三方面的工作，由于条形基础厚度不大，侧模板高度较小，在无基础梁的部位，钢筋绑扎可在模板

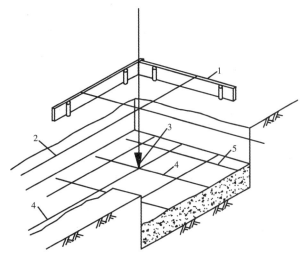

图1-28 基础弹线
1—标志板；2—麻线；3—线锤；4—轴线；5—基础边线

支撑完成后进行，也可在模板施工前进行。但在有基础梁的部位，一般应先进行钢筋绑扎，再支撑侧模。

基础钢筋绑扎前先在垫层面上弹出钢筋绑扎控制线，以保证钢筋间距及构造柱位置的正确。基础模板采用组合钢模板，并用ϕ48/3.5钢管作肋和斜撑，基础梁的吊模设置可靠的搁置点(图1-29)，模板支撑后用仪器对其位置、尺寸及标高进行复测。

条形基础混凝土也采用现场搅拌，为保证混凝土供应的连续性，应配备足够的材料、运输设备及劳动力。混凝土浇筑前，先进行隐蔽工程验收，并在基础梁模板或在竖向钢筋上作出标高控制点的标记，以便控制混凝土面的标高。混凝土运输采用混凝土翻斗车，运至浇筑点后用人工浇灌入模，随后振捣密实。在浇筑梁下部的混凝土时，应防止混凝土从模板下口涌出，造成梁底外侧空洞现象，俗称"吊脚"现象。此外，在构造柱的位置处应采取对称逐层浇筑的方法，以防止柱的钢筋位移及倾斜。

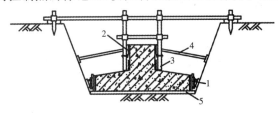

图1-29 条形基础模板支撑
1—基础侧模；2—基础梁侧模；3—模板肋；4—斜撑；5—基础梁

混凝土条形基础上的砖基础墙，应在基

础混凝土强度达 1.2 MPa 后方可砌筑施工。在基础墙砌筑时,应再一次放线,放线方法与条形基础放线类似。基础墙砌筑高度用小皮数杆控制。先根据设计要求,在皮数杆上划出每皮砖与灰缝的高度,并根据标高固定皮数杆,然后按皮数杆逐皮砌筑。砌筑时先砌转角端头,再以两端为标准,拉好准线,砌筑中间的墙体。基础墙砌至防潮层以下,随后在墙顶浇筑防潮层。

由于防潮层厚度小(设计为 60 mm 厚),因此,采用木模板,并用工具式夹具夹紧,混凝土浇筑前应校正模板面标高。

基础梁及基础墙施工时,如遇有地下管道,则应配合施工或预留孔洞,便于今后管道的埋设。

4) 土方回填

基础施工完成后立即组织土方回填,这样既改善施工作业条件,又可避免基槽受雨水浸泡。回填土方时,应与室内地下管线施工统一安排。

室内有煤气、电气、上水、污水等地下管道。这些管道的埋设系在主体结构工程开工前施工,安排在土方回填前埋入,埋设长度以伸出室外散水 1 m 左右为宜。这样"先地下、后地上"的施工原则,避免了土方的二次开挖,也为后继工作创造了条件。但在组织施工时,应做好管道材料的供应,做好管道铺设、试压等工作的协调。

土方回填前将基础模板拆除完毕,坑内杂物清理干净,排除坑内积水,并做好基础验收工作。土方回填采用机械与人工相结合的方法。回填土质量主要是注意填土的密实性,防止以后做好的地面或室外散水等由于填土下沉而开裂,但应注意由于砌筑基础的时间不长,墙体强度较低,夯实回填土时由于土的侧向挤压力,往往会把墙挤鼓而产生裂缝,所以,施工时必须分层回填并使墙基两侧回填土高度相差不要太大。

1.5.3 主体结构施工

1) 垂直运输设备的布置

根据本工程的特点垂直运输采用行走式塔式起重机服务于小区的数幢建筑,将其布置在两排建筑的中央,东西向行走。同时,在每幢建筑上另设 1~2 台井架作为辅助运输设备(图 1-30)。

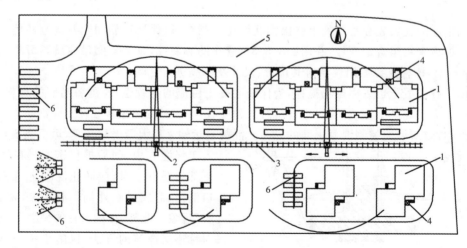

图 1-30　垂直运输设备布置

1—拟建建筑;2—塔式起重机;3—塔式起重机轨道;4—井架;5—道路;6—材料堆放场地

塔式起重机布置在两排建筑的中央,可充分发挥其作用,由于采用了行走式的塔吊,其工作范围大大扩大,它既可作垂直运输,又可作小范围的水平运输。但一台塔吊同时服务于几幢建筑,往往难以满足大量的运输要求,因此,另设辅助井架,在塔吊工作紧张时,可用它来承担运输工作。同时,一些零星的材料设备,通过井架运输也可大大减小塔吊的负担。

塔式起重机的工作效率取决于垂直运输的高度、材料堆放场地的远近、场内布置的合理性、起重机司机技术的熟练程度和装卸工配合等因素。一般塔式起重机向三层楼运输,每小时可工作10~13吊次,因此,应根据各作业班的工作队数与他们的作业点,计算总的运输量,并确定塔吊的吊次;若超过一台塔式起重机一班制作业的能力,则可以另行安排预先赶运一些材料等(如砖、过梁、脚手架、门窗框等)。

塔式起重机综合吊运时,可以采取以下措施来提高工作效率:

(1)充分利用塔式起重机的起重能力以减少吊次。如多件构件一次吊运,采用较大容量的砂浆料斗,采用集装式的砖笼吊运砖块等。

(2)避免二次搬运,减少总吊次。如预制构件组织随运随吊,脚手架做到一次即吊运到将使用的位置上。

(3)合理紧凑地布置施工平面,减少起重机每次吊运的时间。如混凝土、砂浆搅拌站布置在拟建建筑物的适中位置,使起重机能直接吊到混凝土料斗、砂浆料斗;砖的堆放尽可能放在靠近拟建建筑物旁;构配件、半成品放在起重机的工作半径以内,而且靠近使用地点。

(4)合理安排施工顺序,保证起重机连续、均衡地工作。

2)主体结构施工前的准备工作

(1)材料、构配件、半成品的进场

基础施工阶段,由于有大量的土方开挖和回填,因场地限制,主体结构施工阶段所需的材料及构配件、半成品,如砖、模板、支撑、过梁、门窗框等,不能大量进场,所以,在基础施工后期,按施工平面布置图组织大型机械设备进场,在起重机安装就绪、投入使用后再安排材料和构配件、半成品进场;此时,可以利用起重机卸车并将材料堆放在起重机工作半径的范围内。

(2)放线和抄平

为了保证房屋平面尺寸以及各层标高的正确,应细致地做好墙、柱、楼板、门窗等轴线、标高的放线和抄平工作,而且,此工作必须安排在结构施工前完成,确保在施工到相应部位时测量标志齐全,以便对施工起控制作用。

① 底层轴线

若标志板没有松动或移位时,在基坑两端相对应的标志板上的轴线钉之间拉通线,沿线用吊锤在基础墙上定出若干点,然后用墨斗弹线把各点连接起来,即为墙中心线(图1-31),再以中心线为标准弹出墙的边线。对于没有标志板或轴线桩控制的内隔墙,可以外墙中心线为标准,用钢尺量出位置,然后,弹出墙中心线及边线。墙身轴线经核对无误后,要将轴线引测到外墙的外墙面上,画上特定的符号(▶),因为以上各楼层的轴线都要以这些符号为标准,利用经纬仪或吊锤向上引测。

② 抄平

用水准仪以标志板顶的标高(±0.00)将基础墙顶面全部抄平,并以此为标准立一层墙身的皮数杆。皮数杆钉在墙角处的基础墙上,其间距不超过20 m,本工程在轴线1×A,1×F,5×K,7×A,10×D,10×K等处设置皮数杆。在底层房间内四角的基础上测出−0.10标高,以此为标准控制门窗洞的高度和室内地面的标高。此外,必须在建筑物四角的墙面上做好标

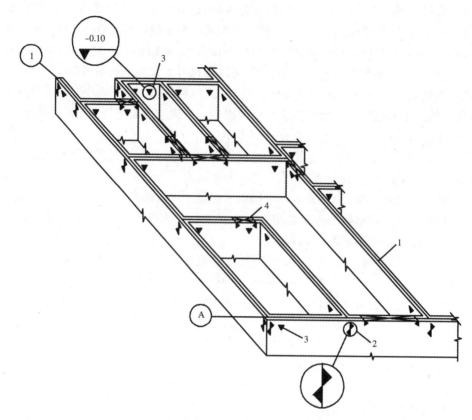

图 1-31　底层轴线和门框位置线
1—轴线；2—外墙面轴线标志；3—标高标志；4—门框位置线

高标志,画上符号并在旁注明标高,因为以上各楼层的标高都要以此符号为标准,利用钢尺向上引测。当标高及中线引上墙面以后,标志板及轴线桩就可拆除。

③ 画门框及窗框线

根据弹好的轴线和设计图纸上门框的位置尺寸,弹出门框线并画上符号。当墙体高度将要砌至窗盘底时,按窗洞口尺寸在墙面上画出窗框的位置,其符号与门框相同。门、窗洞口标高已画在皮数杆上,可用皮数杆来控制。

（3）摆砖样

在基础墙上(或窗台面上),根据墙身长度和组砌方式,先用砖块试摆,使墙体每一皮的砖块排列和灰缝宽度均匀,并尽可能少砍砖。摆砖样对墙身质量、美观、砌筑效率、材料节约都有很大影响,拟组织有经验的工人进行。

3）施工层的划分

瓦工砌墙可以达到的高度与本人的身高有关,而通常为从脚底以下 0.2 m 处砌至 1.2～1.6 m 高,超过这个范围对砌筑质量与作业效率都有很大影响,因此,需要搭设脚手架,在脚手架上再继续向上砌筑。因此,建筑层高不超过 3.5 m 时,一般分 2～3 个施工层来砌筑。

施工层的高度还与天气、砂浆强度等级及砖的含水量等有关,雨天或砖的含水量过大时,则相应减少施工层的高度,避免水平缝中砂浆受压流淌,使砌体发生歪斜变形。本工程层高 2.8 m,扣除楼板及圈梁高度,砌体高度为 2.4 m,故分为 2 个施工层砌筑,每层1.2 m。砌筑时砖的含水量控制在 10％～15％,以保证砌筑质量。

本工程主体结构标准层砌筑的施工顺序安排如下:

放线→砌第一施工层墙→搭设脚手架(里脚手架)→砌第二施工层墙→楼面与圈梁模板支撑→楼面与圈梁钢筋绑扎→楼面与圈梁混凝土浇筑。

4)砖墙的砌筑

(1)砌砖

砌墙先从墙角开始,墙角的砌筑质量对整个房屋的砌筑质量影响很大。

砖墙砌筑时,从结构整体性来看最好是内外墙同时砌筑,这样施工可使内外墙连接牢固,也有利于砂浆的均匀压缩沉实,避免砌体产生裂缝。在实际施工中,有时受施工条件限制,内外墙一般不能同时砌筑,通常需要留槎。接槎的形式以斜槎较好,见图 1-32(a),它能保证接槎中砂浆饱满、搭接严密、整体性好,但其操作中有一定困难,同时,砌筑也很费工,所以,本工程内外墙连接处采用直槎(图 1-32(b))。在接槎处的水平灰缝中放置拉结筋,拉结筋用 φ6 的钢筋,240 mm 宽的墙放置 2 根,间距沿墙高不得超过 500 mm,埋入长度从墙的留槎处算起每边均不应小于 500 mm(本工程为非抗震设防区),末端设有 90°的弯钩。

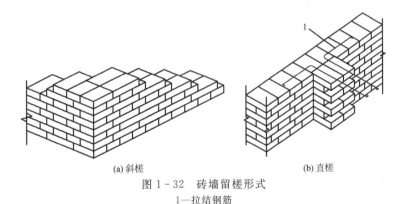

(a)斜槎   (b)直槎

图 1-32 砖墙留槎形式

1—拉结钢筋

(2)脚手架的搭设

脚手架采用外脚手架和里脚手架两种。外脚手架从地面向上搭设,随墙体的不断砌高而逐步搭设,在砌筑施工时既作为砌筑墙体的辅助作业平台,又起到安全防护作用。外脚手架主要用于在后期的室外装饰施工。其搭设如图 1-33 所示。外脚手架的立杆、横杆、斜撑等均采用 φ48/3.5 钢管,连接点用扣件连接。里脚手架搭设在楼面上,砌完一个楼层的砖墙后,搬到上一楼层。里脚手架形式很多,本工程采用图 1-34 所示的可调节高度的里脚手架。

5)楼板施工

由于本工程是采用现浇楼板,施工时模板支撑是影响施工质量与进度的关键工序,为加快施工速度拟采用工具式桁架支撑体系;其立柱采用独立式钢支撑(图 1-35),减少大量水平向的系杆,便于支撑。这种钢支撑承载力大,每一支撑允许荷载可达 20～40 kN,因此,可加大支撑间距,有利于桁架的布置。楼板底模则采用钢框木胶合板组合模板。

楼面模板支撑工艺流程如下:

立柱→安装桁架→调平柱头→铺设模板及补缺边板→刷脱模剂→检查验收→下一道工序。

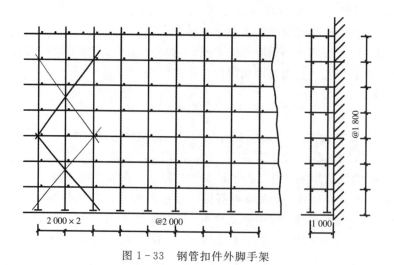

图 1-33　钢管扣件外脚手架

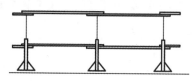

图 1-34　里脚手架

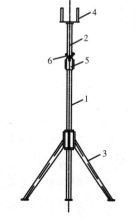

图 1-35　独立式钢支撑

1—外立杆；2—内立杆；3—折叠式三角架；
4—支撑柱头；5—调节螺栓；6—蝶形垫圈

具体做法如下：

先根据模板设计在楼板或地面上弹出立柱的安装位置线，然后按楼层标高，初步调整立柱的高度并安好柱头。再按模板设计平面布置图，立第一根立柱。并将第一榀桁架固定在第一根立柱柱头上(图 1-36(a))，然后，按模板设计平面布置图将第二根立柱就位，并将第二根立柱柱头与第一榀桁架梁固定(图 1-36(b))，并依次再固定另一榀桁架梁，然后用水平系杆和连接件将两根立柱作临时固定。完成第一个格构的立柱和桁架梁的支设后，即可安装楼面模板(图 1-36(c))。

依次架设其余的立柱和桁架梁。最后根据桁架梁的长度，调整立柱的位置与垂直度，然后用水平尺调整模板的水平度。

楼面模板支撑完成后，进行钢筋绑扎，同时敷设水平向的管线，在竖向管线位置处做好预留孔的模板(一般采用方形或圆形木盒)，即可浇筑混凝土。

楼面混凝土的浇筑采用塔吊加混凝土料斗作为主要的垂直运输方式。本工程采用工地混凝土料斗，并用塔吊运至浇筑点，而离搅拌站较远的建筑，其混凝土的地面水平运输采用混凝土翻斗车，用它将混凝土从搅拌机运至塔吊边的料斗位置，然后由塔吊提升至浇筑楼面，通过塔吊的行走及转臂，作小范围的空中水平运输，使卸料到达浇筑点。浇筑后先用插入式振捣器振捣密实，后改用平板振捣器振捣平整表面。混凝土浇捣时在构造柱、梁等钢筋较密集的位置

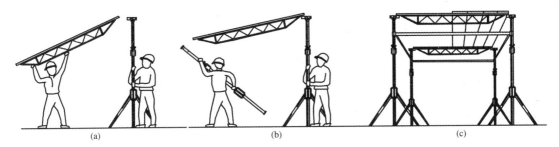

(a)   (b)   (c)

图 1-36 楼面模板支撑

应加强振捣,确保密实度。

楼面模板拆除工艺流程如下:

放松柱头→回降柱头→拆卸桁架→拆除模板板块→拆除立柱。

1.5.4 屋面防水工程

在主体结构完成后,屋面工程应尽快进行,以便为顶层室内外抹灰工作提供条件。

屋面工程的施工,由于各地屋面所用材料不一,构造处理也不相同。本工程为斜屋面、波形瓦(图 1-37),施工时应注意下列几点:

图 1-37 斜屋面详图

（1）各种节点应严格按图纸及质量标准施工,如女儿墙雨水出口节点、檐口水落管节点、出屋面管节点、各处泛水做法、瓦楞条的固定等。

（2）本建筑物有不同标高的屋面,较高部分山墙处因搭设有外墙的脚手架,会影响低层屋面施工,这时屋面工程可按阶梯由高处至低处进行施工。

1.5.5 装饰工程

装饰工程对建筑的美观、保护结构及对以后的使用影响较大,而其施工工期较长,常占全部施工工期的 1/3～1/2。由于装饰工程项目多、工序多、手工操作多、劳动量大,因此,既要遵守技术上所必须的顺序,又要考虑工期及安全,所以,合理地安排施工顺序、组织流水作业是这一施工阶段的关键。

内装饰施工可采用自下而上的顺序,这样可随结构同步施工,有利于缩短总的施工工期,但对成品保护带来一定困难。采用自上而下的施工顺序,对质量有保证,但施工工期较长。本工程系采用两者相结合的方法,即基层、中层的装饰自下而上施工,这样有利于缩短工期;而面层的装饰自上而下,使表面的装饰成品不受损坏,确保装饰质量。

1）室内装饰工程

（1）室内装饰工程的内容

属于混凝土工的有首层地面混凝土垫层，楼面找平层等。

属于抹灰工的有顶棚、墙面、楼面、地面、楼梯、阳台抹灰。

属于瓦工的有砌筑隔断墙，安装窗台以及厨房、厕所的水池、浴缸等零星工程。

属于木工的有门窗框、窗扇、门窗安装，楼梯杆扶手安装，壁橱、阁楼门扇安装以及其他木装饰。

属于油漆工的有木门窗、木装饰油漆、铁件油漆、墙面及顶棚喷浆。

属于玻璃工的有门窗玻璃安装。

此外，还要插入水暖和电气安装。

（2）施工顺序

确定施工顺序应考虑减少工种之间的相互干扰，有利于保护成品。在不同的季节施工，顺序也不完全相同。因此，施工顺序不是一成不变的。

在考虑每间房间的墙面抹灰和水泥地面的施工顺序时，首先应考虑墙面、地面的质量和成品保护。本工程采用由下而上装饰，先做地面，这样可防止或减少上层施工用水或雨水渗漏至下层，有利墙面和顶棚抹灰的保护；同时可保证地面与楼板之间的粘结力。然而要注意防止在地面施工时被雨水破坏，以及在墙面抹灰时要注意不损坏地面并及时清除落地灰。

（3）施工组织安排

在施工组织安排时，把室内装饰工程分为几个工作区：

第一工作区，包括砌隔墙，门窗框、窗扇安装，水暖安装，铺设地面细石混凝土找平层。主导工种是瓦工砌隔墙与地面。因为隔断墙不完成，后续工程不能开始。地面完成后养护7～10 d（由养护温度而定），才能开始墙面抹灰。

第二工作区，天棚和内墙抹灰。抹灰工是主导工种。

第三工作区，喷浆、门扇安装、油漆、水电安装、照明灯具安装。它的主导工种是油漆工。

（4）室内装饰中必须注意的几个问题

① 室内装饰的插入时间

本工程装饰采用自下而上施工，此时上部主体结构同时也在紧张施工，为安全施工及保证质量，地面的施工应抓紧进行。地面做完后隔7～10 d可进入抹灰，装饰层与主体结构以相隔两个楼层为宜。

② 垂直运输设备的调整

处于装饰与主体立体交叉作业时，材料、构配件、半成品的垂直运输也达到高峰。此时，如塔式起重机运输能力不足时，可用井架作为补足。由于装饰工程按层划分施工段，故采用井架运输较为灵活。

③ 水、暖、电的配合

水、暖、电应与土建密切配合，尽可能做到"电工不剔槽，管工不凿洞，抹灰工不修补"。其安排大致如下：主体结构砌砖和楼板浇筑的同时，应埋设电线暗管、各种管道的穿墙套管以及各种管道设备的预埋件、木砖，或在墙、板上预留孔、槽，以减少剔槽与凿洞。主体结构施工完毕后，进行立管背后墙面局部预先抹灰，再安装本层水、暖立管、上层的存水弯、水平支管和地漏等，在这些工作完成后才开始抹灰，可以做到抹灰工不修补。

2）室外装饰

本工程室外装饰工程量主要有檐口、窗台、外墙、阳台、雨篷、外墙裙，室外装饰在屋面工程完工后采用自上而下顺序进行；按脚手架的步架高（本工程为1.8 m）分层，逐层向下施工。室外装饰顺序可参见图1-38，根据这个顺序图来安排施工进度计划。

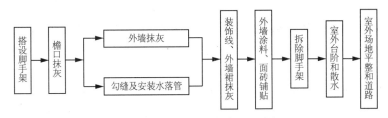

图1-38 室外装饰工程施工顺序

2 单层大跨结构施工

工业厂房、仓库、剧场、体育场馆、会展中心等建筑通常为单层建筑,其建筑特点是建筑内部空间大,因此结构设计往往柱网尺寸和结构跨度均很大,同时,房屋的屋顶面积大、构造也较为复杂。

单层大跨度结构涵盖范围广、包括内容也很多,究竟多大的跨度称为大跨度结构,这随着建筑材料和建筑技术的不断进步而有不同的定义。大跨度结构最早可以追溯到公元前700年,人们用石头建造穹顶,以后又用砖石砌筑,如我国南京的无梁殿,是一个十分著名的大跨砖拱结构。中世纪以来,人们还用木材建造穹顶,这种结构的跨度一般可以达到 20～40 m。以后混凝土诞生后,罗马人用混凝土建造大跨度屋顶,但无钢筋的穹顶必须做得非常厚,在混凝土中配置钢筋成为钢筋混凝土,其力学性能大大改善,钢筋混凝土薄壳结构广泛被应用,20 世纪五六十年代钢筋混凝土薄壳结构得到很大发展,一般可以做到 30～50 m 跨度,如同济大学大礼堂的屋盖就是采用钢筋混凝土薄壳结构,其跨度达到 50 m。但这种结构现浇混凝土的施工十分复杂,模板支撑费工费时,使这一结构的应用受到了很大限制。直至人们开始将钢材、钢索以及增强纤维等高强、轻质材料应用于大跨度结构,又由于计算机的应用,使大跨度结构的复杂计算变得简单易行,这才为建筑师和结构工程师开辟了新的发展空间,由此得到了新的迅猛发展。在 20 世纪最后的二三十年中,形成了网架结构、网壳结构、索结构、膜结构以及由它们组合成的结构等一系列新型大跨度结构,世界各国都建成了一批大跨度结构,如美国的耶鲁大学溜冰场、日本的代代木体育馆、原苏联的乌斯契-伊利姆斯克汽车库、我国的上海浦东机场候机楼等都是非常典型的优秀大跨度结构。过去,一般把跨度超过 24 m 的结构称为大跨度结构,结合我国当前的实际情况,一般定义结构跨度达到 30 m 的结构为中跨度结构,跨度超过 60 m 为大跨度结构。

一般的单层厂房多为排架结构,常用钢筋混凝土结构或普通钢结构,也有少量采用砖、木结构。通常要求结构具有较大的承载力,往往还设有行车,荷载也有特殊性。这类结构一般均采用预制装配式,因此,在施工中以结构吊装为主。钢混凝土结构与普通钢结构的单层厂房的构件类似,因此,它们两者施工方法也类似,但普通钢结构的单层厂房构件重量较小,在结构安装时对起重机械要求相对较低。

轻钢结构是近几年发展很快的一种结构,其重量很轻,可以做成大跨度结构,用途也很广,可作为轻型厂房、仓库等。轻钢结构的构件形式与普通的钢结构及钢筋混凝土单层厂房不同,因此,在施工中也有很大区别,由于构件重量轻、安装方便,一般只需小型起重设备甚至依靠人力就可安装。

剧场、体育场馆及会展中心等建筑的结构特点是屋面的跨度很大,结构形式也不是一般的梁板结构或屋架结构,常用的结构形式有网架、刚架、拱结构及悬索结构等。其施工方法各异,都具有很大特殊性。

单层大跨结构施工大致可分为以下几个阶段:准备工作(包括基础准备)、构件预制(加工)工程、结构吊装工程、围护结构工程、屋面工程、地面工程及装饰工程等。其中吊装工程是主导工程。

2.1 一般单层厂房施工

单层排架结构主要由基础、柱、联系梁(带有吊车的厂房还有吊车梁)、屋面系统、支撑系统等组成。单层厂房屋面常采用屋架(常用桁架)、无檩屋面(大型屋面板)或有檩屋面(檩条与小型屋面板)。图 2-1 是一钢筋混凝土单层厂房的结构示意图。

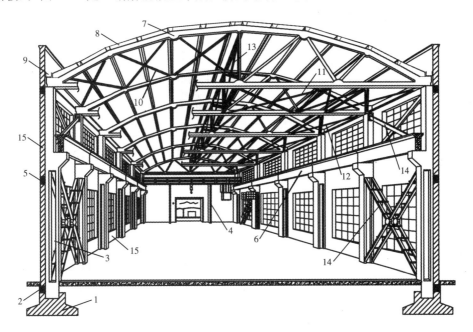

图 2-1 钢筋混凝土单层厂房的结构
1—基础;2—基础梁;3—排架柱;4—抗风柱;5—联系梁;6—吊车梁;
7—屋架;8—屋面板;9—天沟;10—屋架上弦支撑;11—屋架下弦横向水平支撑;
12—屋架下弦纵向水平支撑;13—屋架竖向支撑;14—柱间支撑;15—围护墙

2.1.1 吊装机械的选择

1) 选择吊装机械的依据

单层厂房吊装机械的选择应根据厂房的特点、施工机械及技术经济性等。具体包括如下方面:

(1) 结构类型

所吊装结构是钢筋混凝土结构,还是钢结构,由于这两种结构的构件重量差异较大,吊装机械型号选择也不同。

(2) 结构特点

结构特点包括结构的外形尺寸,结构跨度、柱距,构件安装高度,构件最大重量等。

(3) 选择机械性能

有关机械的起重量、起重臂杆长度、起重高度、起重半径(也称回转半径)、行走方式等。

(4) 工程进度要求

其包括进度要求、机械设备可能的投入数量以及技术、安全和经济的可行性。

2）常用机械类型

常用的吊装工程起重机类型按其行走方式可分为桅杆式起重机、履带式、汽车式（轮胎式）、轨道塔式等，按起重臂构造又可分为伸缩式、拼装式及鸭嘴式（图2-2）。拼装式起重臂一般用于桅杆式起重机、履带式及轨道塔式起重机；伸缩式起重臂的臂杆通过液压伸缩，汽车式或轮胎式起重机多为这种起重臂；鸭嘴式常常在一般起重臂长度不够或需要跨越安装构件时附加安装在起重臂顶端，以增加起重高度和起重半径。

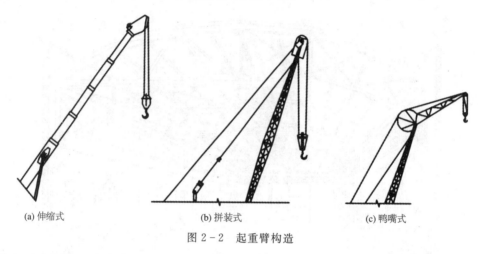

(a) 伸缩式　　　　　　　　　　(b) 拼装式　　　　　　　　　　(c) 鸭嘴式

图2-2　起重臂构造

桅杆式起重机具有制作简单、装拆方便、起重量大、受场地限制小等优点。但它的灵活性差、移动困难，工作半径小，并需设置较多缆风绳固定桅杆，一般用于安装起重量大、工件单一及起重机移动不多的工程，图2-3是采用牵缆式桅杆起重机进行一个三跨厂房结构安装的示意图。其中，厂房的柱及屋架运用牵缆式桅杆起重机的主起重臂进行吊装，而梁、屋面板等小型构件则运用副起重臂（悬臂吊杆）进行吊装。

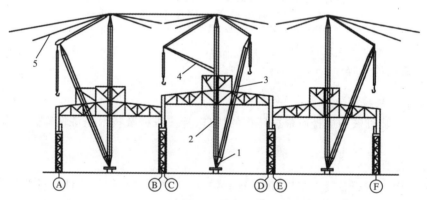

图2-3　某三跨厂房采用牵缆式桅杆起重机进行结构安装
1—牵缆式起重机；2—桅杆；3—主起重臂；4—副起重臂；5—缆风绳

履带式起重机是单层厂房吊装最常用的起重机，它具有起重能力大，可以自行，并可360°旋转，工作稳定性好，操作灵活，起重臂可根据需要改变长度，并可负荷行驶等优点。此外，履带式起重机接地压力较小，对施工场地要求不严，在不很平整的场地，或在松软、泥泞场地上，采取一些措施，如铺设道木或路基箱、铺垫块石或碎石等，便可行驶或吊装作业。但其自重大，转移也不方便，行走速度较慢；在混凝土或沥青道路上行走会对路面造成破坏。此外，起重臂接长及拆除较费工、费时。图2-4是某厂房采用履带式起重机进行结构安装的示意图。该结构安装先进行柱、屋架及梁的安装,然后加长起重臂并附设鸭嘴式起重臂进行屋面板的安装。

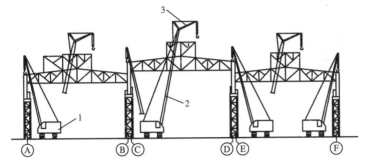

图2-4 某三跨厂房采用履带式起重机进行结构安装
1—履带式起重机;2—起重臂;4—鸭嘴式起重臂

汽车式和轮胎式起重机其安装作业与履带式起重机类似,但它机动性更强,转移灵活,具有高速和远距离行驶的优点。此外,行走时轮胎与路面柔性接触,无破坏性;起重臂多为液压伸缩,长度改变自由、快速。但这类起重机在工作状态下不能行走,工作面受到限制,因此,对构件布置、排放要求严格;它对施工场地要求较高,需平整、碾压坚实,在松软、泥泞场地难于行走。它适合轻型单层厂房吊装。

塔式起重机具有起重高度高、安装半径大和吊装效率高、构件布置灵活等优点。作业时起重臂杆呈水平状态,臂杆不受已安装构件的影响。塔式起重机行走或移动不便,只能做直线或曲率较小的曲线行走,工作面受到限制,且需要修筑轨道,转移、搬运、拆卸和组装不方便。图2-5是单层厂房运用塔式起重机进行结构安装的实例,从图中可见,其AB跨采用塔式起重机进行结构安装,CD跨的D轴边柱则采用履带式起重机吊装,而CD跨的屋面系统的吊装主要由塔式起重机完成,在靠近D轴的屋面板运用小型屋面吊车进行吊装。

各种起重机械有其优缺点和适应性,在选用时,应考虑起重机的性能、吊装对象、作业效率、工期要求、现场条件等,选择能充分发挥其技术性能,能保证吊装工程质量、安全施工和具有较好经济效益的类型与型号。不论选择哪种起重机,均不能使用大型起重机

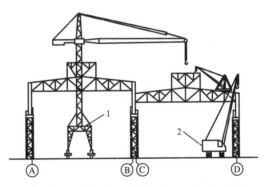

图2-5 塔式起重机进行单层厂房结构安装
1—塔式起重机;2—履带式起重机

吊装轻、小构件,以免影响作业效率和经济效益,更不能使用小型起重机超负荷吊装重、大构件,以防止发生工程事故。

3) 起重机型号的选择

起重机型号选择取决于起重量、起重高度和起重半径三个工作参数。三个工作参数均应满足结构吊装的要求。

(1) 起重量 Q

起重机的起重量必须大于所吊装构件的重量与索具重量之和,即

$$Q \geqslant Q_1 + Q_2 \tag{2-1}$$

式中 Q——起重机的起重量(t);

Q_1——构件的重量(t)；

Q_2——索具的重量(t)。

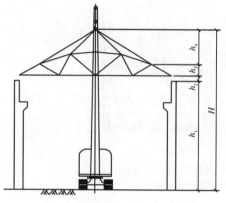

图 2-6 起重机的起重高度计算简图

（2）起重高度 H

起重机的起重高度必须满足所吊装构件的吊装高度要求（图 2-6）：

$$H \geqslant h_1 + h_2 + h_3 + h_4 \tag{2-2}$$

式中 H——起重机的起重高度(m)，从停机面算起至吊钩中心；

h_1——安装支座表面高度(m)，从停机面算起；

h_2——安装空隙，一般不小于 0.3 m；

h_3——绑扎点至所吊构件底面的距离(m)；

h_4——索具高度(m)，计算自绑扎点至吊钩中心。

在吊装柱子时，基础底面如低于停机面，即 h_1 为负值时，取 $h_1 = 0$。

（3）起重半径 R

当起重机可以不受限制地开到所吊装构件附近去吊装构件时，可不验算起重半径。但当起重机受限制不能靠近吊装位置去吊装构件时，则应验算起重机的起重半径，即当在作业时可能的最小半径情况下，相应的起重量与起重高度能否满足吊装构件的要求。

（4）最小杆长 L

当起重机的起重杆须跨过已安装好的结构去吊装构件，例如跨过屋架安装屋面板时，为了不与屋架相碰，必须求出起重机的最小杆长。求最小杆长可用数解法或图解法（图 2-7）。

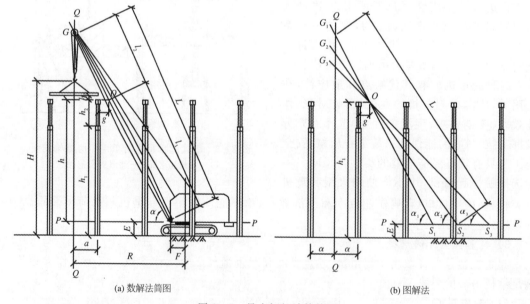

(a) 数解法简图   (b) 图解法

图 2-7 最小杆长计算简图

① 数解法（图 2-7(a)）

$$L = l_1 + l_2 = \frac{h}{\sin\alpha} + \frac{a+g}{\cos\alpha} \tag{2-3}$$

式中　L——起重机最小杆长(m);

　　　h——起重杆底铰至构件吊装支座的高度(m),$h=h_1-E+h_2$;

　　　h_1——停机面到柱顶的高度(m);

　　　h_2——屋架的高度(m);

　　　a——起重钩需跨过已吊装结构的距离(m);

　　　g——起重杆轴线与已吊装屋架间的水平距离,至少取 1 m;

　　　E——起重杆底铰至停机面的距离(m);

　　　α——起重杆的仰角。

为了求得最小杆长,可对上式进行微分,并令 $\dfrac{\mathrm{d}L}{\mathrm{d}\alpha}=0$:

$$\frac{\mathrm{d}L}{\mathrm{d}\alpha}=\frac{-h\cos\alpha}{\sin^2\alpha}+\frac{(a+g)\sin\alpha}{\cos^2\alpha}=0$$

得 $$\alpha=\arctan\sqrt[3]{\frac{h}{a+g}} \qquad (2-4)$$

将 α 值代入式(2-3),即可得出所需起重杆的最小长度。据此,选用适当的起重杆长,然后根据实际采用的 L 及 α 值,计算出起重半径 R:

$$R=F+L\cos\alpha \qquad (2-5)$$

根据起重半径 R 和起重杆长 L,查起重机性能表或曲线,复核 Q 及起重高度 H,即可根据 R 值确定起重机吊装屋面板时的停机位置。

图 2-8 是 W_1-100 型履带式起重机的起重性能曲线。表 2-1 及表 2-2 分别是 W-200A 履带式起重机和 QTZ-100 塔式起重机的起重性能表。

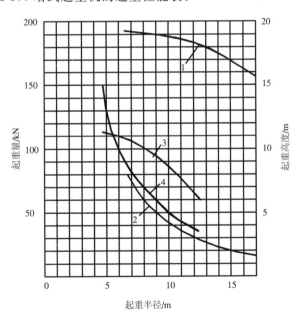

图 2-8　W_1-100 型履带式起重机的工作曲线

1—起重臂长 23 m 时 H-R 曲线;2—起重臂长 23 m 时 Q-R 曲线;

3—起重臂长 13 m 时 H-R 曲线;4—起重臂长 13 m 时 Q-R 曲线

表 2-1 　　　　　　　　　　W-200A 型履带式起重机的工作性能

起重半径/m	臂长 15 m		臂长 30 m		臂长 40 m	
	起重量/t	起重高度/m	起重量/t	起重高度/m	起重量/t	起重高度/m
4.5	50.0	12.1				
5.0	40.0	12.0				
6.0	30.0	11.7				
7.0	25.0	11.3				
8.0	21.5	10.7	20.0	26.5		
9.0	17.5	10.0	16.5	26.3		
10	15.5	9.4	14.5	26.1	8.0	36.0
11	13.5	8.7	12.7	25.6	7.3	35.8
12	11.7	8.0	12.1	25.4	6.7	35.6
14	9.4	5.0	9.4	24.6	5.6	35.1
16			7.5	23.5	4.8	34.3
18			6.1	22.4	4.1	33.8
20			5.5	21.2	3.4	32.9
22			4.8	19.8	2.8	31.8
24					2.5	30.6
26					2.1	29.0
28					1.8	27.1
30					1.5	25.0

表 2-2 　　　　　　　　　　QTZ-100 塔式起重机的起重性能

臂长 54 m				臂长 60 m			
起重半径/m	起重量/t	起重半径/m	起重量/t	起重半径/m	起重量/t	起重半径/m	起重量/t
3～15	8.0	40	2.5	3～13	8.0	38	2.25
16	7.4	42	2.35	14	7.47	40	2.10
18	6.46	44	2.21	16	6.39	42	1.97
20	5.72	46	2.09	18	5.57	44	1.86
22	5.12	48	1.98	20	4.92	46	1.75
24	4.63	50	1.87	22	4.4	48	1.65
26	4.21	52	1.78	24	3.97	50	1.56
28	3.86	54	1.69	26	3.6	52	1.48
30	3.56			28	3.29	54	1.40
32	3.29			30	3.02	56	1.33
34	3.06			32	2.79	58	1.26
36	2.85			34	2.59	60	1.20
38	2.66			36	2.41		

② 图解法(图 2 - 7(b))

按一定比例绘出施工厂房一个节间的纵剖面图,并画出起重机吊装屋面板时的起重钩吊装时位置的垂线 Q-Q;根据初步选用的起重机型号,从起重机外形尺寸表可查得起重杆底铰至停机面的距离 E,于是可画出水平线 P-P;自屋架顶水平方向量出一水平距离 g(g 至少取 1 m),可得 O 点;过 O 点可画出若干条斜直线,斜直线被垂线 Q-Q 及水平线 P-P 所截,得线段 S_1G_1,S_2G_2,S_3G_3,…,取其中最短的一根即为所求之最小杆长。量出 α 角,即为吊装时起重杆的仰角。量出起重杆的水平投影,再加上起重杆下铰点至起重机回转中心的距离 F,即得起重半径 R。

由于图解法较为实用,故被普遍使用。

在确定最小起重杆长时,除对屋架上面中间一块屋面板进行验算外,尚应满足吊装屋架两端边缘一块屋面板的要求。

同一型号的起重机常有几种不同长度的起重杆(按起重机的性能规定,起重杆可以接长),当各种构件工作参数相差较大时,可选用几种不同长度的起重杆进行吊装。

(5) 履带式起重机稳定性验算(图 2 - 9)

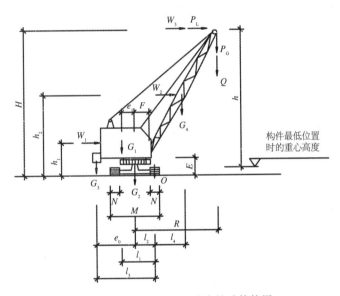

图 2 - 9 履带式起重机稳定性验算简图

① 当考虑吊装荷载以及附加荷载时:

$$K_1 = \frac{M_{W1}}{M_q} \geqslant 1.15 \tag{2-6}$$

式中 K_1——当考虑吊装荷载以及附加荷载时的安全系数;

    M_{W1}——考虑吊装荷载和附加荷载下的稳定力矩,$M_{W1} = G_1 l_1 + G_2 l_2 + G_3 l_3 - G_4 l_4 - M_F - M_G - M_L$;

    M_q——倾覆力矩,$M_q = Q(R - l_2)$。

其中 G_1,G_2,G_3,G_4——分别表示起重机身可转动部分、不可转动部分、平衡块及起重臂的自重(kN);

l_1,l_2,l_3,l_4——分别表示起重机身 G_1,G_2,G_3,G_4 中心至 O 点的距离(m);

M_F——风荷载引起的倾覆力矩(kN·m),当起重臂杆长度小于 25 m 时可不计,

$$M_F=W_1h_1+W_2h_2+W_3H;$$

W_1,W_2,W_3——分别为作用在起重机机身、起重臂及吊装构件上的风荷载(kN·m);

h_1,h_2,H——分别为起重机机身后中点、起重臂中点及起重臂顶端至地面的距离(m);

M_G——重物下降时突然刹车的惯性力引起的倾覆力矩(kN·m),

$$M_G=P_G(R-l_2)=\frac{QV}{gt}(R-l_2);$$

P_G——惯性力;

Q——吊装荷载,包括构件、滑车组及索具重量(kN);

V——吊钩下降的速度(m/s),取吊钩起重速度的 1.5 倍;

g——重力加速度(9.8 m/s²);

t——吊钩制动时间,取 1 s;

R——起重机的起重半径(m);

M_L——起重机回转时的离心力引起的倾覆力矩(kN·m),

$$M_L=P_LH=\frac{QRn^2}{900-n^2h}H;$$

P_L——离心力;

n——起重机回转速度,取 1 r/min;

h——所吊构件处于最低位置时构件重心至起重臂顶端的距离(m)。

② 当只考虑吊装荷载时:

$$K_2=\frac{M_{w2}}{M_q}\geqslant 1.4 \tag{2-7}$$

式中　K_2——当只考虑吊装荷载时的安全系数;

M_{w2}——只考虑吊装荷载下的稳定力矩,$M_{w2}=G_1l_1+G_2l_2+G_3l_3-G_4h_4$。

2.1.2　结构吊装方法

单层厂房结构吊装,在吊装时可根据具体工程情况、场地条件以及设备条件和施工技术水平等条件综合考虑,选用分件吊装法或综合吊装法。

1) 分件吊装法

分件吊装法系起重机每开行一次,仅吊装一种或几种构件。它按照结构特点、几何形状及构件的相互联系将吊装的构件进行分类,同类的构件按顺序一次吊装完成,再进行另一类构件的吊装。单层厂房通常分三次开行吊装完全部构件。

第一次开行,吊装全部柱子,经校正及固定灌注混凝土后再进行其后一类构件的吊装。

第二次开行,吊装全部基础梁、墙梁、吊车梁、连系梁及柱间支撑等。

第三次开行,依次按节间吊装屋架、天窗架、屋面板及屋面支撑等。

当采用混凝土屋架,如在现场制作,一般还需进行屋架扶直。

分件吊装法吊装的顺序见图 2-10。该方法有如下优点:①由于每次吊装同类型构件,索具不需经常更换,操作方法也基本相同,所以其吊装速度快;②与综合吊装法相比,可以选择小

型的起重机,利用不同类型构件吊装间隙更换起重臂杆,以适应不同类型构件的起重量和起重高度的要求,充分发挥起重机效率;③构件分类吊装,也可以分批供应,构件预制、吊装、运输组织方便,现场平面布置比较简单、排放条件好;④能给构件校正、接头焊接、灌注混凝土、养护提供充分的时间。

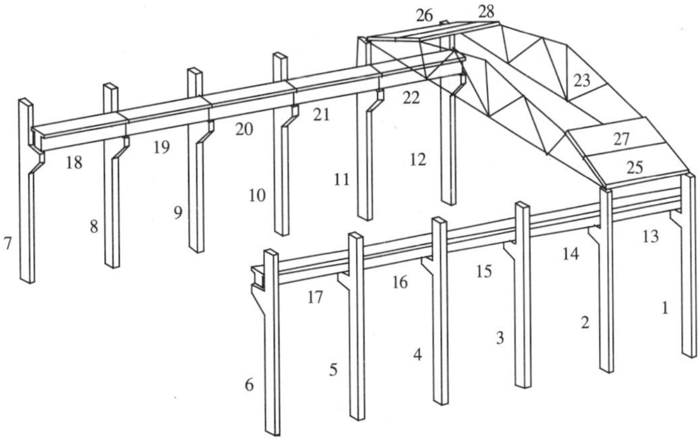

分件吊装法的缺点是:①起重机行走频繁,机械费用较高;②不能及早为下道工序创造工作面,阻碍了工序间的流水施工。

这种吊装方法为目前装配式单层工业厂房结构吊装中广泛采用的一种方法。

图 2-10 分件吊装法的构件吊装顺序

2) 综合吊装法

综合吊装法是指起重机在厂房内一次开行中就吊装完一个节间内的各种类型的构件。吊装的顺序如图 2-11 所示。即先吊装 4~6 根柱子,并加以校正和最后固定,随后吊装这个节间内的吊车梁、连系梁、屋架和屋面板等构件。一个节间的全部构件吊装后,起重机移至下一个节间进行吊装,直至整个厂房结构吊装完毕。

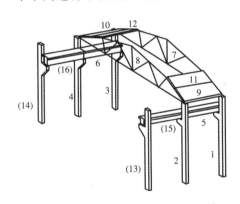

图 2-11 综合吊装法的构件吊装顺序

综合吊装法优点是:①起重机行走路线短,停机一次可以吊装一个节间或几个节间;②吊完一个节间,其后续工种就可进入该节间内工作,有利于工序间的交叉流水作业、可缩短工期;③一个节间吊装完成后随即进行校正固定,结构能及早形成整体,稳定性好,也有利于构件制作误差和吊装误差的及时发现和纠正,保证工程质量。

这种吊装方法的缺点是:①对起重机起重性能的要求较高,起重臂长度要满足全部构件吊装的要求,不能充分发挥起重机技术特性;②各类构件吊装交叉进行,场地上各类构件同时堆放,运输组织工作复杂;③吊装索具更换频繁,校正工作多变,作业效率较低;④考虑后续吊装要求,柱子需可靠固定,校正固定需消耗工时,难以连续作业,吊装时间较长。

桅杆式起重机,因移动比较困难,常采用综合吊装法。

2.1.3 结构吊装准备工作

为保证单层厂房结构吊装的施工质量和施工速度,在施工前应按照施工组织设计的方案做好吊装前准备工作,主要包括以下几个方面:

1) 基础施工

单层厂房基础多采用浅埋的独立基础,对重型厂房的柱基础,有时根据工程需要也会在独立基础下设置桩基础,关于桩基础的施工此处不再介绍,本节主要讨论独立基础的施工。

（1）基坑开挖

由于独立基础的面积较小,开挖深度也不大,因此,土方开挖较为简单。一般采用液压反铲挖掘机进行开挖,也可用抓铲进行开挖。对于小型工程,土方量不大,也常常用人工开挖土方。

（2）基础模板

一般独立基础外模板分为两层,由于其形状不规则,因此,工程中常采用木模板（图 2-12）。杯形基础的杯口模板可用木或钢定型模板,可做成整体的,也可做成两半形式,中间各加楔形板一块,拆模时,先取出楔形板,然后分别将两半杯口取出;为拆模方便,杯口模外可包钉薄铁皮一层。支模时,杯口模板要固定牢固。

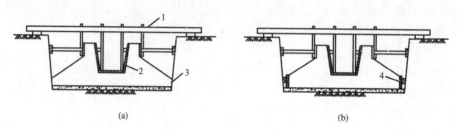

图 2-12　杯形基础木模的构造
1—横梁;2—杯口模板;3—土模;4—木模

为了确保木模位置的正确,支模前需根据基础中心线设置两根十字相交的麻线;另外,在杯口的侧模的上口及杯芯壳子的上表面立模前也均划出中心线位置。立模时,用麻线上吊线锤的方法对准模板上的中心线,这样,侧模及杯芯的位置可安装准确。支模时,不但应控制基础中心线的位置,还应控制杯口面及杯底的标高;杯口外侧模是用吊筋固定于搁在基坑两边长木上,支模时,可用水平仪控制其上口的标高。杯芯支模时,也可用水平仪控制其标高。

若杯形基础下部的竖直侧面木模,其位置可根据垫层上所弹的基础中心线位置来控制。

（3）基础混凝土浇筑

基础混凝土浇筑施工时,应注意以下几点:

① 混凝土应按台阶分层浇筑。对高杯口基础的高台阶部分按整段分层浇筑。

② 对于锥形基础,应注意锥体坡度,斜面部分的模板应随混凝土浇捣分段支设并顶压紧。严禁斜面部分不支模,用铁锹拍实。

③ 对杯形基础在浇捣杯口混凝土时,应注意杯口模板的位置,由于杯口模板仅上端固定,浇捣混凝土时,四侧应对称均匀进行,避免将杯口模板挤向一侧。

④ 施工高杯口基础时,由于最上一台阶较高,可采用后安装杯口模板的方法施工,即当混凝土浇捣接近杯口底时,再安装固定杯口模板,继续灌注杯口四侧混凝土。

混凝土杯形基础施工质量控制主要是中心线对轴线位置和杯底标高,它们允许偏差见表 2-3。

表 2-3　　　　　　　　　　　　杯形基础允许偏差

项　次	项　　目	允许偏差/mm
1	中心线对轴线位置	10
2	杯底标高	10

（4）地脚螺栓埋置

钢结构柱基一般设置地脚螺栓，其埋置方法有直埋法、套管法及钻孔法三种。

直埋法就是用套板控制地脚螺栓之间的距离，设立固定支架控制地脚螺栓群的位置。在柱基底板绑扎钢筋时埋入螺栓，使其同钢筋连成一体，然后整浇混凝土，一次固定。采用此法施工中特别是混凝土振捣时易产生偏差，并难以调整。

套管法就是先按套管（内径比地脚螺栓大 2～3 倍）外直径制作套板，焊接套管并设立固定架，将其埋入浇筑的混凝土中，待柱基和柱轴线检查无误后，再在套管内插入螺栓，使其对准中心线，通过附件或焊接加以固定，最后，在套管内注浆锚固螺栓。

钻孔法是在结硬的混凝土基础上用金刚钻头钻孔，再用套管法类似的方法埋入螺栓，该法定位精确，施工方便。

钢结构厂房钢柱下面基础的支承面、支座和地脚螺栓等的偏差值应符合表 2-4 规定。

表 2-4　　　　　　　　　　支承面、支座和地脚螺栓的偏差值

项次	项　　　目			允许偏差/mm
1	支承面	（1）标高	无吊车梁的柱基	±3
			有吊车梁的柱基	±2
		（2）水平度	无吊车梁的柱基	1/750
			有吊车梁的柱基	1/1 000
2	支座表面	（1）标高		±1.5
		（2）水平度		1/1 500
3	地脚螺栓位置（任意截面处）	（1）在支座范围内		±5
		（2）在支座范围外		±10
4	地脚螺栓伸出支承面的长度			+20
5	地脚螺栓的螺纹长度			只允许正偏差

2）构件的检查

（1）确定结构构件吊装工作量

装配式单层厂房由很多不同类型的构件（柱、吊车梁、屋架、屋面板和支撑等）组成，吊装这些构件应选用哪种型号起重机械，吊装工程需要安排多少时间，要解决这些问题，就必须确定结构构件的数量，并计算各构件的长度、重量和安装标高等。

各种构件的数量、长度和安装标高等一般通过施工图进行计算统计，得出结果。构件的重量应根据构件的几何尺寸，分别计算各个构件的重量。最后将各构件的数量、长度和安装标高等计算统计结果列表备用。

（2）构件的检查

① 混凝土构件

按《混凝土结构工程施工及验收规范》（GB50204）要求，预制构件应进行结构性能检验。结构性能检验不合格的预制构件不得用于混凝土结构。

对预制构件结构性能检验内容包括：

a. 钢筋混凝土构件、预应力混凝土构件及预应力构件中非预应力杆件，应进行承载力、挠度、裂缝宽度检验；

b. 不允许出现裂缝的预应力混凝土构件应进行承载力、挠度、抗裂检验；

c. 对设计成熟、生产数量较少的大型构件，当采取加强材料和制作质量检验的措施时可仅做挠度、抗裂或裂缝宽度检验。

检验数量对成批生产的构件，按以下数量划分验收批：

a. 同一工艺、同类产品，不超过 1 000 件，不超过 3 个月，为一检验批；

b. 同一工艺、同类产品连续检验 10 批，且每批均合格，可改为不超过 2 000 件，不超过 3 个月为一检验批。

检验的构件应在每批中，随机抽取一个构件作为试件进行检验。试件宜从设计荷载最大、受力最不利、生产数量最多的构件中抽取。

当全部检验结果符合要求时，评为合格；当第一个试件不能全部符合要求，但又能符合第二次检验要求时，可再抽两个试件进行检验；当第二次抽取的两个试件全部符合第二次检验要求时，该批构件评为合格；当第二次抽取的第一个试件全部检验结果均符合第一次检验要求时，该批构件评为合格。其中，第二次检验的指标，对承载力及抗裂检验系数的允许值比第一次检验要求允许值减各 0.05；对挠度的允许值取第一次允许值的 1.10 倍。

为了确保厂房尽早建成、使用，应尽可能提早开始结构吊装，但是过早吊装，构件强度不够，会引起吊时受力而产生过大的裂缝、变形，甚至破坏。因此，构件在安装时的混凝土强度不应低于设计所要求的强度，并不低于设计混凝土强度标准值的 75%；对于预应力混凝土构件，孔道灌浆的强度，如设计无规定时，不应低于 15.0 N/mm^2。

预制混凝土构件的外观质量、尺寸偏差及其缺陷的处理应符合要求，各种构件的允许偏差见表 2-5，不应有影响结构性能和安装、使用功能的尺寸偏差，如果超过允许偏差，应采取技术处理方案进行处理，并重新进行检查验收。表面如有露筋、蜂窝、孔洞、夹渣、疏松、裂缝等缺陷，则应及时按照补强方法进行补强。

表 2-5　　　　　预制混凝土构件尺寸的允许偏差及检验方法

项　目		允许偏差/mm	检验方法
长　度	板、梁	+10，−5	钢尺检查
	柱	+5，−10	
	墙　板	±5	
	薄腹梁、桁架	+15，−10	
宽度、高（厚）度	板、梁、柱、墙板、薄腹梁、桁架	±5	钢尺量一端及中部，取其中较大值
侧向弯曲	梁、柱、板	$l/750$ 且 ≤20	拉线、钢尺量最大侧向弯曲处
	墙板、薄腹梁、桁架	$l/1\,000$ 且 ≤20	
预埋件	中心线位置	10	钢尺检查
	螺栓位置	5	
	螺栓外露长度	+10，−5	

续表

项　目		允许偏差/mm	检验方法
预留孔	中心线位置	5	钢尺检查
预留洞	中心线位置	15	钢尺检查
主筋保护层厚度	板	+5,-3	钢尺或保护层厚度测定仪量测
	梁、柱、墙板、薄腹梁、桁架	+10,-5	
对角线差	板、墙板	10	钢尺量两个对角线
表面平整度	板、墙板、柱、梁	5	2 m靠尺和塞尺检查
预应力构件预留孔道位置	梁、墙板、薄腹梁、桁架	3	钢尺检查
翘　曲	板	$l/750$	调平尺在两端测量
	墙板	$l/1\,000$	

注：① l 为构件长度(mm)；
　　② 检查中心线、螺栓和孔道位置时，应沿纵、横两个方向量测，并取其中的较大值；
　　③ 对形状复杂或有特殊要求的构件，其尺寸偏差应符合标准图或设计的要求。

预制混凝土构件还应检查生产单位、构件型号、生产日期和质量验收标志等。并复核构件上的预埋件、插筋和预留孔的规格、位置及数量等是否符合设计要求。

② 钢结构构件

钢结构构件应用钢尺对其外形尺寸进行全数检查，外形尺寸主控项目的允许偏差见表 2-6，此外，外形尺寸一般项目的允许偏差也应符合规范的要求。一般项目检查数量为构件检查数量的 10%，并不少于 3 件。

表 2-6　　　　　　　　　　钢构件外形尺寸主控项目的允许偏差

项　目	允许偏差/mm
单层柱、梁、桁架受力支托(支承面)表面至第一个安装孔距离	±1.0
多节柱铣平面至第一个安装孔距离	±1.0
实腹梁两端最外侧安装孔距离	±3.0
构件连接处的截面几何尺寸	±3.0
柱、梁连接处的腹板中心线偏移	2.0
受压构件(杆件)弯曲矢高	$l/1\,000$，且不宜大于 10.0

钢结构构件常用 H 型钢，H 型钢有轧制或焊接两种形式，对于焊接的 H 型钢应检查翼缘板与腹板的拼接缝间距、翼缘板拼接长度、腹板的拼接宽度与长度等，检查各种构件的端部铣平和安装缝坡口质量。对吊车梁和吊车桁架的挠度，必须进行全数检查，检查可以用水准仪和钢尺。

3) 构件的弹线

为了便于吊装对位、校正，构件吊装前应进行柱的弹线工作，其包括：基础顶面、地坪面、屋架上弦顶面、牛腿面等安装支座的顶面和侧面以及柱、吊车梁、屋架、天窗架等构件的侧面及端面均应弹出安装中心线或标志线,并标明吊装方向和安装位置。

（1）基础的弹线

混凝土单层厂房的基础一般为杯形基础,在吊装前要弹出杯口面中心线和杯口水平线。钢结构单层厂房则一般在基础表面弹出安装中心线。

① 基础顶面中心线(图2-13)

待基础混凝土灌注后,在基础顶面弹出十字中心线,即对应柱的安装中心线,作为柱吊装时临时固定及校正定位的依据。这中心线位置应正确无误,因为它直接关系到整个厂房结构吊装工作能否顺利进行。

② 杯形基础水平线

杯形基础的杯口内侧面还需要弹出一标高控制线(图2-14),用以控制杯底抄平的标高,一般称它为杯口水平线。杯口水平线作为杯底找平的基准线。

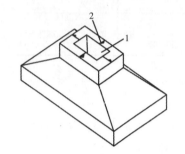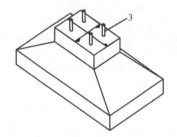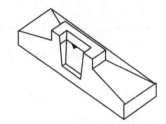

图2-13 基础顶面弹线 　　　　　　　　　　图2-14 杯形基础水平线
1—杯口;2—中心线标志;3—预埋螺栓

（2）构件的弹线(图2-15)

预制构件吊装前,应在构件和相应的支承面上标志出中心线、标高控制尺寸,也就是构件弹线。

柱的弹线包括柱身安装中心线、牛腿面与柱顶的安装中心线、柱底部水平标高线等。这些线对于柱的轴线定位、标高控制及垂直度校正都有很大作用。柱的形式不同,弹线的位置也不尽相同,一般都要求在柱身三面弹出中心线,该中心线应与杯形基础的十字中心线相对应。弹出中心线后,应在线的两端做出红色三角标志,以便柱的安装和校正时仪器观测。柱底部水平标高线一般为±0.000或在±0.000以上500mm位置上,该线作为其他构件安装时水平控制的基准线。牛腿面与柱顶的安装中心线则与吊车梁和屋架的安装线对应。

屋架弹线首先是屋架的纵向中心线,该线应从屋架尾端到屋架顶端全长弹出,以控制屋面板、天沟及天窗架等构件在屋架上的定位和屋面板的搁置长度。此外,还要弹出控制屋面板、天沟及天窗架等位置的横向控制线。

吊车梁、天窗架等构件均应在顶面及端面弹出安装中心线,并标明吊装方向,天窗架上弦也与屋架类似应弹出屋面板的安装位置等。

钢结构构件安装前不仅应做好弹线工作,同时还应检查安装螺栓孔的尺寸与位置。

4）基础抄平

基础杯底抄平应与柱一一对应地进行。特别是混凝土结构,由于混凝土构件的施工误差相对钢结构较大,施工中柱的长度如果偏差较大,将会影响结构吊装及最终安装质量,此外基础面标高在施工中也难免有一定误差。基础找平是使部分构件在制作中的误差及基础面的误

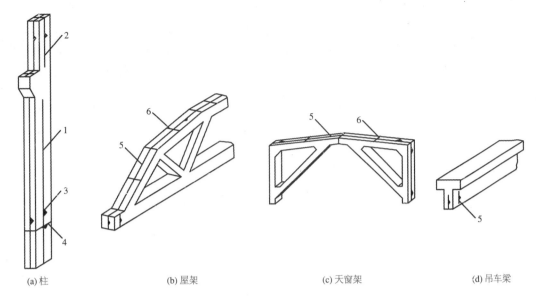

图 2 - 15　混凝土构件的弹线

1—下柱中心线；2—上柱中心线；3—标记；4—标高控制线；5—安装中心线；6—屋面板安装线

(a) 柱　　　　　　(b) 屋架　　　　　　(c) 天窗架　　　　　　(d) 吊车梁

差通过"找平"这一工序得到调整和弥补。

　　杯形基础一般在杯底预留有 50 mm 厚的细石混凝土找平层高度，在灌注基础混凝土时要注意。如用无底式杯口模板施工，应先将杯底混凝土振实，然后灌注杯口四周的混凝土，此时宜采用低流动性混凝土，或适当缩短振捣时间，或杯底混凝土浇完后停歇 0.5～1 h，待混凝土初步沉实后，再浇杯口四周混凝土，避免混凝土从杯底溢出而造成蜂窝麻面。基础灌注完毕后，将杯口模板底冒出的少量混凝土掏出，使其与杯口模下口齐平。如用封底式杯口模板施工，应注意将杯口模板压紧，杯底混凝土振捣密实，并加强检查，以防止杯口模板上浮。基础浇捣完毕，在混凝土初凝后、终凝前用倒链将杯口模板取出，并将杯口内侧表面混凝土划（凿）毛。

　　为了保证构件吊装后，使柱的牛腿面及柱顶标高与设计标高一致，吊装前，应逐个检查整个柱的长度以及上柱尺寸（柱顶至牛腿面的距离）或下柱尺寸（柱底至牛腿面的距离）是否与设计规定的尺寸相符，并测出对应基础面的标高。如果总长、上柱尺寸或下柱尺寸发生偏差，则可通过调整基础找平以及在牛腿面或柱顶设置钢垫板来调整，以保证牛腿面标高、柱顶标高均控制在允许偏差范围，以使吊装顺利进行，并保证结构安装质量。

　　找平施工时利用预留的 50 mm 找平层厚度，根据实测的各柱长度（包括上、下柱长度）一一对应予以找平，实际找平层的厚度可能大于 50 mm，也可能小于 50 mm。以图 2 - 14 所示的杯形基础为例，某工程杯口面设计标高为 -0.50 m，杯底设计标高为 -1.350 m（未找平前的标高）。在杯底抄平前，根据 ±0.000 标高的控制点，在杯口内侧面，比杯口面底低 100 mm 左右的位置上弹出一条杯口水平线（-0.600 m）。灌注混凝土时，由于混凝土振捣时杯口木模及杯芯常会下沉，因此，杯底实际标高会发生偏差，用一根长 0.7 m 的样棒，从 -0.600 m 标高往下量，从 -0.600 m 到杯底的长度为 742 mm，表示该杯底的标高为 -1.342 m，比设计标高高出 8 mm。对该杯口对应的柱测量结果为：柱的总长度偏差为 -10 mm（下柱长度偏差为 -6mm，上柱的偏差为 -4 mm），虽然它们各自的误差均在允许偏差范围内，但其安装后的牛腿面标高会超出允许偏差。因此，在找平时应该予以调整。为保证牛腿标高满足要求，根据杯底与下柱的长度实际找平应为$50-8+6=48$ mm。这样柱顶标高则低了4 mm，在柱顶可以垫放一块4 mm厚的钢板，这样牛腿面标高和柱顶标高均符合设计要求。

对于钢结构单层厂房，柱为钢柱与钢筋混凝土基础支承面有两种做法，当基础顶面预埋钢板（或支座）作为柱的支承面时，应先找平，后安装，即基础表面先浇筑到设计标高以下$20\sim30$ mm处，然后设置模板，测准其标高，再以模板为依据用水泥砂浆仔细找平支座表面；另一种是预留标高，在柱安装后再进行灌浆。这种做法是将基础表面先浇筑至柱底设计标高下$50\sim60$ mm处，在地脚螺栓上加设一个调整螺母（图2-16），先将调整螺母的上表面放置到柱底标高，柱子吊装就位后，利用柱底板下的调整螺栓控制柱的标高，最后在柱脚底板下用无收缩砂浆填充密实。

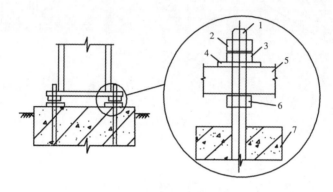

图2-16　钢柱标高调整
1—地脚螺栓；2—止退螺栓；3—紧固螺栓；4—垫圈；5—柱脚底板；6—调整螺栓；7—混凝土基础

5）构件的吊装验算及临时加固

由于构件吊装时的受力情况与厂房使用时的不一样，构件设计时，一般均已经经过吊装验算。但实际吊装时，由于某些原因，诸如吊点的设置、吊装的方法等与设计规定的吊点和起吊要求不相符，因此，吊装前往往还需另作构件的吊装验算。

吊装验算包括构件吊装阶段的承载力，对混凝土构件，还应验算抗裂或裂缝验算。

屋架、托架、天窗架等构件其形状和受力有很大特殊性。构件受力平面外的截面高度很小，在构件吊装时又往往会产生平面外弯矩，吊装时还附有震动，因此，很容易出现裂缝甚至造成构件的破坏。在进行结构吊装验算时尤其应注意。钢屋架、钢托架和大跨度钢筋混凝土屋架吊装时，当稳定验算不能满足时，吊装需考虑临时加固措施。加固方法，一般是按其受力情况用加固杆件绑在屋架杆件上（图2-17）。

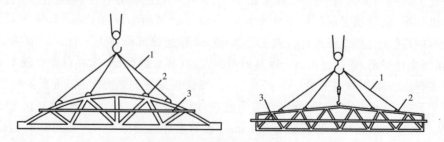

图2-17　屋架的临时加固
1—吊索；2—卡环；3—加固杆

钢筋混凝土天窗架翻身、起吊时,也应考虑临时加固措施,可以用工具式夹板加固。图2-18所示为6m跨度的天窗架所用的夹板加固情况。

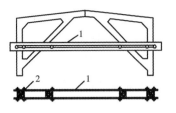

图2-18 天窗架的临时加固
1—工具式夹板;2—夹紧螺栓

6)工程实例

某厂房为两跨单层厂房,跨度分别为18m与24m,共有12个节间,柱距为6m。厂房的平面图及剖面图见图2-19,图2-20。

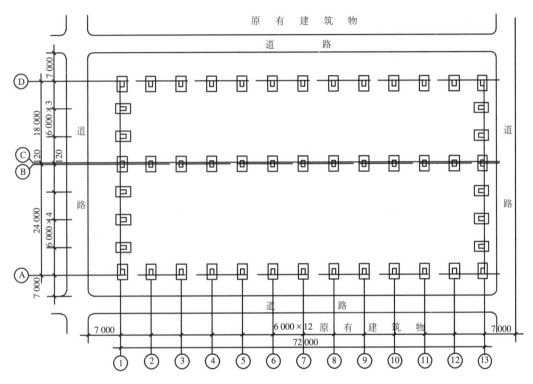

图2-19 单层厂房平面图

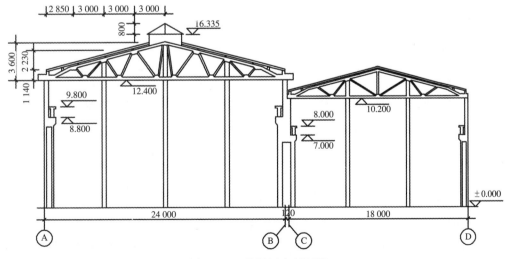

图2-20 单层厂房剖面图

该厂房需进行吊装施工,在起重机选择时,确定采用履带式起重机。先根据具体工程情况(各种构件的重量、高度等)确定工作参数,以后便可进一步选择起重机型号。

(1) 柱子吊装

已知有三种形式的柱,它们的重量及安装后柱顶标高见表 2-7。

表 2-7　　　　　　　　　　　柱的重量及长度

柱	自重/kN	长度/m	柱顶标高/m
A 轴柱	63.5	13.8	12.4
B,C 轴柱	84.9	13.8	12.4
D 轴柱	62.2	11.6	10.2

上述三种柱中,B,C 轴柱的重量及安装高度均最大,因此,确定起重机型号时选择 B,C 轴柱作为控制性构件,根据图 2-21,B,C 轴柱的吊装高度计算如下:

$$H_Z = 0.3 + 13.80 + 1.0 = 15.10 (\text{m})$$

式中,0.3 m 是吊装时所需的工作间距;1.0 m 是吊钩至柱顶的距离。

抗风柱:最重的抗风柱自重 $Q = 8.68$ t,柱顶标高为 15.55 m,柱全长为 16.85 m,根据图 2-22,抗风柱的吊装高度(H_Z')计算如下:

$$H_Z' = 0.3 + 16.85 + 1.0 = 18.15 (\text{m})$$

(2) 吊车梁吊装

本工程有墙梁、联系梁及吊车梁等几种形式的梁,其中吊车梁的重量最大,且安装高度也较大,因此,取吊车梁为控制计算构件。三种吊车梁的重量及安装面标高见表 2-8。

表 2-8　　　　　　　　　　　吊车梁的重量及安装标高

吊车梁	自重/kN	安装面(牛腿面)标高/m	梁的高度/m
A 轴梁	34.3	8.8	1
B 轴梁	33.8	8.8	1
C,D 轴梁	33.8	7.0	0.8

因此,计算吊车梁的起重高度时,取 A 轴梁作为控制标准。根据图 2-23,A 轴吊车梁的吊装高度(H_L)计算如下:

$$H_L = 8.8 + 0.3 + 1.0 + 2.0 = 12.1 (\text{m})$$

式中,0.3 m 是吊装时所需的工作间距;2.0 m 是吊钩至吊车梁顶面的距离。

(3) 屋架吊装

本工程有两种屋架,它们的外形尺寸见图 2-24。其自重及安装支座顶面(柱顶)标高见表 2-9。

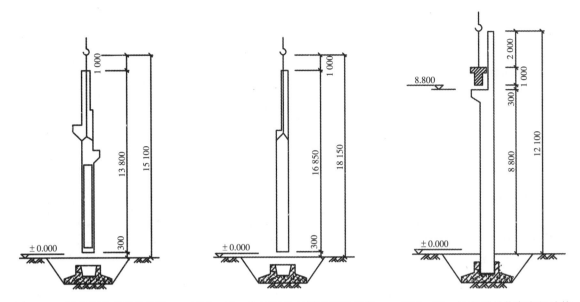

图 2-21 柱的吊装高度的计算　　　图 2-22 抗风柱的吊装高度的计算　　　图 2-23 吊车梁吊装高度的计算

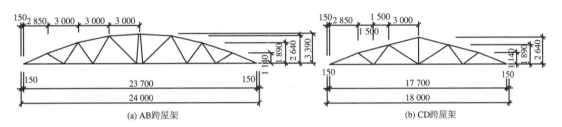

(a) AB跨屋架　　　　　　　　　　　　(b) CD跨屋架

图 2-24 屋架外形尺寸

表 2-9　　　　　　　　　　　　　　　屋架的重量及安装标高

屋架	跨度/m	自重/kN	安装面(柱顶)标高/m
AB 跨屋架	24	82.7	12.4
CD 跨屋架	18	43.0	10.2

因此,选择起重机型号时,以 AB 跨屋架作为控制标准。

24 m 屋架吊装时一般采用四点绑扎,外斜起重索与水平方向成 45°角,由图 2-25(屋架轴线尺寸),可算得吊钩至屋架顶面的距离(h):

$$h = 9 \times \tan 45° - 2.25 - 0.125 = 6.625 (\text{m})$$

式中,0.125 m 是屋架上弦截面高度的一半。

根据图 2-26,AB 跨屋架的吊装高度(H_w)计算如下:

$$H_w = 12.4 + 0.3 + 3.605 + 6.625 = 22.93 (\text{m})$$

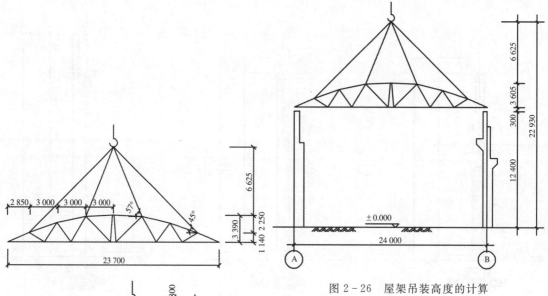

图 2-26 屋架吊装高度的计算

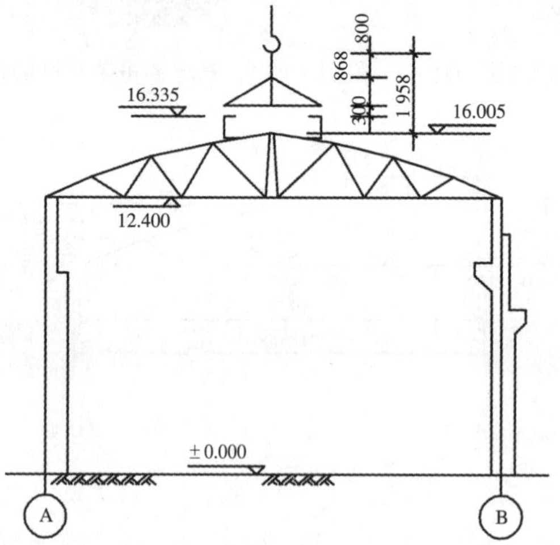

（4）天窗架吊装

根据图 2-27,已知天窗架支座面标高为 16.335 m,天窗架高度为 0.868 m,因此,其吊装高度（H_T）计算如下:

$$H_T = 16.335 + 0.3 + 0.868 + 0.8 = 18.303(\text{m})$$

式中,0.8 m 为吊索长度。

（5）屋面板

屋面板自重为 13 kN。

吊装柱、吊车梁、屋架和天窗架时,所选起重机只需其起重量和起重高度满足要求就

图 2-27　天窗架吊装高度的计算

行了。而屋面板是在两榀屋架（天窗架）吊装完毕后才吊装,由于吊装屋面板时起重把杆不能与屋架（或天窗架）相碰,因此,需求最小杆长。

由图 2-28 可知:

$$h = 16.005 - 1.7 = 14.305(\text{m})$$

式中,16.005 为屋架脊顶标高。

$$a = \frac{6}{2} = 3(\text{m})$$

取 $g = 1.0$ m,根据式（2-4）可得

$$\alpha = \arctan \sqrt[3]{\frac{h}{a+g}}$$

$$= \arctan \sqrt[3]{\frac{14.305}{3+1.0}}$$

$$= 56.82°$$

根据式(2-3),得起重机最小杆长 L 为

$$L = l_1 + l_2 = \frac{h}{\sin\alpha} + \frac{a+g}{\cos\alpha}$$

$$= \frac{14.305}{\sin56.82°} + \frac{3+1.0}{\cos56.82°}$$

$$= 24.4(\text{m})$$

吊装屋面板起重把杆的最小长度,也可用图解法近似确定。

将以上计算结果汇总于表2-10。

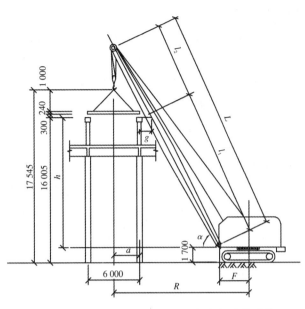

图 2-28　吊装屋面板时起重机把杆长度的计算

表 2-10　　　　　控制构件的重量、吊装高度和最小把杆长度计算汇总表

构件名称	最重构件的重量/kN	吊装高度/m	把杆最小长度/m
柱	84.9	15.10	—
抗风柱	86.8	18.15	—
吊车梁	34.3	12.10	—
屋架	82.7	22.93	—
天窗架	3.0	18.303	—
屋面板	13	16.005	24.4

根据表 2-10 所列的所需起重机工作参数,同时查阅有关起重机性能曲线(表),再结合场地条件已有起重设备条件,便可进行起重机的选择了。

(6)确定起重机台数

起重机台数,根据厂房的工程量、工期和起重机的台班产量,按下式计算确定:

$$N = \frac{1}{TCK} \sum \frac{Q_i}{P_i} \qquad (2-8)$$

式中　N——起重机台数;

　　　T——工期(d);

　　　C——每天工作班数;

　　　K——时间利用系数,一般取 0.8~0.9;

　　　Q_i——每种构件的安装工程量(件或t);

　　　P_i——起重机相应的产量定额(件/台班或t/台班)。

此外,决定起重机台数时,还应考虑到构件装卸、拼装和就位的需要。

2.1.4 构件吊装工艺

单层厂房构件一般包括柱、吊车梁、屋架、屋面板、天窗架等。不同的构件吊装工艺各有特点，但各种构件的吊装均包括绑扎、吊升、就位、临时固定、校正及最后固定等工序。在吊装时应采取合理的吊装工艺，以保证吊装阶段构件的受力安全，便于构件的现场布置和机械开行与作业。

1) 柱的吊装方法

柱的绑扎分为直吊绑扎法和斜吊绑扎法，其吊升方法以单机滑行法和旋转法为主，也有采用综合方法，即综合旋转、滑行两种方法继续吊升。对大型柱常常用双机抬吊的方法。

(1) 柱的绑扎

柱的绑扎方法有直吊绑扎法和斜吊绑扎法。它们各有优缺点，分别适合不同的吊装要求。

斜吊绑扎法(图2-29)，它对起重杆要求较小，它用于柱的宽面抗弯能力满足吊装要求时，此法无需将预制柱翻身，但因起吊后柱身与杯底不垂直，对中就位较难；直吊绑扎法(图2-30)，它适用于柱宽面抗弯能力不足，必须将预制柱翻身后窄面向上，以增大刚度，再绑扎起吊，此法因吊索需跨过柱顶，需要较长的起重杆。

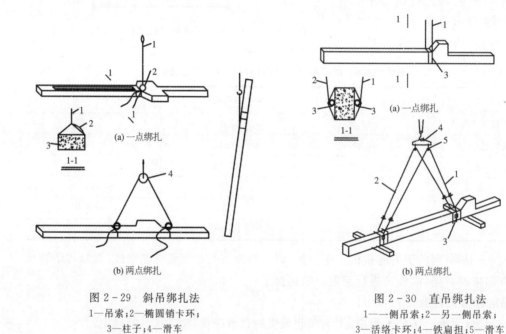

图2-29　斜吊绑扎法　　　　　图2-30　直吊绑扎法
1—吊索；2—椭圆销卡环；　　　1——一侧吊索；2——另一侧吊索；
3—柱子；4—滑车　　　　　　3—活络卡环；4—铁扁担；5—滑车

(2) 柱的吊升

柱的吊升主要有旋转法、滑行法和混合法等几种。

① 旋转法

柱的旋转法吊升的作业过程是边起钩、边回转，柱子绕柱脚旋转而起吊。在构件布置时应做到三点共弧，即柱的吊点、基础中心及柱底三点在起重机起重半径的同一圆弧上。旋转法具有柱脚与地面没有摩擦、起重机受力合理、操作简便易行等优点。但它对起重机要求较高，柱的布置位置也较为严格。柱的旋转法适用于10t以下的柱，并宜采用直吊绑扎法。

② 滑行法

柱的滑行法吊升的作业过程是边起钩、不转动、柱脚沿地面滑行而起吊。其构件布置应满足两点共弧：柱的吊点、基础中心两点在起重机起重半径的同一圆弧上。它具有对起重机要求较低、柱的布置灵活等优点，但在吊升时柱脚与地面摩擦大，柱受较大振动。滑行法适用于长柱的吊升，施工中可采用斜吊绑扎法。

③ 混合法

另一种吊升方法是混合法吊升。它在起吊时根据起重机作业的可能性及吊装需要，可以随时起钩、回转、变幅或行走，逐渐起吊。混合法具有旋转法和滑行法两者各自的优点，因而适应性强，对起重机要求低，柱的布置也较灵活。它适用于大型柱的双机抬吊（图 2-31）。

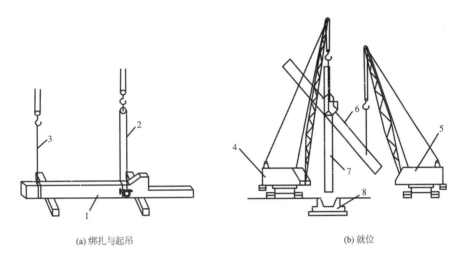

(a) 绑扎与起吊　　　　　　　　　　　　　(b) 就位

图 2-31　柱的双机抬吊
1—起吊前的柱；2—第一吊索；3—第二吊索；4—第一起重机；
5—第二起重机；6—吊升中的柱；7—将就位的柱；8—杯口

（3）柱的就位与临时固定

柱的就位与临时固定对杯形基础的混凝土或钢柱就是将柱子插入杯口，并对准基准线（基础顶面及柱身上的弹线），在杯口与柱的空隙间打入钢楔，临时固定脱松吊钩。长细柱或遇到5级以上大风时还应设置缆风绳加强稳定，对于直接安装在基础顶面的钢柱，则在柱底用螺栓或焊接，并附加缆风绳临时固定。柱的就位与临时固定关键是确保柱的稳定，防止柱的倾倒（图 2-32）。

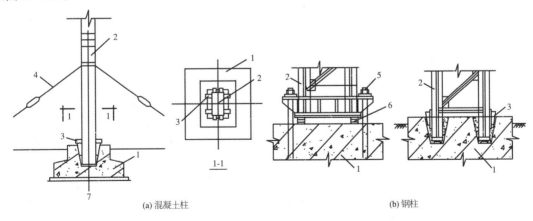

(a) 混凝土柱　　　　　　　　　　　　　(b) 钢柱

图 2-32　杯形基础柱的就位与临时固定
1—基础；2—柱；3—钢楔；4—缆风绳；5—地脚螺栓；6—标高块；7—灌浆砂浆

（4）柱的校正

柱的校正包括位置与垂直度两个方面。

柱的定位根据基础弹线（十字中心线）和柱身安装中心线进行对中。对中应在起重机不脱钩的情况下进行，将三面的安装中心线对准基础十字线并缓缓将柱降落至标高位置。这在柱子就位时一并完成。就位后的偏差则可用钢钎或千斤顶作微小移位或角度调整。

柱身垂直度校正前应先进行垂直度测量，然后根据垂直度偏差进行调整。柱的垂直度测量有以下几种方法：

① 激光准直仪测量

将激光准直仪架设在控制点上，通过观测映照在激光接受靶上的激光束光斑判断柱子的垂直度。这种方法测量方便，但测量距离较远时，激光的离散性较大，会带来测量偏差，在建筑物较高时不宜使用。

② 经纬仪测量

经纬仪测量一般需架设 2 台仪器，分别设置在相互垂直的轴线上，从两个角度测量垂直度。经纬仪测量的精度较高，是工程中常用的方法（图 2-33）。

③ 铅垂法

这是一种传统的测量方法。用垂球吊在柱边，将柱上弹出的中心线与其直接对比观测。

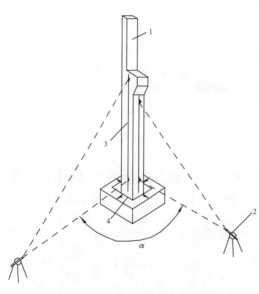

这种方法观测直接，但由于垂球的摆动会引起较大误差，特别是长柱的测量及有大风的情况下，误差更大。为避免铅垂线受风影响而摆动，可将垂球置于粘度较大的油液中，以减小误差。

④ 标准柱法

根据建筑的平面形状，在合适的位置设立标准柱，其他柱的垂直度均依据该柱为准，并用钢尺、工具式卡尺等测量被测柱的垂直度。这种方法常用于强烈日照环境下柱子的垂直度测量。具体做法为：先在没有日照的条件下选择一柱作为标准柱，将其垂直度校正，以后在有日照时，根据此柱为标准进行其他柱的测量，可以大大减小日照对垂直度测量的影响。

图 2-33 经纬仪测量柱的垂直度
1—柱；2—经纬仪（2 台）；3—柱的中心线；4—杯口

柱的垂直度校正一般可以用千斤顶校正法、钢管撑杆校正法及缆风绳校正法等（图 2-34）。千斤顶校正法可以斜顶也可以立顶，斜顶法适用于 30 t 以内的柱，而立顶法则适用于重型柱，如双肢柱。

钢柱的校正可以借助地脚螺栓，通过调整柱脚底板下的螺母（参见图 2-16），进行垂直度校正。施工时先将柱初步扶直后拧紧底板上螺母，再稍稍放松缆风绳，使柱呈自由状态，复测柱的垂直度，如有偏差，则调整底板下螺母，待垂直度合格后拧紧上螺母。地脚螺栓的上螺母一般采用双螺母，也可在螺母拧紧后将螺母与螺杆焊接起来。地脚螺栓的紧固力应符合表2-11要求。

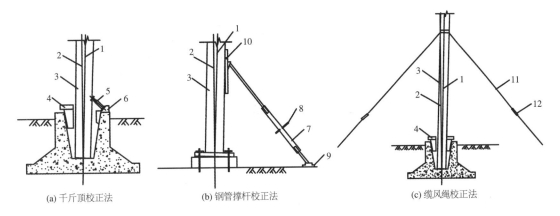

(a) 千斤顶校正法　　　　(b) 钢管撑杆校正法　　　　(c) 缆风绳校正法

图 2-34　柱的垂直度校正
1—柱身中心线；2—铅垂线；3—柱；4—钢楔块；5—千斤顶；6—千斤顶卡座；
7—撑杆校正器；8—校正手柄；9—底板；10—摩擦板；11—缆风绳；12—调整螺栓

表 2-11　　　　　　　　　　　　地脚螺栓紧固力

地脚螺栓直径/mm	紧固力/kN
30	60
36	90
42	120
48	160
56	240
64	300

2）屋盖结构的吊装方法

屋架、屋面板、天窗架等合称为屋盖结构。

（1）吊装顺序

屋盖构件包括屋架（或屋面梁），屋架上、下弦水平支撑和垂直支撑，天沟板和屋面板，天窗架和天窗侧板等。屋盖的吊装一般都按节间依次采用综合吊装法。其吊装顺序如图2-35所示：先吊装第一榀屋架1，再吊装第二榀屋架2，然后吊装该节间内的天沟板3，紧接着进行该间屋面板4的吊装，屋面板吊装从屋檐向屋脊对称进展。如果结构设计有天窗架，则将第二榀屋架上的天窗架5安装完成。以后可以进行第三榀屋架6的吊装。为保证结构的稳定，在第三榀屋架吊装后，应及时进行屋面支撑系统的安装，一般先进行屋面垂直支撑7吊装，然后进行屋架水平支撑8的安装。以后进行第二节间内天沟板9和屋面板的10吊装。在第三榀屋架吊装后可安装其上的天窗架11。以后依次安装天窗架部分的构件：天窗垂直支撑12、天窗侧板13、天窗架上屋面板14。

（2）屋架吊装

钢筋混凝土屋架一般在现场平卧叠浇。

吊装的施工顺序是：扶直堆放→绑扎→吊升→就位→临时固定→校正和最后固定。

① 屋架的扶直与临时就位

混凝土屋架一般在现场预制，为便于制作，屋架预制均采用平卧叠浇，因此，在吊装前应先

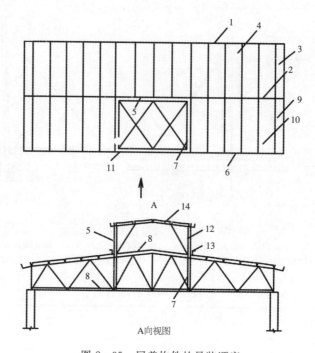

图 2-35　屋盖构件的吊装顺序

1—第一榀屋架；2—第二榀屋架；3—天沟板；4—第一节间屋面板(全部)；
5—第二榀屋架上天窗架；6—第三榀屋架；7—屋面垂直支撑；8—屋架水平支撑；9—第二节间天沟板；
10—第二节间屋面板(全部)；11—第三榀屋架上的天窗架；12—天窗垂直支撑；
13　天窗侧板；14　天窗架上屋面板

把屋架翻身扶直，并临时就位，放置在以后吊装的合适位置。屋架扶直时，可采用两点、三点、四点等绑扎法(图 2-36)。绑扎点应选在上弦节点处或在其附近，并左右对称于屋架重心。屋架扶直的吊点应按照设计要求布置，如果吊点发生改动，则必须进行屋架在吊装阶段的结构验算。

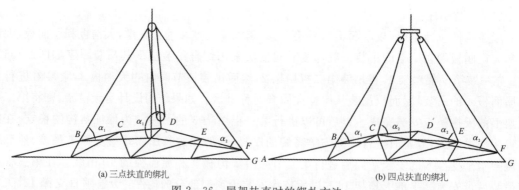

图 2-36　屋架扶直时的绑扎方法

　　钢屋架一般在工厂加工，然后运到工地，这种情况下就没有屋架扶直的工序，如在现场制作，也要根据制作成型时屋架的放置状态进行临时就位。必要时也需进行扶直。

　　屋架扶直可采用正向扶直与反向扶直两种方法。正向扶直时起重机的作业状态为升钩、起臂(图 2-37(a))；反向扶直时起重机的作业状态为升钩、降臂(图 2-37(b))。前者有利于起重机的作业，但屋架要同方向布置，构件占地面积较大，后者则可将构件布置成不同方向，这

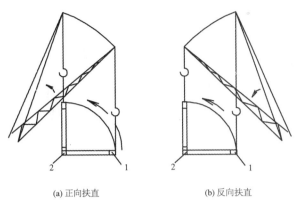

(a) 正向扶直   (b) 反向扶直

图 2-37 屋架扶直方法

1—屋架上弦杆；2—屋架下弦杆

样可减少占地面积。

根据屋架扶直后放置的位置不同,屋架的就位分为同侧就位与异侧就位。当屋架临时就位放置的位置与预制位置在起重机同一侧时称为同侧就位；当屋架临时就位放置的位置与预制位置在起重机两侧时称为异侧就位。

当采用一台起重机吊装时,屋架临时就位位置设计的原则是：尽可能使屋架上弦杆的中点与建筑中屋架设计位置的中点同在以起重机停机点为圆心、以吊装时起重半径为半径的圆弧上(图 2-38),以便起重机吊升屋架后不需负重行走,只需转臂就可直接将屋架放置到柱顶,

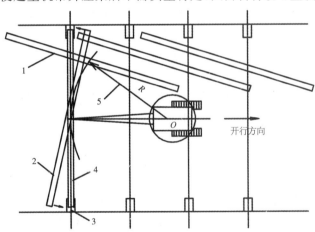

图 2-38 屋架的临时就位与吊升

1—临时就位的屋架；2—吊升过程中的屋架；3—柱；4—设计的屋架位置；5—起重机起重半径

顶,使吊装作业安全、快捷。这对于采用单机吊装的屋架尤其重要。

② 屋架的绑扎

屋架吊装时需再次绑扎,此时的绑扎方法应根据屋架的形式、跨度和起重机的起重高度等条件,并按照设计规定确定。

绑扎时起重索与水平面的夹角不宜小于 45°,以免屋架上弦杆承受过大的横向压力而使构件受损。一般跨度小于 18 m 的屋架,绑扎两点(图 2-39(a))；跨度为大于 18 m 的屋架,绑扎三点或四点(图 2-39(b)(c))；跨度更大或吊索与水平面夹角小于 45°时,可采用横吊梁多点绑扎(图 2-39(d))。

为减少屋架起吊高度及所受横向力,对于大跨度的屋架可加用横吊梁的方法,如图 2-39(d)所示。

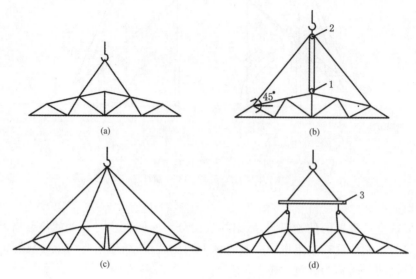

图 2-39　屋架的绑扎方法
1—单门滑车;2—双门滑车;3—横吊梁

③ 屋架的吊升

在一跨内的屋架临时就位后便可进行该跨屋架的吊升(图 2-38)。屋架吊升时,先将屋架吊离地面,随即转到设计位置的下面,此时,屋架轴线与设计轴线成一倾斜角度,然后将屋架提升到柱顶标高以上,旋转就位后安放在柱顶上。屋架在空中的旋转,是由吊装工人在地面上以拉绳控制的。

如果屋架较重,一台起重机的起重量不能满足时可采用两台起重机协同作业,这称为双机抬吊,常用的双机抬吊有双机跑吊和一机回转、一机跑吊两种方法。

a. 双机跑吊

当屋架在跨内一侧就位时,可采用双机跑吊方法进行屋架吊装。该方法使用两台起重机同时提升吊钩,待构件离地面后两台起重机分别向屋架两端与吊点对应的位置开行,当屋架被吊至安装位置附近后,两机同时提升屋架,至下弦高于柱顶后,双机在统一指挥下对准柱顶吊装中心线缓缓对位,经临时固定、校正后脱钩。图 2-40 是双机跑吊的示意图。起重机Ⅰ和起重机Ⅱ分别位于临时就位的屋架两端,在此位置将同时提升吊钩,将屋架提升离开地面约200 mm时停止升钩,然后起重机Ⅰ向后斜退至停机点Ⅰ′,而后起重机Ⅱ带屋架向前进至屋架吊装就位的位置Ⅱ′。此时,屋架已被吊至安装位置附近,便可提升屋架安装就位。

b. 一机回转、一机跑吊

当屋架布置在跨中就位时,可采用一机回转、一机跑吊的吊装方法。采用这种方法吊装时,两台起重机分别停在屋架的两侧,将屋架起吊后,一台起重机只需臂杆回转,而另一台起重机则需移动开行。图 2-41 是一机回转、一机跑吊作业的示意图。图中吊装过程中起重机Ⅰ在原地作回转,注意此时屋架的布置应使扶直后屋架的吊点 A 与屋架安装位置的吊点 A′在起重机Ⅰ工作半径同一圆弧上。在起重机Ⅰ作回转的同时,起重机Ⅱ将屋架转至机前,并带屋架移动,至屋架安装的位置。在此过程中,两台起重机应很好地配合,保证使屋架平稳起吊安装。当两机同时将屋架吊至柱顶,双机在统一指挥下将屋架对位。经临时

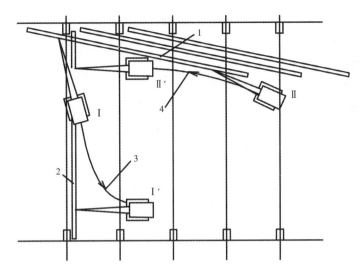

图 2-40 双机跑吊
1—临时就位的屋架;2—屋架即将安装的位置
3—起重机Ⅰ开行方向;4—起重机Ⅱ开行方向

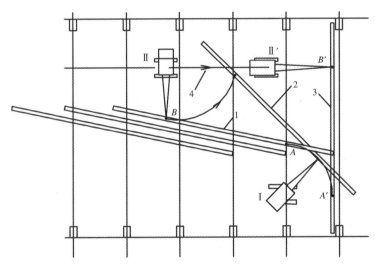

图 2-41 一机回转、一机跑吊
1—临时就位的屋架;2—吊升过程中的屋架
3—屋架即将安装的位置;4—起重机Ⅱ开行方向

固定、校正后脱钩。

④ 屋架的临时固定、校正与最后固定

屋架吊至柱顶以上,使屋架的安装轴线与柱顶轴线重合,然后进行临时固定,屋架固定稳妥后起重机才能脱钩。

第一榀屋架的临时固定必须可靠,因为它是单片结构,侧向稳定性差,此外,它还是第二榀安装的屋架的支撑,所以,必须做好临时固定。一般采用4根缆风绳从两边把屋架拉牢,如图2-42所示,有防风柱的可与防风柱连接固定。其他各榀屋架可用屋架校正器(工具式支撑)临时固定在前面一榀屋架上。

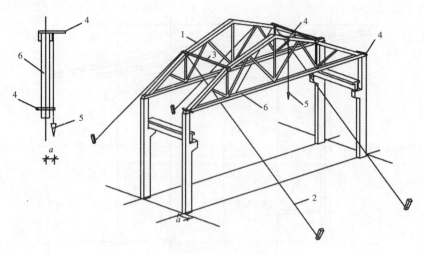

图 2-42 屋架的临时固定与校正
1—第一榀安装屋架；2—缆风绳；3—屋架校正器
4—挂线木尺；5—线锤；6—被校正屋架

钢屋架与柱的连接有两种方法，一种是柱顶支承形式，另一种是在柱的侧面连接。当钢屋架与钢柱的翼缘连接时，应保证连接板之间的紧密连接，如钢屋架支承柱顶时，则应使屋架端部与柱顶承托板之间的接触面不小于承压面的 70%，其间的缝隙可以用钢板垫塞紧密。

屋架的校正主要是垂直偏差校正。屋架上弦(在跨中)，对通过两个支座中心的垂直面偏差不得大于 $h/250$(h 为屋架高度)。检查时可用线锤检查，也可采用经纬仪测量(图 2-42)，用经纬仪检查是将仪器安置在被检查屋架的跨外，距柱横向轴线为 a(a 为 1 m 左右)，然后，观测屋架上弦所挑出的三个挂线木卡尺上的标志(一个安装在屋架上弦中央，两个安装在屋架上弦两端，标志距屋架上弦轴线均为 a)是否在同一垂直面上，如偏差超过规定数值(如屋架吊装的允许偏差，下弦中心线对定位轴线的位移为 5 mm，拱形屋架垂直度为 1/250 屋架高)，则转动屋架校正器上的螺栓进行校正，并在屋架端部支承面垫入薄钢片。校正无误后，立即用电焊焊牢作为最后固定，应在屋架两端的不同侧面同时施焊，以防因焊缝收缩导致屋架倾斜。

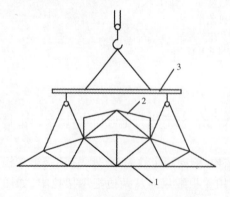

图 2-43 天窗架和屋架同时吊装
1—屋架；2—天窗架；3—横吊梁

(3)天窗架吊装

通常在屋架天窗架两侧屋面板吊装后，随即吊装天窗架，也可以在地面上将屋架和天窗架先拼装成整体(图 2-43)，然后同时吊装。两者比较起来，前者操作简单，要求起重量和起重高度较小；后者高空作业减少，工效高。

天窗架的绑扎、吊升、校正、固定与屋架类似，不再赘述。但天窗架刚度较差，吊装时一定要加固，加固方法与屋架类似。

(4)屋面板吊装

屋面板可逐块吊装或多块叠吊吊装，常采用多块叠吊可以大大加快吊装速度,图 2-44 是两块屋面板叠吊的示意图。

屋面板的吊装最好按屋架跨度左右对称进行(图 2-45),以使屋架受力均匀。屋面板对位后,应立即进行电焊固定,每块屋面板至少焊三点,使屋面板与屋架连成整体,保证结构的整体性和施工阶段的安全性。

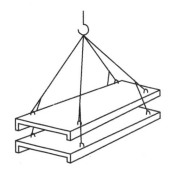

图 2-44　两块屋面板叠吊

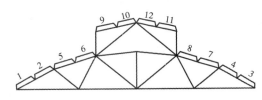

图 2-45　屋面板的吊装顺序

(5) 支撑系统安装

单层厂房的支撑系统包括屋盖支撑及柱间支撑(图 2-1)。屋盖支撑的作用是传递屋架平面外荷载,保证构件平面外稳定、屋盖结构平面外的刚度。柱间支撑则可以提高厂房的纵向刚度和稳定性,将吊车纵向制动力、纵向地震力及风荷载传至基础。

屋盖支撑有屋架上弦支撑、屋架下弦横向和纵向水平支撑、屋架竖向支撑等。屋架上弦支撑设在房屋两端或温度缝区段两端第一或第二柱间,间距一般超过 60 m。当屋架跨度大于18 m、有悬挂吊车、吨位较大的桥式吊车时或抗风柱支承于屋架下弦时,屋架下弦将设置横向水平支撑。当有重级工作制吊车或厂房较高、跨度较大时,应设屋架下弦纵向水平支撑,它设在屋架下弦端节间内。屋架竖向支撑设置在屋架中部或屋架跨度 1/3 处,当屋架跨度小于18 m 可不设屋架竖向支撑。

当厂房跨度或柱高较大,或吊车起重量较大时一般均设置柱间支撑,柱间支撑一般情况设置在厂房单元中部,上、下柱间支撑配套设置。

单层厂房支撑常用钢材,也有的支撑材料采用钢筋混凝土。支撑的形式有一字形、十字形(也称为剪刀撑)和桁架式。钢支撑、混凝土支撑与混凝土构件(柱、屋架等)连接方式多采用焊接,柱、屋架的连接处一般设置预埋钢板,支撑通过预埋钢板焊接在混凝土构件上。钢支撑与钢柱、屋架的连接则常常采用螺栓连接,也有采用焊接方式。在支撑安装时应注意以下几点:

a. 吊装支撑时绳结一定要绑扎牢固,绑扎点要平衡。采用人工配合滑车拉升支撑时,地面操作人员应远离吊装的构件,防止物件高空坠落伤人。

b. 采用螺栓连接时,螺栓应自由穿入螺栓孔,严禁强行穿入,在放置螺栓时要防止丝扣破坏,孔位偏差不允许用气割扩孔,为此,安装前必须检查支撑长度和孔距,吊装中应严格控制屋架的间距,以确保安装顺利。安装中必须保证支撑两端各有一个螺栓拧紧后才能放松吊钩。

c. 采用电焊连接时,应先用临时螺栓固定,再用电焊连接。

（6）侧板、天沟板吊装

① 天窗侧板吊装

天窗侧板与天窗架连接一般都采用焊接。在安装过程中，应采取随吊随校正随电焊的方法。为了提高吊装效率，也可用支撑临时稳定，松钩后用电焊最后固定。无论采用哪种方法，必须保证天窗侧板稳定后才能放松吊钩。

② 天沟板吊装

天沟板位于厂房结构的边缘，安装时应注意其稳定，防止倾覆，特别是重心偏外的天沟板安装时，必须焊接牢固后才能松钩。安装时应注意落实垫平，并保证天沟板安装轴线位置正确。

2.1.5　起重机开行路线与构件平面布置

起重机开行路线是结构吊装方案中重要内容之一，它关系到结构安装施工的效率，也与构件平面布置直接有关。以下仍以图 2-46 所示的某单层厂房工程为例介绍起重机开行路线与构件的平面布置。该厂房确定采用分件吊装法，因此，起重机每次开行只吊装一种构件，如柱、梁、扶直屋架等，但屋面系统吊装时同时吊装屋架和屋面板。

1）起重机开行路线

起重机的开行路线与厂房的平面尺寸及高度、构件的尺寸及重量、构件的平面布置、起重机的性能、吊装方法等有关，以下分别介绍吊装柱、吊车梁、屋盖构件时，起重机的开行路线。

根据该厂房的具体条件和构件初步布置的情况，起重机的开行路线分为 4 次：第一次开行吊装柱（图 2-46（a））；第二次开行进行屋架扶直（图 2-46（b））；第三次开行吊装吊车梁和连系梁（图 2-46（c））；第四次开行吊装屋面系统（图 2-46（d））。

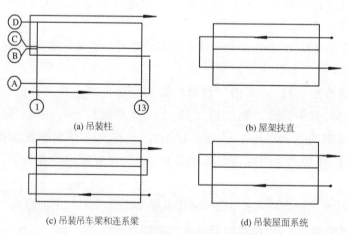

(a) 吊装柱　　　　　　　　　　(b) 屋架扶直

(c) 吊装吊车梁和连系梁　　　　(d) 吊装屋面系统

图 2-46　起重机开行路线示意图

（1）吊装柱的开行路线

吊装柱的开行路线是先在跨外沿跨边开行吊装 A 轴柱，然后在跨内沿跨边开行吊装 B（C）轴柱，最后在跨外沿跨边开行吊装 D 轴柱。

根据起重机作业时的起重半径、厂房跨度、柱距及起重机开行路线至柱安装轴线的最小距离可以选择合适的停机点,使一次停机吊装几根柱,这样可以大大提高作业效率。

设起重机吊装柱时的起重半径为 R,厂房跨度 S,柱距为 b,起重机开行路线至跨边的最小距离为 a(图 2-47)。

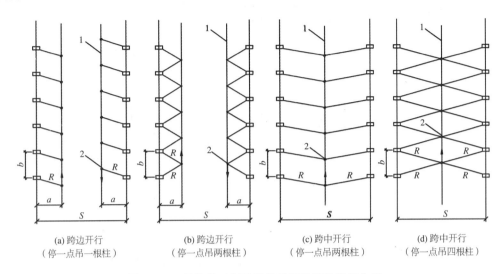

(a) 跨边开行
(停一点吊一根柱)

(b) 跨边开行
(停一点吊两根柱)

(c) 跨中开行
(停一点吊两根柱)

(d) 跨中开行
(停一点吊四根柱)

图 2-47　吊装柱时起重机的开行路线及停机位置
1—开行路线;2—吊装时停机点

情况 1:当 $R<\dfrac{S}{2}$ 时,

起重机沿跨边开行,一般每停一点吊一根柱(图 2-47(a)),

但如果
$$R\geqslant\sqrt{a^2+\left(\dfrac{b}{2}\right)^2}\tag{2-9}$$

则每停一点可吊两根柱(图 2-47(b));

情况 2:当 $R\geqslant\dfrac{S}{2}$ 时,

起重机可沿跨中开行,一般起重机每停一点可吊两根柱(图 2-47(c)),

但如果
$$R\geqslant\sqrt{\left(\dfrac{S}{2}\right)^2+\left(\dfrac{b}{2}\right)^2}\tag{2-10}$$

则每停一点可吊四根柱(图 2-47(d))。

当柱布置在跨外时,则起重机一般在跨外沿跨边开行,与上述在跨内沿跨边开行一样,停一点吊一根柱或两根柱。

图 2-48 是该两跨单层厂房工程履带式起重机吊装柱的开行路线(1~5 轴部分)。起重机在吊装柱时起重把杆长为 25 m,工作时的起重半径 R 为 7.8 m,相应的最大起重量为 12 t。从图中可见,起重机采用跨边开行,停一点吊两根柱。在吊装 A 轴柱时,起重机离 A 轴 3.6 m,吊装 B(C)轴时起重机离 B 轴 4.2 m,而在吊装 D 轴柱时,起重机离 D 轴为 3.6 m。起重机在停机点上作业时吊点、柱脚与杯口中心在起重臂作业的同一圆弧上。

(2) 吊装吊车梁的开行路线

吊车梁吊装时,起重机一般是在跨内沿跨中或沿跨边开行,在特殊情况下,也可在跨

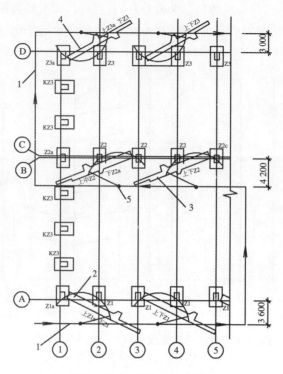

图 2-48　吊装柱的开行路线
1—开行路线；2—A 轴柱；3—B(C)轴柱；4—D 轴柱；5—停机点

外开行。

图 2-46(c)所示为某单层厂房工程起重机吊装吊车梁时的开行路线。吊车梁在预制品厂预制，由汽车运送至现场就位后吊装，起重机在 A 轴、B(C)轴是沿跨边开行，在 D 轴是沿跨中开行。

（3）吊装屋盖结构时的开行路线

屋架在吊装前需要临时就位，屋盖结构吊装时，将临时就位位置上的屋架吊升放置在设计位置上，为便于屋架的吊装，起重机一般都在跨内沿跨中开行，图 2-46(d)为起重机沿跨中开行示意图。

进行安装的屋架是从扶直的屋架排列中逐个吊升安装的，因此，应按"先扶直，后吊装"的施工顺序进行，因为临时就位的屋架依扶直先后次序放置的，并相互临时连接，排成序列，先扶直的屋架不便从临时就位的屋架排列中取出，只有在其后扶直的屋架被吊出后才便于吊升。因此，在确定吊装屋架开行路线时其开行方向应与屋架扶直时的开行方向相反。

2）现场预制构件的平面布置

混凝土柱、屋架等大型构件一般均在现场预制，采用构件现场预制的工程，构件布置是结构吊装工程中要考虑的主要问题之一。构件预制前，应确定构件的预制位置的布置方式，绘出构件布置图，并标注构件预制时布置的位置与方向。

构件布置应与选择吊装机械、吊装方法等同时考虑。构件布置既要考虑吊装的方便，也要考虑构件制作和就位的方便。

进行构件布置时，应注意以下几点：

a. 各跨构件宜布置在本跨内预制,如有些构件在本跨内预制确有困难时,也可布置在跨外,但应便于吊装。

b. 应满足吊装工艺的要求,首先考虑重型构件,其应尽可能布置在起重机的工作半径之内,以缩短起重机负荷行走的距离并尽可能避免在负荷情况下改变起重臂的仰角。

c. 应便于支模和浇灌混凝土。若为预应力构件尚应考虑抽管、穿筋等操作所需的场地。

d. 构件的布置力求占地最小,以保证起重机、运输车辆的道路畅通;起重机回转时不致与建筑物或构件相碰。

e. 构件的布置,要注意安装时的朝向,特别是屋架。避免吊装时在空中调头,影响吊装进度和施工安全。

f. 构件均应在坚实的地基上浇注,新填土要加以夯实,并垫上通长的木板,以防下沉。

(1) 柱的布置

现场预制柱时,柱可以斜向布置(图 2-49(a)),也可以纵向布置(图 2-49(b)),一般较多采用斜向布置。斜向布置与纵向布置相比较,前者起吊方便,后者柱预制时占地面积较小。在特殊情况下,还可以采用横向布置(图 2-49(c)),其占地面积最大。

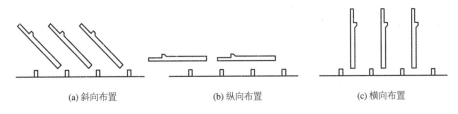

(a) 斜向布置   (b) 纵向布置   (c) 横向布置

图 2-49　柱布置的方式

① 斜向布置

预制的柱子应与厂房纵轴线成一斜角。这种布置方式主要配合旋转起吊。根据旋转起吊法的工艺要求,柱子应按图 2-50 的要求进行布置。也就是要使杯形基础中心 M、柱脚 K、吊点 S 三者均能位于起重机吊柱时的同一起重半径为 R 的圆弧上。为此,可采用以下方法确定柱子预制时的位置。

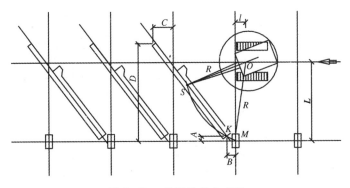

图 2-50　柱子的斜向布置

a. 确定起重机的开行路线至柱基中心线的距离

起重机的开行路线至柱基中心线的距离 L 与起重机的性能及柱的尺寸、重量等有关,确

定 L 时，应考虑如下几个条件：

（a）L 不得超过吊装柱时起重机的起重半径 R，即 $L \leqslant R$；

（b）L 不小于起重机的最小起重半径；

（c）起重机的履带不压在柱基回填土上，以免起重机失稳，且起重机尾部和履带不要碰到预制构件。

b. 确定起重机的停机位置

以柱基中心 M 为圆心，以吊装柱时的起重半径 R 为半径画圆弧，交起重机开行路线于 O 点，O 点即为停机位置。

c. 确定柱的位置

以 O 点为圆心，OM 为半径（R）画圆弧，然后，在靠近柱基的弧上定一点 K（K 尽可能不要位于柱基回填土上），再在圆弧上定点 S，使 S 至 K 的距离等于柱脚至吊点的距离。以 SK 为中心线画出柱模板的外形尺寸，并量出柱顶、柱脚与柱列纵横轴线的距离 D，C，A，B 作为柱支模的依据。

需注意的是，柱的牛腿面的朝向应与安装后的柱牛腿位置一致，避免起吊后柱子在空中旋转。一般情况下，柱布置在跨内，则牛腿应面向起重机；若柱布置在跨外，则牛腿应背向起重机。

当柱子较长或由于其他原因，不能将柱子的绑扎点、柱脚与杯形基础三者安排在起重机吊装该柱的同一起重半径为 R 的圆弧上时，可以将绑扎点与基础中心布置在起重半径的圆弧上，系用滑行法起吊。

如果采用停一点吊两根柱的吊装方法，柱子可采用两层叠浇时，其布置应使吊点、柱底与相应的两个柱基中心共弧，即停机点布置在该两柱基础中心连线的垂直平分线上。

② 纵向布置

预制的柱子与厂房的纵轴线平行（图 2-51）。纵向布置主要配合滑行法起吊。可考虑将起重机停机点布置在两柱中间，每停机一次吊装两根柱子。柱子的绑扎点与基础中心应布置在起重机吊装该柱时的起重半径上的圆弧上。

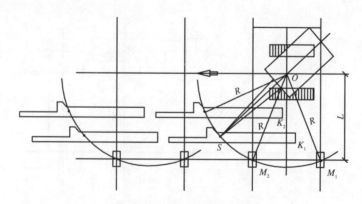

图 2-51　柱子的纵向布置

在进行构件布置图设计时，可采用图 2-51 所示的方法确定柱子采用纵向布置时的位置。先根据起重机吊装柱子的起重半径确定起重机开行路线至柱基中心线的距离 L,确定 L 时应考虑的条件与斜向布置法一样。根据吊装方法(停一点吊一根柱或停一点吊两根柱),确定停机点 O,以 O 为圆心,以 OM 为半径(即起重半径 R)画一圆弧,在该圆弧上确定柱的吊点 S,做到吊点 S 与基础中心 M 两点共弧。然后按 S 点画出柱身轴线及柱模板的外形尺寸。

(2)屋架的布置

现场预制混凝土屋架一般较多采用平卧重叠生产,扶直就位后再吊装,以下分别叙述屋架预制与就位的布置方法。

① 预制屋架的布置

现场预制屋架时,屋架的布置有斜向布置和纵向布置两种方式(图 2-52),其中应优先考虑斜向布置,因为它便于扶直就位,但纵向布置也有其占地较小的优点。

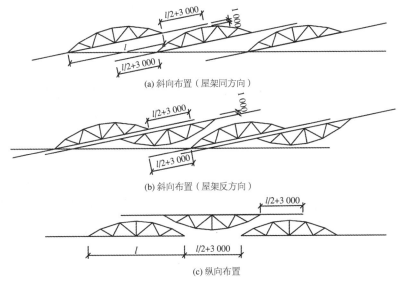

(a) 斜向布置(屋架同方向)

(b) 斜向布置(屋架反方向)

(c) 纵向布置

图 2-52 屋架布置的方式

屋架布置时应考虑下述诸因素:

a. 尽可能同方向预制,并使屋架扶直时采用正向扶直作业。

b. 预应力屋架布置时,在屋架的一端或两端需留出抽管及预应力筋所需的位置。若用钢管抽芯,一端抽管时,所需留出的长度为屋架全长另加抽管时所需工作场地(6 m 长左右);当采用两端抽管时,需留出的长度为屋架全长之半加 3 m 左右(图 2-52)。若用胶管抽芯,则屋架两端所留长度可减小。

c. 为便于支模和灌注混凝土,屋架之间的间隙可取 1 m 左右(图 2-52)。

d. 平卧重叠浇筑时,先扶直的屋架应放在上层。

e. 要注意屋架两端头的朝向,避免屋架在高空调头换向。

f. 如采用斜向布置时,应注意倾斜布置的屋架不应与起重机开行路线重合,并不妨碍起重机回转、吊装等作业。

图 2-53 所示的本例预应力屋架采用斜向布置(屋架同方向),3~4 榀叠浇。屋架的倾斜方向与扶直屋架起重机开行路线相适应,预制的屋架不会影响起重机开行。如在进

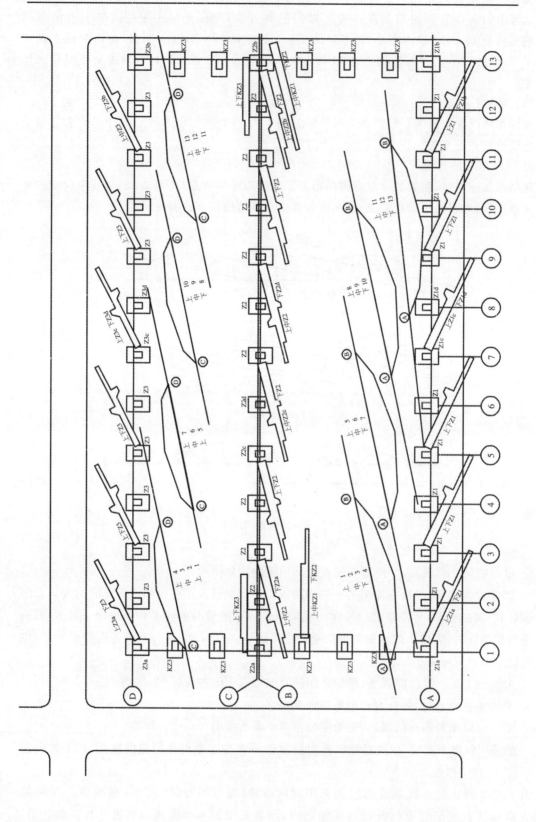

图2-53 单层厂房预制构件布置

行 AB 跨预制屋架扶直时,起重机停置在 AB 跨中,位于 1~2 轴附近进行 1~4 轴屋架的扶直,待 1~4 轴屋架扶直后,继续向前停置在 4~5 轴附近进行 5~7 轴屋架扶直,其他类似。

② 屋架临时就位的布置

若屋架平卧预制,则吊装前需将其扶直,并安放在一定的位置上,以便于吊装。屋架临时就位时各榀屋架之间应保持不小于 200 mm 的间距,各榀屋架都必须相互支撑牢靠,防止倾倒。

屋架扶直后排放的位置应按临时就位位置,可以采用斜向布置或纵向布置。

a. 屋架斜向布置(图 2-54)

屋架斜向就位可以用以下方法确定:

(a)确定起重机的开行路线与停机位置

先在图上画出起重机的开行路线,然后根据起重机吊装屋面系统时的起重半径确定停机位置。吊装各屋架时,起重机开行路线均为跨内中心线,其停机位置位于开行路线上,停机点与屋架设计所在位置的中点的距离,为吊装屋架的起重半径(R)。如图 2-54 所示该单层厂房,②轴线屋架设计位置的中点为 M_2,吊该屋架时起重机的停机位置为 O_2,O_2 在起重机的开行路线上,它距 M_2 点为 R。

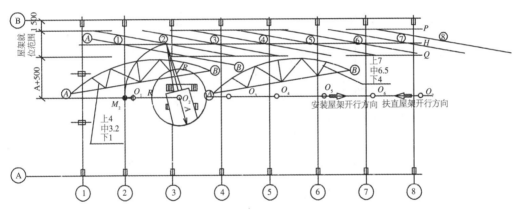

图 2-54　屋架扶直后的斜向就位

(b)屋架临时就位的范围

图 2-54 中 PQ 线之间的位置为屋架就位的范围,P 线距 B 轴线 1.5 m 左右,是考虑为其他构件吊装留出临时排放位置;另外,为避免起重机吊装屋架回转时碰撞临时就位的屋架,因此,将 Q 设置在距起重机开行路线为 $A+0.5$ m 左右的位置处,其中 A 为起重机尾部至回转中心的距离,0.5 m 为留出的作业安全距离。

(c)屋架临时就位的位置

各屋架就位的布置应在上述屋架临时就位的范围(PQ 线之间),各屋架就位位置的中点至相应的停机位置的距离为吊装屋架时的起重半径 R,且屋架彼此平行。据此,可以确定屋架的临时就位位置:

将吊装时的停机点为圆心,以起重半径 R 为半径作一弧,交 P,Q 之间的中线 H,交点即是相应轴线位置屋架的中心。再以此为圆心,以 1/2 屋架跨度为半径作弧,交 P,Q 线,这两个交点间连线即为屋架放置的位置。

图 2 - 55 所示的该单层厂房工程屋架扶直就位为斜向布置。

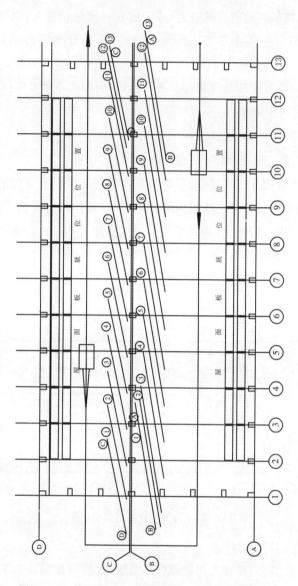

图 2 - 55 单层厂房工程屋架扶直就位及屋面板布置

b. 屋架的纵向布置

屋架的纵向就位,一般以 3～5 榀为一组,集中在一起或相互错开,顺纵向轴线就位。布置时应注意避免在已吊装好的屋架下面去绑扎、吊装屋架,且确保屋架起吊后不与已吊装的屋架相碰,因而每组屋架的就位中心线可大致安排在该组屋架倒数第二榀吊装轴线之后的 2 m 处,如图 2 - 56 所示。

(3) 吊车梁、连系梁、屋面板和天窗架等的布置

吊车梁和连系梁一般在制品厂或附近的露天预制场制作,吊装前运至场内就位或随运随

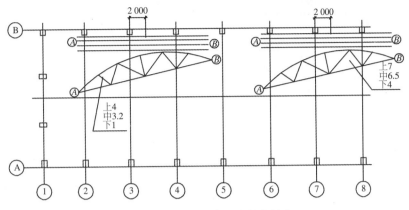

图 2-56 屋架扶直后的纵向就位

吊。若在场内就位堆放,其位置应靠近吊装位置的柱列轴线,跨内跨外均可。

有时,吊车梁也在场内预制,它应靠近吊装位置的柱列轴线。

屋面板一般在制品厂制作,吊装前运至场内就位或随运随吊。若在场内就位堆放,则其位置可布置在跨内或跨外,并考虑适应于吊装屋面板时的起重半径。该单层厂房工程 $A-B$ 跨及 $C-D$ 跨屋面板布置如图 2-55 所示。天窗架可在场内或场外预制,吊装前应拼装扶直,立放在吊装位置的柱列轴线附近。

3)构件布置平面图设计

单层厂房构件平面图设计包括柱的平面布置图,屋架现场预制平面图布置,屋架扶直就位平面图布置及吊车梁、连系梁、屋面板和天窗架等构件的平面图布置以及吊装时起重机开行路线设计等内容。多种构件的布置方法已在上文中进行了介绍。构件平面图与吊装工艺、起重机开行路线、场地环境等有关,工程设计时,可根据具体工程情况选用相应的布置方式。一般先确定一个吊装的初步方案,包括吊装方法、预制阶段与吊装阶段构件布置方式、起重机开行路线等,然后进行计算,确定起重机作业时有关参数、构件布置的位置等,再进行调整优化,最后绘制构件布置平面图,编写吊装说明。

应当说明的是,单层厂房施工过程是先预制构件,而后进行吊装,而构件布置平面图则应从吊装开始就着手设计。特别是屋架,它在施工过程中还有扶直的过程,因此,应先从吊装要求思考,然后使屋架扶直的布置适应吊装要求,而预制时的构件布置则应适应扶直要求。

4)吊装质量要求

为保证单层厂房结构吊装完成后的结构整体性,在吊装施工时应保证各构件吊装时不能产生过大的偏差,否则需要通过校正措施进行校正,以保证吊装偏差在允许范围之内。

对于钢筋混凝土结构单层厂房的吊装,其各构件的安装允许偏差如表 2-12 所示。对于钢结构厂房的各构件安装允许偏差见表 2-13。

表 2－12　　　　　　　　　　　钢筋混凝土单层厂房安装允许偏差及检查方法

项次	项	目		允许偏差/mm	检验方法
1	柱	中心线对定位轴线位置偏移		5	尺量检查
		上下柱接口中心线位置偏移		3	
		垂直度	≤5 m	5	用经纬仪或吊线和尺量检查
			>5 m	10	
			≥10 m 多节柱	1/1 000 柱高，且不大于 20	
		牛腿上表面和柱顶标高	≤5 m	+0，－5	用水准仪或尺量检查
			>5 m	+0，－8	
2	梁或吊车梁	中心线对定位轴线位置偏移		5	尺量检查
		梁上表面标高		+0，－5	用水准仪或尺量检查
3	屋架	下弦中心线对定位轴线位置偏移		5	尺量检查
		垂直度	桁架拱形屋架	1/250 屋架高	用经纬仪或吊线和尺量检查
			薄腹梁	5	
4	天窗架	构件中心线对定位轴线位置偏移		5	尺量检查
		垂直度		1/300 天窗架高	用经纬仪或吊线和尺量检查
5	托架梁	底座中心线对定位轴线位置偏移		5	尺量检查
		垂直度		10	用经纬仪或吊线和尺量检查

表 2－13　　　　　　　　　　　钢结构单层厂房安装允许偏差

构件	项 目	允许偏差/mm	图 例	检查方法
整体结构	主体结构的整体垂直度	H/1 000 且不应大于 25.0		用经纬仪、全站仪等测量
	主体结构的整体平面弯曲	l/1 500 且不应大于 25.0		

构件	项 目		允许偏差/mm	图 例	检查方法
柱	柱脚底座中心线 对定位轴线的偏移		5.0		用吊线 和钢尺 检查
	柱基准 点标高	有吊车 梁的柱	+3.0 −5.0	基准点	用水准 仪检查
		无吊车 梁的柱	+5.0 −8.0		
	挠曲矢高		$H/1\,200$ 且不应大于 15.0		用经纬仪 或拉线和 钢尺检查
	柱轴线垂直度	单层柱 $H{\leqslant}10\,m$	$H/1\,000$		用经纬仪 或吊线和 钢尺检查
		单层柱 $H{>}10\,m$	$H/1\,000$ 且不应大于 25.0		
		多节柱 单节柱	$H/1\,000$ 且不应大于 10.0		
		柱全高	35.0		
吊车梁	梁的跨中垂直度		$h/500$		用吊线 和钢尺 检查
	侧向弯曲矢高		$l/1\,500$ 且不应大于 10.0		用拉线 和钢尺 检查
	垂直上拱矢高		10.0		
	两端支座中心位移	安装在钢柱上 时,对牛腿中心 的偏移	5.0		
		安装在混凝土 柱上时,对定位 轴线的偏移	5.0		
	吊车梁支座加劲板中 心与柱子承压板中心 的偏移		$t/2$		用吊线 和钢尺 检查

构件	项目		允许偏差/mm	图例	检查方法
吊车梁	同跨间内同一横截面吊车梁顶面高差	支座处	10.0		用经纬仪、水准仪器和钢尺检查
		其他处	15.0		
	同跨间内同一横截面下挂式吊车梁顶面高差		10.0		
	同列相邻两柱间吊车梁顶面高差		$l/1\,500$ 且不应大于 10.0		用水准仪器和钢尺检查
	相邻两吊车梁接头部位	中心错位	3.0		用钢尺检查
		上承式顶面高差	1.0		
		下承式底面高差	1.0		
	同一跨间截面的吊车梁中心跨距		± 10.0		
	轨道中心对吊车梁腹板轴线的偏移		$t/2$		
钢屋（托）架、桁架、梁及受压杆件	跨中的垂直度		$h/250$ 且不应大于 15.0 m		用吊线、拉线、经纬仪和钢尺检查
	侧向弯曲矢高	$l \leqslant 30$ m	$l/1\,000$ 且不应大于 10.0		
		$30\text{ m} < l \leqslant 60\text{ m}$	$l/1\,000$ 且不应大于 30.0		
		$l > 60$ m	$l/1\,000$ 且不应大于 50.0		

续表

构件	项目		允许偏差/mm	图　例	检查方法
墙架、檩条等次要构件	墙架立柱	中心线对定位轴线的偏移	10.0		用钢尺检查
		垂直度	$H/1\,000$ 且不应大于 10.0		用经纬仪或吊线和钢尺检查
		弯曲矢高	$H/1\,000$ 且不应大于 15.0		
	抗风桁架的垂直度		$h/250$ 且不应大于 15.0		用吊线和钢尺检查
	墙架、檩条的间距		± 5.0		用钢尺检查
	檩条的弯曲矢高		$L/750$ 且不应大于 12.0		用拉线和钢尺检查
	墙架的弯曲矢高		$L/750$ 且不应大于 10.0		用拉线和钢尺检查

注：H 为墙架立柱的高度；h 为抗风桁架的高度；L 为檩条或墙架的长度。

2.1.6 围护结构与屋面防水施工

一般单层厂房施工不仅包括结构吊装，另外还需根据具体工程要求进行围护结构和屋面防水的施工。

一般单层厂房的围护结构常采用砌体结构，它包括柱间墙、山墙等，其具体施工工艺和技术要求可参见第 1 章有关内容。下面针对单层厂房围护结构的特殊性作一简单介绍。

（1）垂直运输设备

一般单层厂房围护结构在施工时，可根据其工程情况及现场机械情况，常采用塔式起重机。当单层厂房的长度较长，场地条件和现有机械设备条件许可时，可采用轨道式塔式起重机以完成施工材料的垂直和水平运输。采用轨道式塔式起重机的工作效率较高，其缺点是现场需铺设轨道，另外，机械台班费用相对较高。

塔式起重机可根据所需起重量、起重高度和工作半径等工作参数选用定型产品。轨道式塔式起重机的轨道的铺设应考虑到起重机的工作半径能覆盖整个建筑，以便于材料、设备的吊装、运输等的作业。塔吊轨道的路基必须压实，防止不均匀沉降。

单层厂房围护结构施工时也可采用井架作为垂直运输设备，但井架只能完成垂直运输，为使墙体材料运到施工地点，还需配合手推车或翻斗车来完成水平运输。有时如果条件许可，可在井架上另设把杆，形成井架把杆（图 2 - 57），在一定范围内进行材料的水平运输。

井架把杆为简易设备，其起重量可达 1～3 t。在确

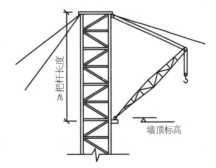

图 2 - 57　井架把杆

定井架高度时,应以把杆的铰接点不低于墙顶高度;铰接点以上的井架高度则应大于或等于把杆的长度。井架的稳定一般靠缆风绳保证,一般缆风绳为 5～6 根,与地面的夹角不宜小于 15°,亦不宜大于 60°。井架把杆可配合完成部分水平运输,但其缺点是缆风绳多,影响施工和交通。

(2) 脚手架

单层厂房砌体围护结构施工时,还需配合脚手架以辅助施工,其作用包括砌筑过程中堆放材料和工人进行操作。

脚手架的形式有多种多样,单层厂房围护墙体施工时常采用多立杆式外脚手架或门式脚手架,可根据工程具体情况进行选择。

多立杆式外脚手架由立杆、大横杆、小横杆、斜撑、脚手板等组成。其取材可采用扣件式钢管脚手架、碗扣式钢管脚手架或竹脚手架。

门式脚手架也称框式脚手架,由门式框架、剪刀撑、水平梁架、螺旋基脚组成基本单元,将基本单元相互连接并增加梯子、栏杆及脚手板等即形成门式脚手架。

有关多立杆式脚手架和门式脚手架施工的基本要求可参阅第 1 章的相关内容。

(3) 围护结构

一般单层厂房围护结构常采用砂浆砌筑普通砖和多孔砖、蒸压灰砂砖和粉煤灰砖、普通混凝土和轻骨料混凝土小型砌块等。

根据工程具体情况,单层厂房围护结构亦可采用大型预制(轻质)混凝土墙板,施工时配合结构吊装进行安装。

(4) 屋面防水

当单层厂房屋面板吊装完成后,还需再进行屋面防水施工。单层厂房屋面防水施工,常采用卷材屋面防水工艺或涂膜防水工艺。

2.2 轻钢结构单层厂房施工

2.2.1 轻钢结构的特点

轻钢结构分成两类,一类是由圆钢和小角钢组成的轻钢结构,另一类是由薄壁型钢组成的轻钢结构,后者近年来发展非常迅速,而且是轻钢结构发展的方向。本节主要介绍薄壁型钢类轻钢结构的施工。

薄壁轻钢结构由薄钢板或型钢焊接成主要框架的柱、梁以及薄壁冷弯屋面、墙面檩条(也有称墙梁、墙筋)等组装而成,外盖以轻质、高强、美观耐久的彩色钢板(简称彩钢板)组成墙体和屋面围护结构。这类建筑的构件轻质高强,结构抗震性能好,可建造大跨度(9～50 m)、大柱距(6～15 m)的房屋,并且建筑美观、屋面排水流畅、防水性能好;由于构件在工厂制造,成品精确度高;构件采用高强螺栓或电焊连接在现场吊装拼接,具有施工简单方便、产品质量好、安装速度快、占地面积小、施工不受季节限制等特点。

此外,由于结构轻巧、自重轻,轻钢结构与混凝土结构建筑比较,自重减少 70%～80%,大大减轻了对地基的压力,减少基础造价;用钢量也仅为 20～30 kg/m²,投资少,故广泛应用于建造各类轻型工业厂房、仓储、公共设施、大商场、娱乐场所和体育场馆等建筑。

2.2.2 薄壁型钢和压型彩钢板的成型

薄壁型钢所用的材料应符合国家有关规定。当采用普通碳素钢时应符合《普通碳素结构钢技术条件》规定的 Q235 钢的要求；当采用 16 锰钢时应符合《低合金结构钢技术条件》规定的 16 锰钢的要求。

薄壁型钢成型一般采用冷压成型，对于较薄的钢板（1～2 mm）也可以采用冷弯成型。薄壁型钢成型过程为：钢板剪切下料→辊压整平→边缘加工→冷压（冷弯）成型。

对钢板或钢带下料、整平和边缘加工分别采用剪切机、辊压机及刨床等机械。经过冷压后可以形成不同的形状，但成型过程一般要经过一次或若干次冷压，图 2-58 为不同形状的薄壁型钢的成型过程。

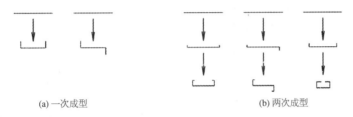

(a) 一次成型　　　　　　　　　　　　(b) 两次成型

图 2-58　薄壁型钢的成型过程

压型彩钢板是一种带有有机涂层的薄钢板；通过压型设备将薄钢板压制成各种带肋形状，有利于薄板受力。压型彩钢板有单层钢板或由两层彩钢夹芯的复合型。

2.2.3 轻钢结构单层厂房的构造

轻钢结构单层厂房，主要由钢柱，屋面钢梁或屋架，屋面檩条、墙梁（檩条）及屋面、柱间支撑系统，屋面、墙面彩钢板组装而成。图 2-59 是一轻钢结构单层厂房的构造示意图。

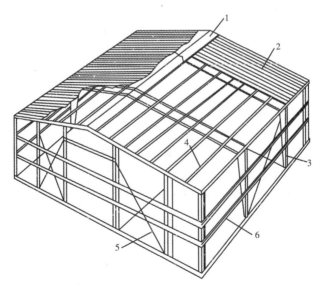

图 2-59　单层轻钢结构厂房构造示意图

1—屋脊盖板；2—彩色屋面板；3—钢刚架；4—檩条；5—钢拉杆；6—墙筋

2.2.4 轻钢结构单层厂房施工

1）安装施工准备

轻钢结构安装准备工作的内容和要求与普通钢结构安装工程相同。钢柱基础施工时，应做好地脚螺栓的定位和保护工作，控制基础顶面标高和地脚螺栓顶面标高。基础施工后应按以下内容进行检查验收：

a. 各行列轴线位置是否正确；

b. 各跨跨距是否符合设计要求；

c. 基础顶面标高是否符合设计要求；

d. 地脚螺栓的位置及标高是否符合设计及规范要求。

构件在吊装前应根据《钢结构工程施工及验收规范》(GB50205)中的有关规定进行检验构件的外形和截面几何尺寸，其偏差不允许超出规范规定值之外；构件应依据设计图纸要求进行编号，弹出安装中心标记。钢柱应弹出两个方向的中心标记和标高标记；标出绑扎点位置；丈量柱长，其长度误差应详细记录，并用油笔写在柱子下部中心标记旁的平面上，以备在基础顶面标高二次灌浆层中调整。

构件进入施工现场，须有质量保证书及详细的验收记录；应按构件的种类、型号及安装顺序在指定区域堆放。构件底层垫木要有足够的支撑面以防止支点下沉；相同型号的构件叠层时，每层构件的支点要在同一直线上；对变形的构件应及时矫正，检查合格后方可安装。

2）轻钢结构单层厂房安装机械选择

轻钢结构单层厂房的构件相对自重轻、安装高度不大，因而构件安装所选择的起重机械对单跨结构多以行走灵活自行式起重机(履带式、汽车式、轮胎式等)为主；多跨的轻钢结构则常常用小型塔式起重机。所选择的塔式起重机的臂杆长度应具有足够的覆盖面，要有足够的起重能力，能满足不同部位构件起吊要求。多机作业时，臂杆要有足够的高差，能有不碰撞的安全运转空间。

对有些重量比较轻的小型构件，如檩条、彩钢板等，也可直接由人力吊升安装。

起重机械的数量，可根据工程规模、安装工程量大小及工期要求合理确定。

3）轻钢结构单层厂房的安装施工

（1）轻钢结构的安装工艺流程

轻钢结构的吊装可以采用分件吊装法，也可采用综合吊装法。当采用分件吊装法时，先进行柱的吊装，然后进行刚架梁的吊装，最后吊装屋面系统；当采用综合吊装法时，则分节先吊装柱，随即进行柱的校正，并立即吊装刚架梁和檩条，由于屋面多采用彩钢板，其重量轻，一般在所有刚架吊装完成后再进行屋面板的吊装。

确定单层轻钢结构的安装流程的原则是保证结构在安装过程中始终形成稳定的空间体系，并不导致结构的永久性变形。图 2-60 是一般轻钢结构的安装流程。

（2）轻钢结构连接节点

① 钢柱

轻钢结构以二铰门式刚架或三铰门式刚架居多，钢柱一般为变截面，由于柱脚一般设计为铰接形式，而梁柱节点为刚接，因此，柱根截面小而柱顶截面大。

刚架的跨度较大时，如果整体吊装则刚架的稳定性较差，吊装时易发生挠曲和变形，严重的会发生侧向失稳，故应将柱与梁分开吊装。

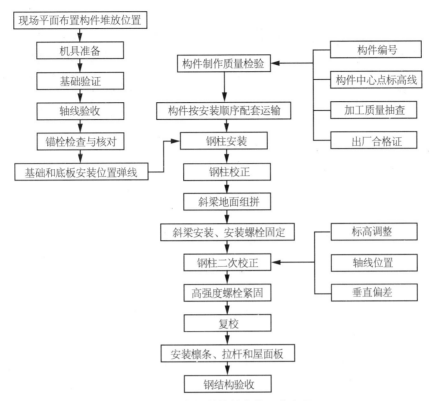

图 2-60 轻钢结构的安装工艺流程

钢柱一般为"H"形断面,采用热轧 H 型钢或用薄钢板经机器自动裁板、自动焊接制成。其截面可制成直条型和变截面型两种,断面尺寸由设计计算确定。

钢柱与钢筋混凝土基础连接一般通过地脚螺栓(图 2-61),可以做成铰接或刚接形式。

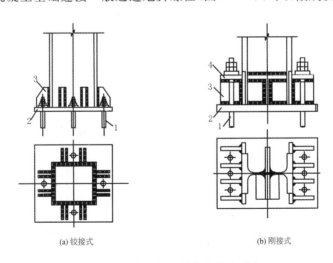

(a) 铰接式　　　　　　　　　　　(b) 刚接式

图 2-61　常见轻钢结构的柱脚形式
1—地脚螺栓;2—底板;3—加劲肋;4—螺栓支承托板

② 屋面梁

钢柱与屋面钢梁连接通过高强螺栓。其连接形式有斜面连接(图 2-62(a))、直面连接(图 2-62(b))两种。端板可以竖放、横放或斜放。由于采用高强螺栓连接,安装精度较高。

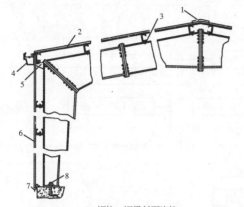
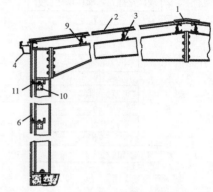

(a) 钢柱、钢梁斜面连接　　　　　　　　　　　　　(b) 钢柱、钢梁直面连接

图 2-62　屋面梁及柱的连接大样图

1—屋脊盖板;2—彩钢屋面板;3—C 形钢楞条;4—天沟;5—屋檐托架;6—彩钢墙板;

7—基础封板;8—地脚螺栓;9—楞条挡板;10—墙筋托架;11—墙筋

屋面梁一般为工字形截面,根据构件各截面的受力情况,可制成不同截面的若干段,运至施工现场后,在地面拼装并用高强螺栓连接。

③ 屋面檩条、墙梁

轻型屋面檩条、墙梁的截面形状有 C 形(图 2-63)和"Z"形。其采用的规格尺寸应根据国家标准《冷弯薄壁型钢结构技术规范》(GBJ18)设计而定,表 2-14 是 C 形檩条常见的几种截面尺寸。檩条可通过高强螺栓直接连接在屋面梁翼缘上,也可连接固定在屋面梁上的檩条挡板上,如图 2-64 所示。

表 2-14　　　　　　　　　　　　　　　C 形钢檩条常用型号、规格、尺寸

型号	断面尺寸/mm				型号	断面尺寸/mm			
	h	a	b	t		h	a	b	t
C10016	100	50	11	1.6	C15020	150	63	17	2.5
C10020	100	50	11	2.0	C20020	200	70	20	2.0
C12016	120	52	13	1.6	C20025	200	70	20	2.5
C12020	120	52	13	2.0	C25025	250	80	25	2.5
C15020	150	63	17	2.0	C25030	250	80	25	3.0

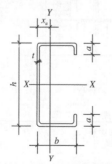

2-63　C 形檩条截面形状

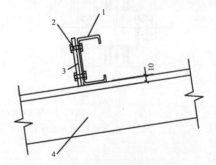

图 2-64　檩条、屋面梁连接节点

1—C 形钢檩条;2—螺丝;

3—檩条挡板;4—刚架梁

④ 彩钢板

彩色钢板是用高强优质薄钢卷板（热镀锌钢板、镀铝锌钢板），经连续热浸合金化镀层处理和特殊工艺的连续烘涂各彩色涂层，再经机器辊压而制成。彩钢板的长度可根据实际尺寸而定，常见的几种宽度及形状如图 2-65 所示。彩钢板厚度有 0.5 mm，0.7 mm，0.8 mm，1.0 mm，1.2 mm 几种。

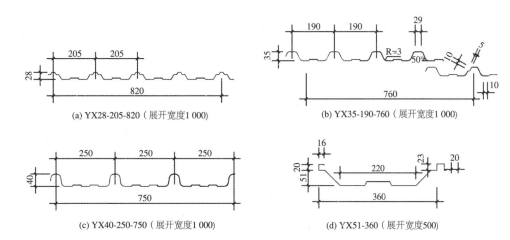

(a) YX28-205-820（展开宽度1 000）　　　　(b) YX35-190-760（展开宽度1 000）

(c) YX40-250-750（展开宽度1 000）　　　　(d) YX51-360（展开宽度500）

图 2-65　彩钢板几种形状规格

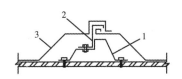

图 2-66　彩钢板的隐藏式连接
1—支架；2—中间肋；3—凸肋

彩钢板安装有隐藏式连接和自攻螺丝连接两种。隐藏式连接适用于图 2-65(c)，(d) 两种型号的彩钢板，通过支架将其固定在檩条上，彩钢板横向之间用咬口机将相邻彩钢板搭接口咬接（图 2-66），或用防水粘结胶粘结（这种做法仅适用于屋面）。自攻螺丝连接是将彩钢板直接通过自攻螺丝固定在屋面檩条或墙梁上，在螺丝处涂防水胶封口，如图 2-67 所示。这种方法可用于屋面或墙面彩钢板的连接。

图 2-67　彩钢板的螺丝连接

彩钢板在纵向需要接长时，其搭接长度不应小于 100 mm，并用自攻螺丝连接、防水胶封口。

彩钢板安装中，对几个关键部位的节点构造如下：

a. 山墙檐口

用檐口包角板连接屋面和墙面彩钢板，如图 2-68 所示。

b. 屋脊

在屋脊处盖上屋脊盖板，根据屋面的坡度大小有两种不同的做法。当屋面坡度大于等于 10° 时，可按图 2-69(a) 做法施工；屋面坡度小于 10° 时，应按图 2-69(b) 施工。图 2-70 是保温屋面脊盖板做法。

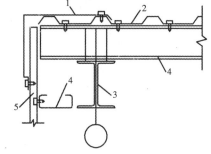

图 2-68　檐口节点做法
1—檐口包角板；2—屋面彩钢板；
3—刚架梁；4—檩条；5—墙面彩钢板

c. 门窗位置

按照窗的宽度在窗两侧设立窗边立柱,立柱与墙梁连接固定;在窗顶、窗台处设墙梁,安装彩钢板墙面时,在窗顶、窗台、窗侧分别用不同规格的连接板包角处理(图2-71)。

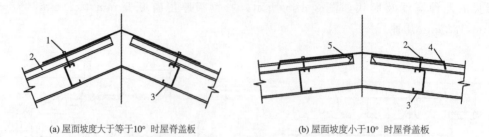

(a) 屋面坡度大于等于10° 时屋脊盖板   (b) 屋面坡度小于10° 时屋脊盖板

图2-69 屋脊处节点做法

1—自攻螺丝;2—彩色屋面钢板;3—C形钢檩条;4—剪缺口嵌条;5—板端槽底上翻

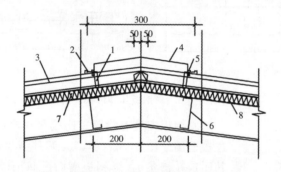

图2-70 保温屋面屋脊做法

1—支架;2—密封胶;3—屋面彩钢板;4—屋脊盖板;5—自攻螺丝;6—檩条;7—保温材料;8—钢丝网

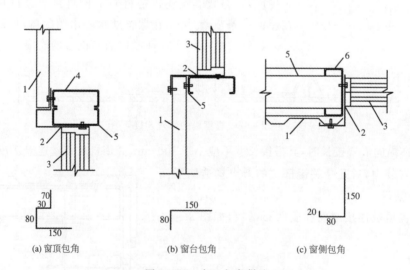

(a) 窗顶包角   (b) 窗台包角   (c) 窗侧包角

图2-71 窗口包角做法

1—墙面彩钢板;2—密封胶;3—窗扇;4—窗顶过梁;5—墙梁;6—窗边立柱

d. 墙面转角处

用包角板连接外墙转角处的接口彩钢板,如图2-72所示。

对于保温屋面,彩钢板应安装在保温棉上。施工时,在屋面檩条上拉通长钢丝网,钢丝网格为 250~400 mm 方格。在钢丝网上保温棉顺着排水方向垂直铺向屋脊,在保温棉上再安装彩钢板。铺保温棉与安装彩钢板依次交替进行,从房屋的一端施工向另一端。施工中应注意保温材料每幅宽度间的搭接,搭接的长度宜控制在 50 mm 左右。而且当天铺设的保温棉上,应立即安装好彩钢板,以防雨水淋湿。

⑤ 天沟

天沟多采用不锈钢制品,用不锈钢支撑架固定在檐口的边梁(檩条)上,支撑架的间距约 500 mm,用螺栓连接,如图 2-73 所示。

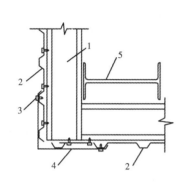

图 2-72 墙面转角节点做法
1—墙梁;2—墙面彩钢板;3—自攻螺丝;
4—包角板;5—钢柱

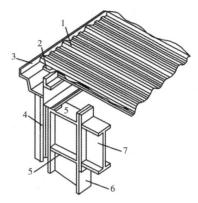

图 2-73 天沟节点
1—屋面彩钢板;2—连接支架;3—天沟;4—墙面彩钢板;
5—加劲肋;6—刚架柱;7—刚架梁

(3) 轻钢结构单层厂房构件吊装工艺

① 钢柱的吊装

钢柱起吊前应搭好上柱顶的直爬梯。钢柱可采用单点绑扎吊装,绑扎点宜选择在距柱顶 1/3 柱长处,绑扎点应设软垫,以免吊装时损伤钢柱表层。当柱长比较大时,也可采用双点绑扎吊装。

钢柱宜采用旋转法吊升,吊升时宜在柱脚底部拴好拉绳并垫以垫木,以防止钢柱起吊时,柱脚拖地和碰坏地脚螺栓。

钢柱对位时,一定要使柱子中心线对准基础顶面安装中心线,并使地脚螺栓对孔,注意钢柱垂直度,在基本达到要求后,方可落下就位。经过初校,待垂直度偏差控制在 20 mm 以内,拧上四角地脚螺栓临时固定后,方可使起重机脱钩。钢柱标高及平面位置已在基面设垫板及柱吊装对位过程中完成,柱就位后主要是校正钢柱的垂直度。用两台经纬仪在两个方向对准钢柱两个面上的中心线标记,同时检查钢柱的垂直度,如有偏差,可用千斤顶、斜顶杆等方法校正。

钢柱校正后,应将地脚螺栓紧固,并将垫板与预埋板及柱脚底板焊接牢固。

② 屋面梁的吊装

如果结构跨度较小,或在有支撑的跨间,也可将相邻的两个半榀刚架梁在地面拼装成刚性单元,进行一次吊装。当跨度较大时,可将刚架梁分为两段一次吊装半榀,然后在空中进行对接。图 2-74 所示的是一个刚架梁分段吊装的情况。

屋面梁的拼装采用高强螺栓连接紧固。屋面梁宜采用两点对称绑扎吊装,绑扎点亦应设软垫,以免损伤构件表面。屋面梁吊装前应设好安全绳,以方便施工人员高空操作;屋面

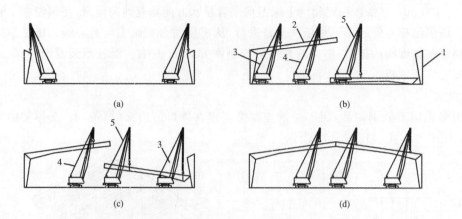

图 2-74　刚架梁空中对接吊装方法
1—柱；2—刚架梁；3—第一起重机；4—第二起重机；5—第三起重机

梁吊升宜缓慢进行,吊升过柱顶后由操作工人扶正对位,用螺栓穿过连接板与钢柱临时固定,并进行校正。屋面梁的校正主要是垂直度检查,屋面梁跨中垂直度偏差不大于 $H/250$（H 为屋面梁高）,并不得大于 20 mm。屋架校正后应及时进行高强螺栓紧固,做好永久固定。

高强螺栓紧固、检测应按规范规定进行。

③ 屋面檩条、墙面梁的安装

薄壁轻型钢檩条,由于重量轻,安装时可用起重机或人力吊升。当安装完一个单元的钢柱、屋面梁后,即可进行屋面檩条和墙梁的安装。墙梁也可在整个钢框架安装完毕后进行。檩条和墙梁安装比较简单,直接用螺栓连接在檩条挡板或墙梁托板上。檩条的安装误差应在 ±5 mm 之内,弯曲偏差应在 $L/750$（L 为檩条跨度）之内,且不得大于 20 mm。墙梁安装后应用拉杆螺栓调整平直度,顺序应由上向下逐根进行。

④ 屋面和墙面彩钢板的安装

屋面檩条、墙梁安装完毕,就可进行屋面、墙面彩钢板的安装。一般是先安装墙面彩钢板,后安装屋面彩钢板,以便于檐口部位的连接。

⑤ 天沟安装

轻钢结构安装完工后,需进行节点补漆和最后一遍涂装,涂装所用材料同基层上的涂层材料。

由于轻钢结构构件比较单薄,安装时构件稳定性差,需采取必要的措施以防止吊装变形。

2.3　网架结构施工

大跨度结构分为平面结构和空间结构两大类型。本章前面两节讨论的结构就属于平面结构,它一般有梁式、桁架式或拱式几种形式。空间结构从受力特点可以分三大体系:刚性体系、柔性体系以及组合结构体系（图 2-75）。

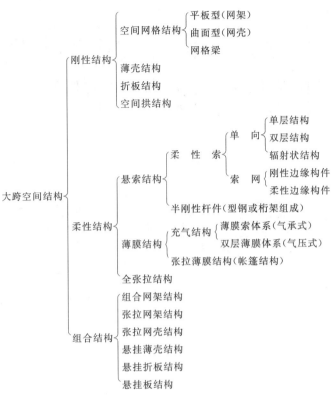

图 2-75　大跨度空间结构体系

大跨度结构施工有其特殊性,各种不同的结构施工方法不尽相同,其中网架结构在工程中应用较为普遍,不仅用于大跨度结构,中跨度结构中也有很多应用。本节便以网架结构施工为重点进行讨论。

2.3.1　网架的类型

常用的网架结构形式根据杆件及节点布置的形式可分为交叉桁架体系、四角锥体系和三角锥体系等几种体系。

（1）交叉桁架体系

交叉桁架体系是由互相交叉的平面桁架组成,一般把腹杆设计成拉杆,竖杆设计成压杆,其特点是上、下弦杆长度相等,且与腹杆共处于同一竖直平面内。该体系又可划分为两向正交正放网架、两向正交斜放网架、两向斜交斜放网架、三向网架等(图 2-76)。

（2）四角锥体系

四角锥体系网架上下弦均呈正方形网格,并相互错开半格,使下弦网格的角点对准上弦网格的形心,上下弦节点间用腹杆连接起来,即形成四角锥体系网架。该体系形式较多,主要有以下几种:正放四角锥网架、正放抽空四角锥网架、斜放四角锥网架、棋盘形四角锥网架、星形四角锥网架(图 2-77)。

（3）三角锥体系

三角锥体系的基本单元是一倒置的三角锥体。锥底的正三角形的三边为网架的上弦杆,其棱为网架的腹杆。随着三角锥单元体布置的不同,上、下弦网格可分为正三角形或六边形,从而构成不同的三角锥网架。该体系又可划分为Ⅰ形抽空三角锥网架、Ⅱ形抽空三角锥网架、蜂窝形三角锥网架、折线形三角锥网架等(图 2-78)。

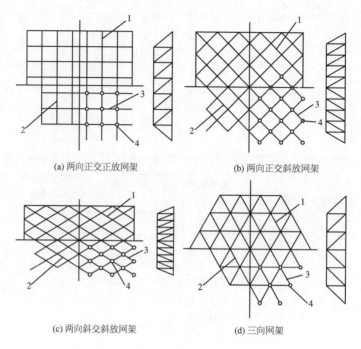

(a) 两向正交正放网架   (b) 两向正交斜放网架

(c) 两向斜交斜放网架   (d) 三向网架

图 2-76　交叉桁架体系

1—上弦杆；2—下弦杆；3—腹杆；4—上弦、下弦节点

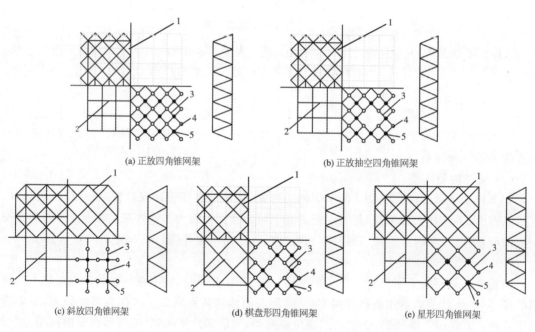

(a) 正放四角锥网架   (b) 正放抽空四角锥网架

(c) 斜放四角锥网架   (d) 棋盘形四角锥网架   (e) 星形四角锥网架

图 2-77　四角锥体系

1—上弦杆；2—下弦杆；3—腹杆；4—上弦节点；5—下弦节点

2.3.2　网架的制作与拼装

网架的制作均在工厂进行，一般根据网架的杆件和节点编制各种零部件加工，计划、分类

— 92 —

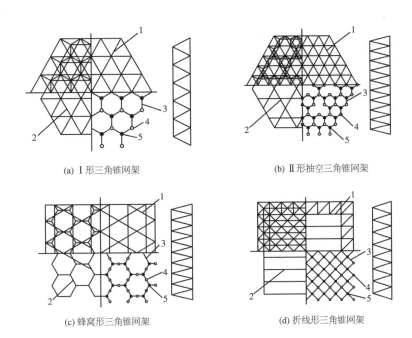

(a) Ⅰ形三角锥网架　　　　　　　　(b) Ⅱ形抽空三角锥网架

(c) 蜂窝形三角锥网架　　　　　　　(d) 折线形三角锥网架

图 2-78　三角锥体系
1—上弦杆；2—下弦杆；3—腹杆；4—上弦节点；5—下弦节点

分批进行加工制作。制作分为如下三个阶段。

1）准备工作

制作前准备工作包括：根据网架设计图编制零部件加工图并统计数量；制定零部件制作的工艺规程；对进厂材料进行复查，如钢材的材性、规格等进行检查等。

2）零部件加工

根据网架的节点连接不同，零部件加工方法也不同，下面介绍几种常见节点零部件的加工方法。

① 螺栓球节点

螺栓球节点网架的零部件主要有杆件（包括锥头或封板，高强螺栓）、钢球、套筒等。

a. 杆件由钢管、锥头（或封板）、高强螺栓组成，杆件的制作工艺过程如下：

采购钢管→检验材质、规格→下料、倒坡口→与锥头（或封板）组装→点焊→焊接→检验。组装时应注意将高强螺栓放在钢管内。

b. 钢球由 45 号钢制成，其加工工艺流程如下：

圆钢加热→锻造毛坯→正火处理→加工定位螺纹孔及其平面→打加工工号→打球号。

上述加工过程的螺纹孔及平面的加工宜采用加工中心机床，其转角误差不得大于 10°。螺纹孔及平面加工流程为：铣平面→钻螺纹底孔→倒角→丝锥攻螺纹。

c. 锥头和封板加工工艺流程如下：

锥头：钢材下料→胎模锻造毛坯→正火处理→机械加工；

封板：钢板落料→正火处理→机械加工。

d. 套筒加工工艺流程如下：

成品钢材下料→胎模锻造毛坯→正火处理→机械加工→防腐处理。高强螺栓由螺栓制造厂供应，入厂时应进行抽样检查。

② 焊接空心球节点

焊接空心球节点的零部件有杆件和空心球。

a. 杆件的加工工艺流程如下：

钢管→下料→坡口加工。

杆件的下料应预留焊接收缩量，以减少网架拼装时的误差。影响焊接收缩量的因素很多，如焊缝厚度，焊接时电流强度、气温、焊接方法等。预留焊接收缩量应根据经验和现场加工情况，通过试验确定，一般每一焊缝为 1.5~3 mm；若不设衬管时，为 2~3 mm。

b. 空心球加工工艺流程如下：

下料→加热→冲压→切边→对装→焊接→整形。

③ 零部件质量检验

网架的零部件都必须进行加工质量和几何尺寸检查，经检查后打上编号钢印。检验应按有关规范及标准进行。

3）网架的拼装

网架的拼装一般在现场进行。在出厂前对于螺栓球节点网架宜进行预拼装，以检查零部件尺寸和偏差情况。

网架拼装前应复核零部件数量和品种。网架的拼装应根据施工安装方法不同，采用分条拼装、分块拼装或整体拼装。拼装应在平整的刚性平台上进行。

对于焊接空心球节点的网架在拼装时，应正确选择拼装次序，以减少焊接变形和焊接应力。根据国内许多工程经验，拼装焊接顺序应从中间向两边或四周发展，最佳的顺序为由中间向两边发展。因为网架在向前拼接时，两端及前边均可自由收缩，而且在焊完一个节段后，便于检查安装质量，以便在下一节段定位施工时予以调整。网架拼装中应避免形成封闭圈，在封闭圈中施焊，焊接应力将很大。

对焊接拼装网架，拼装时一般先焊下弦，使下弦因收缩而向上拱起，可达到预起拱的效果。下弦施工后焊接腹杆和上弦杆。当用散件总拼时（不用小拼单元），一般先将所有杆件定位，如果采用全面施焊易造成已定位的焊缝被拉断。因为在这种情况下全面施焊焊缝将没有自由收缩边，类似在封闭圈中进行焊接。其解决这一问题的办法是减缓总的焊接施工速度，采取循环焊接法，即在 A 节点上焊第一条焊缝，然后转向 B 节点……待 A 节点第一条焊缝冷却后，再转焊 A 节点的第二条焊缝，再转向 B 节点第二条焊缝。这样操作，工期较长，但可有效地控制焊接应力。

焊接节点网架总拼完成后所有焊缝必须进行外观检查。

对螺栓球节点的网架拼装时，一般也先拼装下弦，将下弦的标高和轴线校正后，拧紧全部螺栓，使之起定位作用。以后连接腹杆时，应将其与下弦节点处的螺栓拧紧，而其他螺栓不宜拧紧，以避免下弦节点周边的其他螺栓拧紧后，腹杆与下弦节点的螺栓发生偏差而无法拧紧。连接上弦时，开始也不宜将节点螺栓拧得过紧，应在上弦杆安装若干节段后再拧紧。

在整个网架拼装完成后,必须对螺栓拧紧程度进行一次全面检查。

网架结构安装的允许偏差及检查方法应符合表 2-15 的规定。

表 2-15　　　　　　　　　　　　　网架结构安装允许偏差及检查方法

项次	项目			允许偏差/mm	检验方法
1	拼装单元节点中心偏移			2.0	用钢尺及辅助量具检查
2	小拼单元为单锥体	杆件长(l)		±2.0	
3		上弦对角线长		±3.0	
4		锥体高		±2.0	
5	拼装单元为整榀平面桁架	跨长(L)	≤24 m	+3.0,-7.0	
			>24 m	+5.0,-10.0	
6		跨中高度		±3.0	
7		设计要求起拱		+10	
		不要求起拱		±L/5 000	
8	分条分块网架单元长度		≤20 m	±10	
			>20 m	±20	
9	多跨连续点支承分条分块网架单元长度		≤20 m	±5	
			>20 m	±10	
10	网架结构整体交工验收时	纵横向长度(L)		±L/2 000 且≤30	用经纬仪等检查
11		支座中心偏移		L/3 000 且≤30	
12		周边支承网架	相邻支座(距离 L₁)高差	L₁/400 且≤15	用水准仪等检查
13			最高与最低支座高差	30	
14		多点支承网架相邻支座(距离 L₁)高差		L₁/800 且≤30	
15		杆件轴线平直度		l/1 000 且≤5	用直线及尺量测检查

2.3.3　网架的安装施工

网架的常用安装方法有高空散装法、分条分块安装法、高空滑移法、整体吊装法、整体提升法和整体顶升法等,各种安装方法所用的安装技术及适用性见表 2-16。

1)高空散装法

高空散装法是将网架的杆件和节点(或小拼单元)直接在高空设计位置总拼成整体的方法。

高空散装法有全支架法和悬挑法两种,全支架法多用于散件拼装,而悬挑法则多用于小拼单元在高空总拼情况,或者球面网壳三角形网格的拼装。

由于散件在高空拼装,垂直运输就无需起重机或大型起重机。采用一般的起重机械和扣件式钢管脚手架即可进行安装。施工安全可靠,网架就位变形小,质量易于保证。

表 2-16 网架典型安装方法一览表

安装方法	安装技术	适用网架类型
高空散装法	单杆件拼装	螺栓连接节点
	小拼单元拼装	
分条分块安装法	条状单元组装	两向正交、正放四角锥
	块状单元组装	
高空滑移法	单条滑移法	正放四角锥,两向正交正放
	逐条积累滑移法	
整体吊装法	单机、多机吊装	各类网架
	单根、多根把杆吊装	
整体提升法	利用把杆提升	周边支撑及多点支撑网架
	利用结构提升	
整体顶升法	利用网架支撑柱作为顶升时支撑结构	支点较少的多点支撑网架
	在原支点或附近设置临时顶升支架	

高空散装法的缺点是必须搭设满堂脚手架,脚手架的搭拆工程量很大,而且脚手架占了网架下面的作业面,不利其他工作的展开,工期较长。

(1) 拼装脚手架的搭设

拼装脚手架是网架拼装时提供工人作业的平台,同时也是拼装后的支承网架和控制调整网架标高的平台,因此,应具有足够的强度、刚度和稳定性。

拼装脚手架的数量和布置方式视安装网架单元的尺寸而定。跨度较大的网架其覆盖面积大,脚手架布置的数量往往非常大,应在保证质量与安全的前提下,尽可能减少拼装脚手架的数量。

拼装脚手架一般均用钢管扣件式脚手架。拼装脚手架布置时应控制支撑间距,以防止横杆变形过大;拼装脚手架的平台位置,应对准网架下弦节点,以便于安装作业;拼装脚手架的高度应方便施工。拼装脚手架必须进行结构设计计算,满足强度、刚度和稳定性要求,并进行脚手架的地基沉降的验算,避免由于支架变形而影响网架拼装精度。

(2) 高空散装法的施工工艺流程

为了减少网架安装时的误差积累,网架的总体安装流程应遵循以下原则:

① 横向安装,纵向推进;

② 沿建筑物的纵向,从一端开始向另一端延伸;

③ 由中间节点向两边延伸;

④ 先安装下弦节点,再安装上弦节点;

⑤ 先安装下弦杆件,再安装腹杆,最后安装上弦杆件(图 2-79)。

高空散装法工艺流程:

施工放线→安装支座→安装下弦平面网格→安装上弦倒三角形网格→安装下弦正三角形网格→调整、紧固→支座焊接→安装支托→验收。

(3) 采用高空散装法应注意的问题

① 高空拼接顺序

当采用小拼单元或杆件直接在高空拼装时,其顺序应能保证拼装的精度,减少积累误差。悬挑法施工时,应先拼成可承受自重的结构体系,然后逐步扩展。下面简介三种典型网架结构

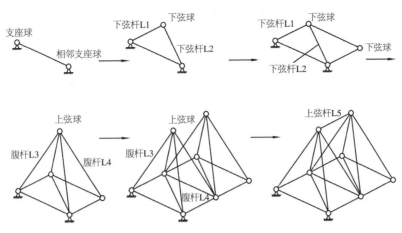

图 2-79 网架杆件安装顺序

的安装顺序。

a. 四边支承两向正交斜放网架

当平面呈矩形的周边支承两向正交斜放网架安装时,其安装顺序可由建筑物一端向另一端呈三角形推进,安装两个三角形(图2-80中①区域)扩大到相交后,即按人字形前进(图2-80中②区域),最后在另一端正中(图2-80中③区域)封闭合拢。网片的安装则由屋脊向两边柱的方向安装。

b. 三边支承两向正交斜放网架

三边支承网架无支承的一边一般为大门或其他敞开式的部位,在这边往往设置有大型桁架。对于平面呈矩形的三边支承两向正交斜放网架的安装顺序一般在纵向由建筑物一端向另一端平行四边形推进,横向由三边框架内侧向无支承方向逐条安装。这样的安装顺序是考虑到网架三边支承的受力特性及安装过程中的积累误差可在无支承部位的桁架与网架相接处调整消除。最后将边网架标高与桁架标高调整一致后合拢。网片安装顺序可先沿短跨方向按起重机作业半径划分为若干安装长条区,每一长条区均由首轴线向末轴线依次流水安装。每一网片安装后随即安装侧向网片,形成三角稳定区。图2-81是一个网架工程施工的流程,其大门方向无支承,其他三边为网架支承边。

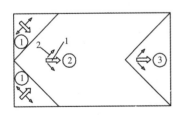

图 2-80　四边支承网架安装顺序
1—总的安装方向;2—网片安装顺序

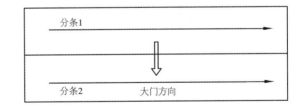

图 2-81　三边支承网架安装顺序

c. 四边支承的两向正交正放桁架和两向正交斜放拱、索桁架组成的网架

平面呈方形由两向正交正放桁架和两向正交斜放拱、索桁架组成的周边支承网架它们的安装顺序一般先安装拱桁架,再安装索桁架,在拱、索桁架已固定且形成能承受自重的结构体系后,再对称安装周边四角部三角区桁架。网片施工应先安装拱桁架中心网片,再安装两侧网片,中心和两侧网片在长度方向均由两边支座向中间对称安装,积累误差在中间合拢时调整;

在拱桁架定位后,再安装索桁架,索桁架网片由中间向两端支座安装,积累误差在支座调整。拱索桁架安装后再对称由中心顶角向底边安装三角区网架,积累误差消除在周边支座(图2-82)。

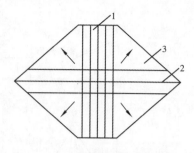

图 2-82 拱索支承网架安装顺序
1—拱桁架;2—索桁架;3—三角区网架

② 标高测量与调整

网架高空安装时应严格控制标高及垂直偏差。网架一般均有起拱要求,当采用折线型起拱时,可通过测量控制脊线标高,以后计算各折点的标高,并在各折处进行测量,如采用圆弧线起拱,则应对逐个节点进行测量。

③ 网架支座落位

网架支座落位是指拼装完成后拆除支架上支承点,使网架由临时支承状态平稳过渡到设计永久支座的过程。网架落位过程是使屋盖网架缓慢协同空间受力的过程,此间,网架结构发生较大内力重分布,并逐渐过渡到设计状态。网架支座落位要注意以下几个问题:

a. 拆除临时支座是荷载转移过程,必须遵循"变形协调,卸载均衡"的原则,通过施工验算确保多种工况要求,否则可能造成临时支撑超载失稳或网架结构局部甚至整体破坏。

b. 通过放置在支架上的可调节点支撑装置(柱帽、千斤顶),采用多次循环微量下降来实现荷载平衡转移,卸荷顺序为由中间向四周,中心对称进行。

由于支架支撑点卸荷先后次序不同,其轴力必然造成增减,应根据设计要求在关键部位放置轴力监测装置。网架增设临时支座相当于给网架增加节点荷载,临时支座分批逐步下降相当于支座的不均匀沉降,都会引起结构内力变化和调整。对少量杆件可能超载的情况应局部加强,为防止个别支撑点集中受力,应根据各支撑点结构自重挠度值,采用分区、分阶段按比例下降或采用逐步下降法拆除支撑点。当采用后者时,每步下降不应大于 10 mm。

c. 落位前须检查可调节支撑装置(千斤顶)的下降行程量是否符合该点挠度值要求,计算时要考虑由于支架下沉引起下降行程的增大。

2) 分条或分块安装法

分条或分块安装法又称小片安装法,是指将结构从平面分割成若干条状或块状单元,分别由起重机械吊装至高空设计位置总拼装成整体的安装方法。例如网架结构跨度较大,无法一次整体吊装时,须将其分成若干段。网架等结构可沿长跨度方向分成若干条状区段或沿纵横两个方向划分为矩形或正方形块状单元。

分条或分块法采用地面拼装,脚手架数量较小,但组拼成条状或块状单元其重量较大,必须有大型起重机进行安装,高空拼装工作量大,安装时易发生网架的变形,质量控制难度较大。

应注意的是分条安装法适用于正放类网架,安装条状单元网架时能形成一个吊装整体,而斜放类网架在安装条状单元网架时则需要设置大量临时加固杆件,才能使之形成整体后进行吊装。因此,斜放类网架一般很少采用分条安装法。

分条或分块方法的特点是大部分焊接、拼装工作在地面进行,高空作业较少,它可省去大部分拼装脚手架。

分条或分块安装的主要技术问题:

① 分条分块的单元重量应与起重设备的起重能力相适应。

② 结构分段后,在安装过程中需要考虑临时加固措施,在后拼杆件、单元接头处仍然需要搭设拼装胎架。

③ 网架结构划分单元应具有足够刚度并保证几何不变性。

④ 当网架等结构划分为条状单元时,受力状态在吊装过程中近似为平面结构体系,其挠度值往往会超过设计值,因此条状单元合拢前必须在合拢部位用支撑调整结构的标高,使条状单元挠度与已安装的网架结构的挠度相符。

⑤ 单元拼装的尺寸、定位要求准确,以保证高空总拼时节点吻合并减少偏差,一般可以采用预拼装的办法进行尺寸控制。

3) 高空滑移法

高空滑移法类似分条安装法,但它是在建筑物的一端高空安装网架条状单元,然后在建筑物上由一端滑移到另一端。

高空滑移法的主要优点是网架的安装与滑移均在高空进行,不占地面的作业面,它可与其

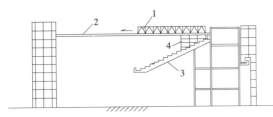

图 2-83 某剧场网架高空滑移法施工
1—网架;2—滑轨;3—看台结构;4—脚手平台

他土建工程平行与立体交叉作业,从而使总工期缩短。对于体育场、剧场等土建、装修及设备安装等工程量较大的建筑,更能发挥其经济效果。此外,端部拼装支架还可以搭设在室外,以便腾出更多室内的空间给其他工程作业。也可利用室内的结构搭设拼装脚手架,图 2-83 就是一个剧院利用观众厅二层看台的结构搭设脚手架,大大减少了脚手架工程量,又便于其他工作的平行作业。其次,高空滑移法还具有网架滑移的设备简单,不需大型起重设备,成本低的优点。特别在场地狭小或安装时需要跨越其他结构、设备等而起重机无法进入时更为合适。

(1) 网架滑移方法

高空滑移法可分下列两种滑移方法。

① 单条滑移法(图 2-84(a))

将条状单元逐条安装,分别从一端滑移到另一端就位,将单元在高空连接成整体,即先单条滑移,再拼成整体。

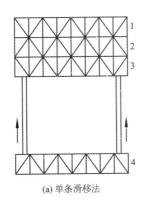
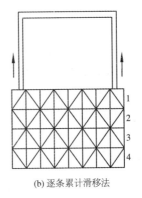

(a) 单条滑移法　　　　(b) 逐条累计滑移法

图 2-84　滑移方法

② 逐条累计滑移法(图 2-84(b))

条状单元安装后滑移一段距离(能连接上第二单元的宽度即可),连接上第二单元,两条单元一起再滑移一段距离,再连接第三条,三条又一起滑移一段距离,再进行第四条、第

五条……如此循环操作直至连接上最后一条单元为止。这一方法是先将单元条拼成整体，再一起滑移。

（2）滑移设备

① 滑动支座

滑移时的滑动支座可以采用滑轮式或滑板式。滑轮式就是在网架安装支座位置下部安装滑轮，使该滑轮在滑移轨道上滑动（图2-85(a)）。滑板式则是在网架安装支座位置下部设置支座底板，在混凝土梁上埋设轨道钢板，支座底板在轨道钢板滑移（图2-85(b)）。

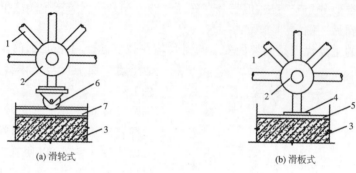

(a) 滑轮式　　　　　　　　　　(b) 滑板式

图2-85　滑动支座

1—网架；2—网架节点；3—混凝土梁；4—支座底板；5—钢滑板；6—滑轮；7—滑移轨道

② 牵引设备及牵引力

网架滑移的牵引设备可以采用卷扬机或手动葫芦。

根据网架的杆件承载力及牵引力的大小可以采用一点牵引或多点牵引，牵引速度一般不大于1.0 m/mim，两端牵引时的不同步的偏差不应大于50 mm。

牵引力根据支座形式进行计算。滑轮式支座为滚动摩阻，而滑板式支座为滑动摩阻。起动时的牵引力为最大，牵引力计算应考虑到最后滑移时全部网架的总荷载。

滚动摩阻的起动牵引力为

$$F_t = \left(\mu_1 + \mu_2 \frac{r}{r_1} \right) G_{0K} \tag{2-11}$$

式中　F_t——总起动牵引力（kN）；

μ_1——滑轮与钢轨之间的滚动摩擦系数，取$\mu_1 = 0.5$；

μ_2——滑轮与滚动轴之间的摩擦系数，取$\mu_2 = 0.1$；

G_{0K}——网架总自重标准值（kN）；

r——滚动轴的半径（m）；

r_1——滚轮外圈的半径（m）。

滑动摩阻的起动牵引力为

$$F_t = \mu_3 \xi G_{0K} \tag{2-12}$$

式中　F_t——总起动牵引力（kN）；

G_{0K}——网架总自重标准值（kN）；

μ_3——滑动摩擦系数，由于支座表面一般为自然轧制钢经过除锈并充分润滑，其摩擦系数可取0.12～0.15；

ξ——阻力系数,取 $1.3\sim1.5$。

（4）整体吊装法

整体吊装法是指网架在地面总拼后,采用把杆或起重机进行吊装就位的施工方法。

整体吊装法网架的总拼可以就地进行,也可在场外总拼。

就地总拼是就地将网架与柱错位布置,网架起升后在空中平移 $1\sim2$ m 或转动一个角度,然后再下降就位。采用整体吊装法时结构柱子一般是穿在网架的网格中的,因此,凡与柱相连接的框架梁均应断开,在网架吊装完成后再施工框架梁。就地与柱错位总拼的方法适用于把杆吊装,也可用起重机吊装。

当场地许可时,可在场外地面总拼网架,用起重机抬吊至建筑物上就位,这样可解决室内结构平行交叉施工问题,有利缩短工期。但网架的起吊、移位均由起重机承担,因此起重机必须负重行驶较长距离。场外总拼只适用于起重机吊装。

1）网架拼装

网架拼装前,在网架四周及中央均应设置临时支座。支座的高度根据网架的起拱要求设置。在网架拼装完成后,将中央临时支座拆除,使整个网架搁置在周边的临时支座上,此时的受力状态与吊装就位后的状态基本一致。

当采用就地错位布置方法时应使网架与柱保持不小于 $100\sim150$ mm 的净距,因此,拼装前应确定好网架的拼装位置,必要时可以将部分边缘杆件暂时不安装,以留出空间,待网架吊装后再进行安装。

网架拼装的关键是控制网架轴线和标高。

2）整体吊装方法

① 多机抬吊法

多机抬吊适用于吊装高度不高、重量较小的网架。一般采用若干台起重机,起重机类型多用履带式、也可用汽车式或轮胎式。

图 2-86 是某工程采用 4 台起重机进行网架整体吊装的示意图。该工程 4 台履带式起重机,分别布置在网架的两侧,当起重机同步起吊,将网架吊至安装高度后,4 台起重机同时回转,即可完成网架空中移位的要求。

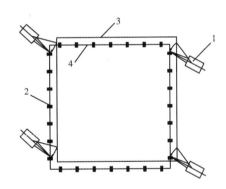

图 2-86 多机抬吊进行网架整体吊装
1—起重机;2—柱;3—拼装时的网架位置;4—安装后的网架位置

② 把杆吊升法

大型网架常用把杆吊升法安装。这种方法在吊升前网架的拼装也应采用错位方法。网架拼装后利用把杆进行吊升,并在空中进行移位安装。

下面将讨论采用多根把杆吊装网架时,网架在空中移位的原理。网架空中移位是利用力的平衡与不平衡交换作用而实现的。

网架吊升时(图 2-87(a))把杆两侧卷扬机如完全同步起动,网架匀速上升,由于把杆两侧滑轮组夹角相等($\alpha_1=\alpha_2$),两侧钢丝绳受力相等,则水平分力也相等,网架处于平衡状态。此时,滑轮组的拉力 F_1,F_2 为

$$F_1 = F_2 = \frac{G_1}{2\sin\alpha_1} \qquad\qquad (2-13)$$

式中　G_1——每根把杆吊升总荷载；

　　　α_1——吊索与水平面的夹角。

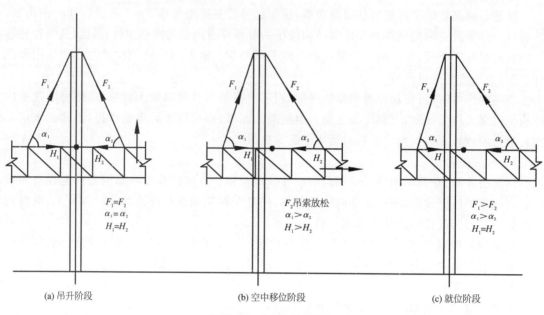

| (a) 吊升阶段 | (b) 空中移位阶段 | (c) 就位阶段 |

图 2-87　网架空中移位

当网架空中移位时(图 2-87(b))将每根把杆的相同一侧滑轮组钢丝绳放松,而另一侧滑轮组不动。此时放松一侧的钢丝绳因松弛而拉力减小,另一侧由于网架重力而 F_1 增大,由此,吊索与水平面的夹角也发生变化,此时 $\alpha_1 > \alpha_2$,水平分力也不同,$H_1 > H_2$,故网架朝较大水平分力 H_1 的方向移动。

网架就位时(图 2-87(c)),当网架移动至设计位置上空时,F_2 一侧滑轮组停止放松钢丝绳,并重新收紧吊索,此时两根吊索的拉力不同,$F_1 > F_2$,但它们的水平分力相同,网架恢复平衡。滑轮组的拉力有以下关系:

$$F_1\sin\alpha_1 + F_2\sin\alpha_2 = G_1$$
$$F_1\cos\alpha_1 = F_2\cos\alpha_2 \qquad\qquad (2-14)$$

式中,α_1,α_2 为吊索与水平面的夹角。

网架吊升的总荷载 Q 包括网架自重、设备荷载、吊具自重等,此外,还应考虑由升差引起的附加力。吊升总荷载 Q 确定后,再根据它确定卷扬机和滑车组。

$$Q = K \cdot (K_1 Q_1 + Q_2 + Q_3) \qquad\qquad (2-15)$$

式中　Q_1——网架自重;

　　　Q_2——附加设备荷载(包括桁条、通风管、脚手架等);

　　　Q_3——吊具自重;

　　　K——由升差引起的受力不均匀系数,当升差控制在 100 mm 以下,取 $K=1.3$;

　　　K_1——荷载系数,取 $K_1=1.1$。

采用把杆吊升法把杆的布置不但应考虑起重力,而且应考虑到吊升过程中网架的施工应力,由于在吊升过程中网架的个别杆件内力可能超过设计的计算内力,甚至可能发生杆件内力的符号改变的情况,这易于导致杆件失稳。因此,对吊升把杆的设置及吊点数量均应进行验算,以保证吊升的安全。此外,吊升过程中的网架的变形也是验算的一个重要项目。

缆风绳的布置对吊升的安全性起着重要作用。缆风绳分为水平缆风绳和斜缆风绳。水平缆风绳将把杆连成整体,增强把杆吊升的整体性,而斜缆风绳则保证把杆的垂直度和稳定性。每个把杆缆风绳设置数量应不能少于6根,其底部的地锚应可靠,并能承受缆风绳的拉力。缆风绳的计算应考虑起吊重量、风荷载、把杆的偏斜以及缆风绳的初应力。

5)整体提升法

整体提升法是指网架在设计位置就地总拼后,利用安装在结构柱上的提升设备提升网架或在提升网架的同时进行柱子滑模的安装方法。整体提升法与整体吊装法在网架拼装和整体安装两方面都基本相同,两者的区别仅仅在于:整体提升法只能作垂直起升,不能水平移动或转动,整体吊装法则可以通过调整吊索拉力使网架作水平移动或转动。

整体提升法提升装置一般采用液压千斤顶和钢吊索,必要时设置辅助承力支架,图2-88是首都机场2×153 m跨度的机库采用千斤顶进行整体提升的示意图。

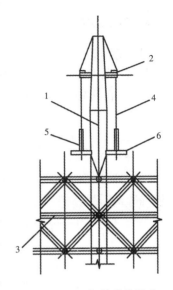

图2-88 网架的整体提升
1—把杆;2—挑梁;3—网架;
4—钢吊索;5—千斤顶;6—提升横梁

整体提升法适用于周边支承及多点支承的各类网架。其优点主要有以下几方面:

① 提升设备一般较小,可利用小机群安装大网架,起重设备小,成本较低。

② 除用专用支架外,提升均利用结构柱,提升阶段网架支承情况与使用阶段基本相同,故不需考虑提升阶段而加固等措施,较整体吊装、高空滑移法更为经济。

③ 由于提升设备能力较大,可将网架屋面板、防水层、天棚、采暖通风及电气设备等全部在地面或合适的高度进行施工,减少高空作业量。

6)整体顶升法

网架整体顶升法是把网架在设计位置的地面拼装成整体,然后用千斤顶将网架整体顶升到设计标高。可以利用结构支承柱作为顶升支架,也可另设专门支架或枕木垛垫高。顶升法与提升法类似,但顶升法的千斤顶是安置在网架下面,适用于支点较少的多点支承网架。

整体顶升法施工中应注意以下问题:

(1)导轨设置

顶升过程中若无导向措施,则易发生结构的偏转,因此顶升法施工中设置导轨十分重要。当柱为格构式钢柱时,四角的角钢即可以起到导轨的作用,否则应另行设置专用导轨。在顶升过程中如果发生偏差,则可以用千斤顶通过导轨进行调整。千斤顶的施力可以倾斜支顶,也可水平向支顶。

(2)同步顶升

顶升的不同步会影响网架结构的内力、提升设备的负载的变化,有时还会产生难以纠正的结构的偏移,因此操作上严格控制各顶升点的同步上升,尽量减少偏差。

(3)柱的缀板处理

采用双肢柱或格构式柱能较好地适应顶升法施工,但其缀板往往会影响网架的顶升。柱肢之间的缀板是保证柱整体稳定的不可缺少的杆件,在顶升前应安装完备。但在网架顶升时,部分缀板可能影响网架的顶升,此时可在网架顶升至该缀板时,把有妨碍的缀板暂时去掉,待网架结构通过后立即重新安装。

2.3.4 工程实例

(1) 工程概况

某多层框架结构,其中央有一大厅 64.8 m×43.2 m,屋盖设计为球管网架,覆盖面积约 2 800 m²。在网架长跨一端有一个宽度为 12 m 的屋面平台,其标高与网架支座标高一致(图 2-89)。该网架设计为球管焊接正交正放锥形网架,截面高度为 3.9 m,上下弦网格为 3.6 m×3.6 m。网架由上弦球杆、下弦球杆和腹杆组成。节点采用空心球,有五种规格 (D220×8~D450×14),共 527 个。杆件为无缝钢管,有 7 种规格(φ60×3.5~φ159×12),共 1 972 根。网架全重为 100 t,每 m² 用钢量为 33 kg。整个网架由 60 个活动支座支承在周边的钢筋混凝土圈梁(框架梁)上,安装标高为 9.9 m(图 2-90)。

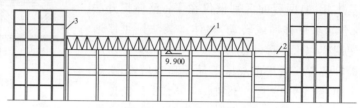

图 2-89 某工程结构剖面图
1—网架结构;2—屋面平台;3—框架结构

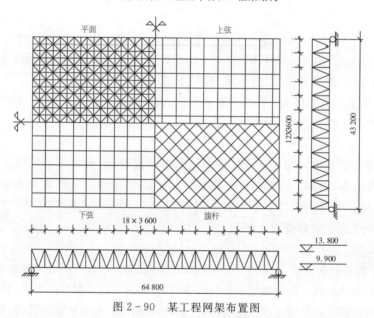

图 2-90 某工程网架布置图

(2) 安装方案的确定

由于该网架处于该工程的中央,四面是楼层框架,不能采用整体吊装法。四面框架结构尚处于结构施工阶段,两台塔吊正在运行。如采用高空散装法安装,难以调用塔吊,势必延误工期,并需要搭设大面积的操作平台,耗用大量的脚手架。然而根据该工程的现场条件,对采用高空滑移安装有以下几个有利条件:①网架长跨一端有一屋面平台,其标高与网架支座标高一致,可以用作网架组装的场地;②网架周边都有圈梁,易于铺设滑移轨道,为滑移安装提供了方便。③网架为正交正放锥形网架,结构呈矩形,形状规则,适应滑移法施工。因此,该工程确定采用高空滑移法施工。

（3）工艺流程及主要施工工艺

按高空滑移安装方案的要求,确定网架施工的主要工艺流程(图2-91)。

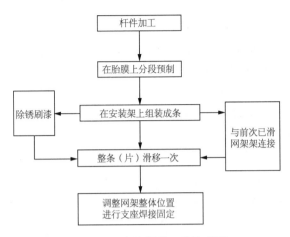

图2-91 高空滑移工艺流程图

网架滑移是在专门设置的滑移轨道上进行的,轨道设置在圈梁上,由两个角钢组成,中心与网架支座中心重合。滑移轨道是在网架支座的圈梁上隔一定距离预埋铁板,将两条角钢焊在铁板上,形成滑槽,网架球支座下的支座板就置于滑槽内,在牵引力的作用下而滑动,带动网架条、片整体滑移。为减少摩擦力,支座板下可加设圆钢滚杆。

由于受到组装平台、起重机能力、组装架的限制,拼装时将网架纵向分成若干条单元,条单元与条单元之间预留联接节间。形成网架条单元后,再由相邻的网架条单元进行节间联接,形成网架片最后成整体网架。

网架在最后一次整体滑移到位后,先拆除滑移轨道,滑移轨道的拆除从一端开始,用千斤顶将各支座微微顶起,撤除滚杆和滑槽角钢,松开千斤顶,支座板便落座在设计要求的预埋铁件上,待所有支座落下后,将支座板与预埋铁件焊固。所有支座安装就位,网架施工即告完成。

3 钢筋混凝土框架结构施工

钢筋混凝土框架结构一般由柱、梁、板组成,梁柱组成纵、横向框架体系。框架结构布置灵活,空间较大,立面处理方便,广泛应用于各种工业与民用建筑。按受力体系分为平面框架和空间框架,按施工方法,可分为现浇整体式框架、装配整体式框架和全装配式框架。现浇整体式框架的整体性和抗震性均很好,应用最为普遍。图 3-1 是几种框架的结构形式的简图,框架结构一般不超过 15 层。

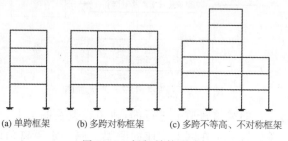

(a) 单跨框架   (b) 多跨对称框架   (c) 多跨不等高、不对称框架

图 3-1 框架结构形式

框架结构受力特点是竖向荷载和水平荷载均由框架承担。由于框架结构房屋的长度一般比宽度大,因此,房屋的纵向结构刚度较大,而横向的结构刚度较小,设计时通常把横向作为受力的主要承重框架。框架结构的柱截面多为矩形,现浇框架结构的柱也有采用圆形或 L 形、十字形、一字形等,柱采用 L 形、十字形、一字形等形式的框架称为异形柱框架。现浇框架结构的楼板一般采用肋梁楼板,也有采用井字梁楼盖或密肋楼盖(图 3-2)。采用预制楼板时多用空心楼板或肋形楼板。

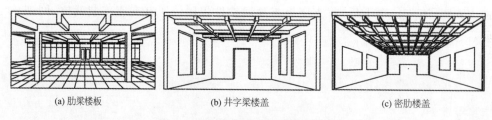

(a) 肋梁楼板   (b) 井字梁楼盖   (c) 密肋楼盖

图 3-2 现浇框架结构的楼板形式

另一种框架结构称板柱结构(图 3-3),它是由板和柱组成的多层承重体系,也称为无梁楼盖。这种结构的特点是在室内没有梁,内部空间净高大,平面布置灵活,适用于楼面荷载较大、跨度较大的建筑,如公共建筑、仓库、厂房等。

板柱结构可分为平板式板柱结构和密肋式板柱结构。因为没有梁,其柱顶一般均设有柱帽,柱帽可以起到减小板的跨度的作用。板柱结构的施工方法也可为整体现浇或预制装配。这种结构体系由于板是一块整板,因此用预制装配式施工时常采用一种特殊的施工方法——升板法。

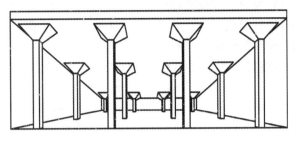

图 3-3 板柱结构

3.1 现浇钢筋混凝土框架结构施工

现浇框架结构一般施工工艺流程如下：

定位放线→土方开挖→基槽(坑)验收→垫层浇筑→基础放线→混凝土基础施工→基础顶面抄平、放线→绑扎柱钢筋→支撑柱模板→支撑梁、楼板模板→浇筑柱混凝土→绑扎梁、板钢筋→浇筑梁、板混凝土→……(逐层向上浇筑混凝土)→结构封顶→围护结构施工。

现浇框架结构主导施工过程是钢筋混凝土工程。

3.1.1 基础施工

现浇框架结构基础常采用钢筋混凝土片筏基础或条形基础等浅埋的基础,在地基强度满足的条件下也有采用独立基础(图 3-4)。如果遇有软弱地基或沉降要求不能满足时,应进行地基处理或采用桩基础。

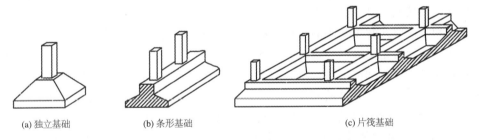

(a)独立基础 (b)条形基础 (c)片筏基础

图 3-4 现浇框架结构常采见浅埋基础形式

钢筋混凝土条形基础及独立基础的施工方法与砌体结构及单层厂房基础相同。片筏基础施工有一些特殊要求。以下讨论片筏基础的施工方法。

1) 基础放线

片筏基础分为平板式和梁板式两种。梁板式基础又分上翻梁和下翻梁。对于平板式和上翻梁式片筏基础,定位放线及挖土灰线只需先定出底板边轴线和底板外边;对于下翻梁式片筏基础,则还要定出下翻梁的轴线和挖土边线,该挖土边线应考虑砖胎膜的尺寸。放线前,先设置龙门板,通过建筑定位控制桩将定位轴线引测到龙门板上,然后从龙门板上拉线,在地面上放出挖土灰线,验收后即可挖土。

2) 土方开挖和标高控制

片筏基础土方开挖面较条形基础大得多,可采用反铲挖土机。挖土到接近基底标高时,用水准仪测量,在离基底约 500 mm 处的土壁上用木或竹的小桩打入,作为挖土标高控制标志。

这与条形基础的做法相同,但由于片筏基础挖土的敞开面很大,仅靠土壁的控制小桩还难以控制基坑中央部位的挖土标高,因此,在施工过程中还应随挖土面的敞开,及时在坑底打设标高控制桩(图3-5)。坑底标高控制桩的桩顶标高宜与垫层顶面标高一致,以便利用它作为垫层施工的标高控制桩。基坑底以上200~300 mm范围内应由人工挖土,并做好坑底修平工作。

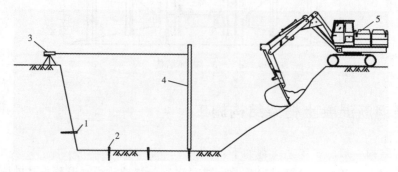

图3-5 坑底标高控制桩

1—土壁标高控制桩;2—坑底标高控制桩;3—水准仪;4—标尺;5—反铲挖土机

对于下翻梁式片筏基础,翻梁的土方应与基坑大面积土方开挖同时跟进开挖,否则,坑底下翻梁基槽的土方难以外运。

土方开挖到坑底后应及时进行基底验收,并尽快浇筑垫层混凝土。

片筏基础的面积较大,基坑开挖时若地下水位较高,应采取人工降低地下水法使地下水位降低至基坑底面以下不小于500 mm,保证基坑开挖和地下主体结构施工不受地下水的影响。

3)片筏基础施工

片筏基础敞开面积很大,放线工作只需将若干定位控制点放到垫层上,以后的定位放线均将测量仪器放到坑底在基坑进行操作。

平板式和上翻梁式片筏基础的底板底面均为平板,其模板工作量很少,只需在底板外侧支撑模板。先在垫层上定出底板外边线即可支撑模板。

上翻梁式基础底板和突出底板部分的梁可以分开浇筑,也可采用底板和梁模板同时支撑,混凝土一次浇筑方法。如果采用底板与上翻部分的梁分开浇筑方法时,可先绑扎底板、梁的钢筋和柱子插筋,然后浇筑底板混凝土,待达到底板混凝土25%设计强度后,再在底板上支梁模板,继续浇筑上翻部分梁的混凝土。如果采用底板与梁同时浇筑时,则梁的模板底部应设置钢筋马凳或其他形式的支架,将模板架空(图3-6),此时,必须保证模板的稳定性以及在混凝土浇筑时不发生模板的移位和变形。

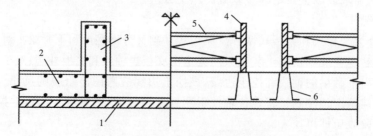

图3-6 上翻梁式片筏基础的梁模支撑

1—垫层;2—基础底板;3—上翻梁;4—基础梁侧模;5—模板支撑;6—钢筋马凳

基础模板完成后进行钢筋绑扎,由于地下结构的钢筋直径一般较大,因此应尽量采用闪光对焊或机械连接(如螺纹连接或挤压连接)。底板钢筋绑扎的同时应将柱的钢筋根据要求预埋在底板中,并应可靠地固定,防止柱的钢筋倾斜。

片筏基础的混凝土量较大,应尽可能采用预拌混凝土。混凝土浇筑方向对梁板式基础应平行于次梁方向,对平板式基础应平行于基础的长边方向。片筏基础混凝土应一次连续浇筑完成,不留施工缝。如有特殊情况不得不留设施工缝时,则应留设垂直施工缝。施工缝留设的位置,对梁板式基础应留在次梁跨中1/3位置处;对平板式基础则留在平行短边方向,但不应留在柱脚范围内。施工缝应在先浇筑混凝土达到规定的强度后方可浇筑,应对先浇筑的混凝土表面清扫干净,清除水泥浮浆和松动石子等,并浇水湿润,在表面铺上和混凝土成分相同的水泥浆或水泥砂浆进行接浆。

下翻梁式筏板则在挖土后先定出基础梁的轴线和梁的外边线,随后按照梁的外边线砌筑砖胎膜(图3-7)。

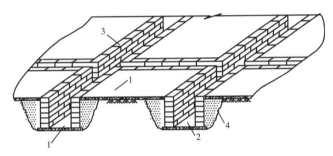

图3-7 下翻梁的砖胎膜
1—垫层;2—下翻梁基槽;3—砖胎膜;4—槽边填砂

混凝土浇筑完毕后,应及时在混凝土底板表面覆盖草帘等并洒水养护,或采用其他有效方法进行养护。

3.1.2 框架结构施工

框架结构施工过程包括模板工程、钢筋工程和混凝土工程三个工种工程。

1)模板工程施工

(1)框架结构常用的模板形式

由于框架的梁、柱截面尺寸都不大,因此,在模板体系的选择上以木模板、组合模板最为合适,楼面模板则与多层砌体结构的现浇楼板类似。

梁、柱木模板可采用拼条木板组装,这种模板的拼缝较多,而且受潮后易变形。近年来,工程中普遍采用多层胶合板作为面板,其拼缝少,不易漏浆,也不易变形。图3-8是采用不同材料安装的柱的模板。

组合模板具有工具化施工、可多次周转、拼装灵活、施工速度快、成本较低等优点。由于组合模板设模数化,可适应不同的柱、梁截面尺寸,运用合适的模板板块与连接件、支承件组合,很容易做成各种形状的柱、梁模板。

图3-9是组合钢模板的各种形式。组合钢模板的面板一般为2.5～3.0 mm厚的钢板,纵横肋高度以55 mm为主。长度的模数以150 mm进级,当长度超过900 mm时则以300 mm进级;宽度以50 mm进级。常用的组合钢模板型号见表3-1。组合钢木模板形式与组合钢模板类似,但其面板采用胶合板,边框也是钢材制成。

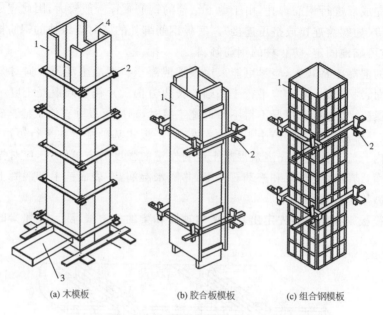

(a) 木模板　　　(b) 胶合板模板　　　(c) 组合钢模板

图 3-8　柱的模板

1—面板；2—柱箍；3—清理口；4—梁缺口

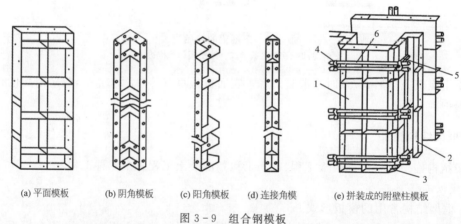

(a) 平面模板　　(b) 阴角模板　　(c) 阳角模板　　(d) 连接角模　　(e) 拼装成的附壁柱模板

图 3-9　组合钢模板

1—平面模板；2—阴角模板；3—连接角模；4—3 形扣件；5—对拉螺栓；6—钢楞

表 3-1　　　　　　　　　　　常用的组合钢模板尺寸　　　　　　　　　　（单位：mm）

名　称	宽　度	长　度	肋　高
平面模板（代号 P）	600,550,500,450,350, 300,250,200,150,100	450,600,750,900, 1 200,1 500	55
阴角模板（代号 E）	150×150,100×150		
阳角模板（代号 Y）	100×100,50×50		
连接角模（代号 J）	50×50		

连接件包括 U 形卡、L 形插销、钩头螺栓、对拉螺栓及 3 形扣件等（图 3-10）。U 形卡主

要用于组合模板板块之间的拼接,它可将相邻的板块夹紧固定;L形插销用于增强模板板块纵向拼接刚度,以保证拼缝处的平整度;在模板与内、外钢楞之间的连接则采用钩头螺栓;对拉螺栓用于两块模板之间的定位,它可保证两块模板的间距,承受混凝土侧压力;3形扣件用于钢管楞条与模板板块或钢管楞条之间的连接。

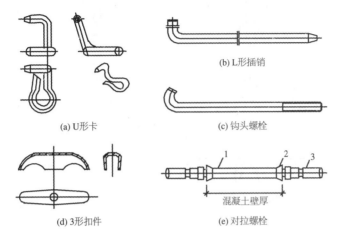

图 3-10 钢模板的连接件
1—内拉杆;2—顶帽;3—外拉杆

支承件主要有钢楞条、柱箍、早拆柱头、梁托架、桁架及钢支柱等。工程中也常常直接用脚手架的钢管扣件或门式架作为模板支撑。钢楞条一般用圆钢管、矩形钢管、槽钢等,根据使用要求选择截面。柱箍用于支撑并夹紧柱模板,常用角钢、槽钢及钢管加工制成,使用时根据柱的截面及高度选择型号并可调节柱箍设置间距(图 3-11)。早拆柱头是在梁底模快拆体系中的一种特殊装置(图 3-12),它安装于梁底模,在拆模时先将底模拆除,而早拆柱头及它下面的支撑则保留。这样,可以加快模板的周转,降低费用。图 3-13 也是梁的底模支撑中常用的工具式支承件。桁架长度一般做成可调式,可根据楼板的跨度调节支撑长度。梁托架也称为梁卡具,它可将梁的侧模夹紧,防止侧模在混凝土浇筑与振捣是发生模板变形(即胀模或爆模现象),它也能调节,以适应不同梁的宽度。

框架结构楼板的模板与砌体结构现浇楼板类似,面板多用胶合板,也有用组合模板拼装,支撑多用立杆式或桁架式。

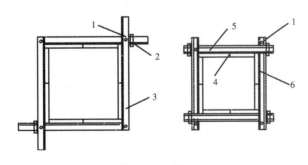

图 3-11 柱箍
1—插销;2—限位器;3—夹板;4—模板;5—角钢;6—槽钢

(2)模板设计
框架结构模板设计应满足以下基本要求:

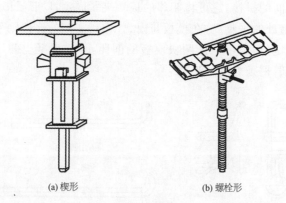

(a) 楔形   (b) 螺栓形

图 3-12　早拆柱头

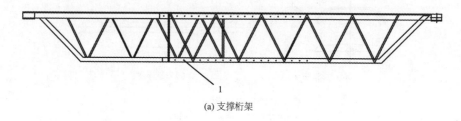

(a) 支撑桁架

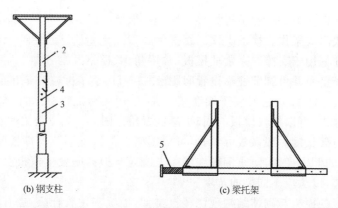

(b) 钢支柱   (c) 梁托架

图 3-13　组合模板的工具式支承件
1—桁架伸缩销孔；2—内套钢管；3—外套钢管；4—插销孔；5—调节螺栓

① 具有足够的承载能力、刚度和稳定性；

② 接缝不应漏浆，木模板应浇水湿润，但模板内不应有积水；

③ 干净并涂刷隔离剂；

④ 模板内的杂物应清理干净，对清水混凝土工程及装饰混凝土工程，应使用能达到设计效果的模板；

⑤ 对跨度不小于 4 m 的梁、底板模板应按设计要求起拱，当设计无具体要求时，起拱高度宜为跨度的 1/1 000～3/1 000。

在设计中除了应满足上述要求外，还应遵循以下原则，即配置的模板，应优先采用通用、大块的模板，减少拼板；组合模板的长方向应错开布置，以加强模板刚度；次楞条应与组合模板的长边垂直，主、次楞条应相互垂直；柱、梁的模板尽可能用工具式柱箍、梁托架等作支承件，梁高较高时可以增设对拉螺栓或拉杆，以防止模板变形。

模板及其支架应根据工程结构形式、荷载大小、地基土类别、施工设备和材料供应等条件进行设计。模板及其支架应具有足够的承载能力、刚度和稳定性,能可靠地承受浇筑混凝土的重量、侧压力以及施工荷载。

① 设计内容

框架结构模板设计包括选型、选材、结构计算、施工图及说明等,具体有以下几方面内容:

a. 绘制模板选型、选材、配板设计及连接件、支撑布置构造;

b. 进行模板荷载计算、结构验算;

c. 编制模板及配件用量明细表,制定模板调配及周转计划,在多层框架结构中模板、支撑拆除转层的计划尤为重要;

d. 绘制模板安装图,制定模板安装与拆除的施工工艺及技术安全措施。

② 模板荷载计算、结构验算

一般模板都由面板、次肋、主肋、对拉螺栓、支撑系统等几部分组成,作用于模板的荷载传递路线为面板 → 次肋 → 主肋 → 对拉螺栓(或支撑系统)。框架结构的模板也基本如此。设计时可根据荷载作用状况及各部分构件的结构特点进行计算。

a. 模板设计荷载及其组合

(a) 模板及支架自重

模板及支架的自重,可按图纸或实物计算确定,或参考表 3-2。

表 3-2   楼板模板自重标准值   (单位:kN/m²)

模 板 构 件	木模板	定型组合钢模板
平板模板及小楞自重	0.3	0.5
楼板模板自重(包括梁模板)	0.5	0.75
楼板模板及支架自重(楼层高度 4 m 以下)	0.75	1.0

(b) 新浇筑混凝土的自重标准值

普通混凝土用 24 kN/m³,其他混凝土根据实际重力密度确定。

(c) 钢筋自重标准值

根据设计图纸确定。一般梁板结构每立方米混凝土结构的钢筋自重标准值:楼板 1.1 kN;梁 1.5 kN。

(d) 施工人员及设备荷载标准值

计算模板及直接支承模板的小楞时:均布活荷载 2.5 kN/m²,另以集中荷载 2.5 kN 进行验算,取两者中较大的弯矩值;

计算支承小楞的构件时:均布活荷载 1.5 kN/m²;

计算支架立柱及其他支承结构构件时:均布活荷载 1.0 kN/m²。

(e) 振捣混凝土时产生的荷载标准值

水平面模板 2.0 kN/m²,垂直面模板 4.0 kN/m²(作用范围在有效压头高度之内)。

(f) 新浇筑混凝土对模板侧面的压力标准值

当采用内部振动器时,新浇筑的混凝土作用于模板的最大侧压力,按下列两式计算,并取两式中的较小值(图 3-14):

$$F=0.22\gamma_c t_0 \beta_1 \beta_2 V^{\frac{1}{2}} \qquad (3-1)$$

$$F=\gamma_c H \qquad (3-2)$$

式中　F——新浇混凝土对模板的最大侧压力（kN/m²）；

　　　γ_c——混凝土的重力密度（kN/m³）；

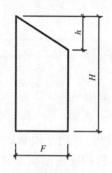

图 3-14　混凝土侧压力计算分布图

h—有效压头高度，$h=F/\gamma_c$（m）

　　　t_0——新浇混凝土的初凝时间（h），可按实测确定。当缺乏试验资料时，可采用 $t_0=\dfrac{200}{t+15}$ 计算（t 为混凝土的温度（℃））；

　　　V——混凝土的浇筑速度（m³/h）；

　　　H——混凝土的侧压力计算位置处至新浇混凝土顶面的总高度（m）；

　　　β_1——外加剂影响修正系数，不掺外加剂时取 1.0，掺具有缓凝作用的外加剂时取 1.2；

　　　β_2——混凝土坍落度影响修正系数，当坍落度小于 30 mm 时，取 0.85；当坍落度为 50～90 mm 时，取 1.0；当坍落度为 110～150 mm 时，取 1.15。

（g）倾倒混凝土时产生的荷载标准值

倾倒混凝土时对垂直面模板产生的水平荷载标准值，按表 3-3 采用。

表 3-3　　　　　　　　向模板中倾倒混凝土时产生的水平荷载标准值

项　次	向模板中供料方法	水平荷载标准/（kN/m²）
1	用溜槽、串筒或由导管输出	2
2	用容量＜0.2 m³ 的运输器具倾倒	2
3	用容量 0.2 ～0.8 m³ 的运输器具倾倒	4
4	用容量＞0.8 m³ 的运输器具倾倒	6

注：作用范围在有效压头高度以内。

计算模板及其支架时的荷载设计值，应采用荷载标准值乘以相应的荷载分项系数求得，荷载分项系数按表 3-4 采用。

表 3-4　　　　　　　　　　荷载分项系数（γ_i）

项　次	荷　载　类　别	γ_i
1	模板及支架自重	
2	新浇筑混凝土自重	1.2
3	钢筋自重	
4	施工人员及施工设备荷载	
5	振捣混凝土时产生的荷载	1.4
6	新浇筑混凝土对模板侧面的压力	1.2
7	倾倒混凝土时产生的荷载	1.4

参与模板及其支架荷载效应组合的各项荷载,应符合表 3-5 的规定。

表 3-5 参与模板及其支架荷载效应组合的各项荷载

模 板 类 别	参与组合的荷载项	
	计算承载能力	验算刚度
平板和薄壳的模板及支架	1,2,3,4	1,2,3
梁和拱模板的底板及支架	1,2,3,5	1,2,3
梁、拱、柱(边长≤300 mm)、墙(厚≤100 mm)的侧面模板	5,6	6
大体积结构、柱(边长>300 mm)、墙(厚>100 mm)的侧面模板	6,7	6

b. 模板设计的有关计算规定

计算钢模板、木模板及支架时都要遵守相应的设计规范。在验算模板及其支架的刚度时,其最大变形值不得超过下列允许值:

对结构表面外露的模板,为模板构件计算跨度的 1/400;

对结构表面隐蔽的模板,为模板构件计算跨度的 1/250;

对支架的压缩变形值或弹性挠度,为相应的结构计算跨度的 1/1 000。

支架的立柱或桁架应保持稳定,并用撑拉杆件固定。

例 3-1 一块 1.5 m×0.3 m 的组合钢模板,模板自重 0.5 kN/m^2,其截面模量 $W=8.21×10^3$ mm^3,惯性距 $I=3.63×10^5$ mm^4,钢材容许应力为 210 N/mm^2,弹性模量 $E=2.1×10^5$ N/mm^2,拟用于浇筑 150 mm 厚的楼板,试验算其是否能满足施工要求。模板支撑形式为简支,楼板底面外露(即不做抹灰)。

解: 模板及支架自重: $q_1=0.5×0.3=0.15$ kN/m

新浇混凝土自重: $q_2=24×0.3×0.15=1.08$ kN/m

钢筋自重: $q_3=1.1×0.3×0.15=0.05$ kN/m

施工人员及设备荷载:均布 $q_4=2.5$ kN/m^2

集中 $P=2.5$ kN

均布荷载作用下的弯矩 $M_1=\frac{1}{8}ql^2=1.4×\frac{1}{8}×2.5×0.3×1.5^2=0.295$ kN·m

集中荷载作用下的弯矩 $M_2=\frac{1}{4}Pl=1.4×\frac{1}{4}×2.5×1.5=1.31$ kN·m

集中荷载产生弯距较大,故取 2.5 kN 的集中荷载作为施工人员及设备荷载标准值。

$$M=\frac{1}{8}ql^2+Pl$$

$$=\frac{1}{8}×1.2×(0.15+1.08+0.05)×1.5^2+\frac{1}{4}×1.4×2.5×1.5$$

$$=1.75 \text{ kN·m}$$

$$\sigma=\frac{M}{W}=\frac{1.75×10^6}{8.21×10^3}=213 \text{ N/mm}^2 \quad (≈210 \text{ N/mm}^2)$$

该模板为结构表面外露模板,最大变形为模板构件计算跨度的 1/400。

$$\frac{W_{max}}{l} = \frac{5}{384} \times \frac{ql^3}{EI_x} = \frac{5}{384} \times \frac{1.28 \times 1\,500^3}{2.1 \times 10^5 \times 3.63 \times 10^5} = \frac{1}{1\,300} \quad \left(< \frac{1}{400}\right)$$

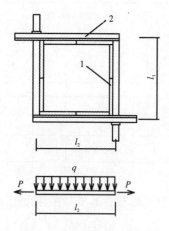

图 3-15 柱箍计算简图
1—组合模板；2—柱箍

所以，可满足施工要求。

由组合钢模板组拼的柱模，除应计算板块外，还应计算柱箍，柱箍作为模板的支承，承受模板传递来的均布荷载，同时，还承受另两侧模板上混凝土侧压力引起的轴向拉力（图3-15）。

例 3-2 框架柱截面为 500 mm×700 mm，净高 3.3 m，施工气温为 20℃，混凝土浇筑速度为 4 m/h，采用组合钢模板。试选用柱箍，其允许挠度$[\delta]$为 3 mm。

解： 按 $V = 4$ m/h，$T = 20℃$，依公式（3-1）、式（3-2）得混凝土最大侧压力 F 为

$$F_1 = 0.22\gamma_c t_0 \beta_1 \beta_2 V^{\frac{1}{2}} = 0.22 \times 24 \times 1.0 \times 1.0 \times \frac{200}{20+15} \times 4^{\frac{1}{2}}$$
$$= 60.3 \text{ kN/m}^2$$
$$F_2 = \gamma_c H = 24 \times 3.3 = 79.2 \text{ kN/m}^2$$

取以上两式中的较小值，$F = \min\{F_1, F_2\} = 60.3 \text{ kN/m}^2$

选用矩形方管口 80 mm×40 mm×2 mm 作柱箍，查表得：$A = 452$ mm²；$I = 37.13 \times 10^4$ mm；$W = 9.28 \times 10^3$ mm³，$E = 2.1 \times 10^5$ N/mm²

（1）按抗弯强度计算柱箍间距计算

设：箍筋间距为 l，由图 3-15 得到，由弯矩引起的应力 σ_1：

$$\sigma_1 = \frac{M}{W} = \frac{\frac{1}{8}Fll_2^2}{W}$$

轴向力引起的应力 σ_2：

$$\sigma_2 = \frac{N}{A} = \frac{\frac{1}{2}Fll_1}{A}$$

由 $\sigma = \sigma_1 + \sigma_2 \leqslant f$，得

$$l = \frac{8fWA}{F(l_2^2 A + 4l_1 W)}$$
$$= \frac{8 \times 210 \times 9.28 \times 10^3 \times 4.25 \times 10^2}{60.3 \times 10^{-3} \times (700^2 \times 4.52 \times 10^2 + 4 \times 500 \times 9.28 \times 10^3)}$$
$$= 486.8 \text{ mm}$$

（2）按挠度计算柱箍间距

$$l = \frac{384[\delta]EI}{5Fl_2^2} = \frac{384 \times 3 \times 2.1 \times 10^5 \times 37.13 \times 10^4}{5 \times 60.3 \times 10^{-3} \times 700^4} = 1\,241 \text{ mm}$$

按以上计算，柱箍间距取 480 mm，共 7 道。

（3）模板工程施工

① 柱模板的支撑

柱模板支撑前首先应做好柱底找平，然后进行柱脚的定位。柱脚的定位可以用木框、混凝土定位块或钢筋定位（图3-16）。几种定位方法以钢筋定位最佳，它的定位可靠，而且不易移位，也不会影响先后浇筑混凝土施工缝处的质量。钢筋定位先在柱底的竖向钢筋上焊接与柱

截面长、宽相等的井字形水平钢筋,用此控制模板的定位。

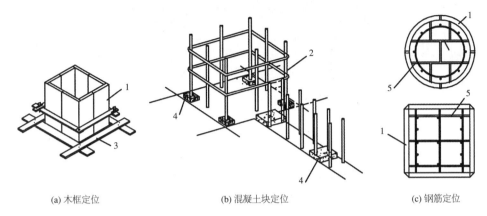

(a) 木框定位   (b) 混凝土块定位   (c) 钢筋定位

图 3-16 柱脚的定位

1—柱模板;2—柱钢筋;3—定位木框;4—定位混凝土块;5—钢筋定位架

在钢筋绑扎后,及时清理柱的底部,然后合上柱模板,并按设计的柱箍及间距安装柱箍。也可将柱模整体预拼装,然后用吊装的方法安装柱模,将柱模套到钢筋骨架上。当柱的截面较大时,安装柱箍后还应再增设对销螺栓,防止胀模。柱的模板安装后应及时进行支撑,当柱的高度为 4~6 m 时,可以在柱的四面各设置 1 根支撑,支撑应与水平面成 50°~60°的夹角,当柱高度超过 6 m 时宜将若干相邻的柱连成整体,并设置一定数量的斜支撑。柱模板支撑稳定后可进行垂直度校正。垂直度校正可以通过调节支撑进行,也可设置带张紧器(如花篮螺栓)的缆风绳调节(图 3-17)。

柱模板支撑控制要点是垂直度、稳定性及模板的变形三方面。

② 梁、板模板支撑

梁、板的模板支撑一般与柱模板同时完成,也可以在柱的混凝土浇筑完成后支撑。

梁的模板按翻样图布置,一般先放置梁的底模,梁的跨度大于等于 4 m 时应按设计要求或有关规定起拱。

梁、板模板支撑可以采用桁架或模板支架。底模下的桁架或模板支架必须按设计要求设置。当采用桁架支模时(参见第 1 章图 1-8),如果桁架的跨度较大,应在桁架的侧边设置桁架下弦杆水平系杆,防止桁架平面外失稳。当采用模板支架(图 3-18)时应在支撑纵横向布置水平系

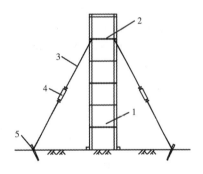

图 3-17 柱模板的固定和校正

1—柱模板;2—柱箍;
3—缆风绳;4—张紧器;5—地锚

杆和垂直剪刀撑。水平系杆上下间距不宜大于 1.5 m,垂直剪刀撑的间距不宜大于 6 m。底层竖向支撑在地基上应设置垫板,并有良好的排水措施,地基土需夯实,防止混凝土浇筑时或浇筑后发生模板下沉。支撑在现浇框架结构上层的模板及支架,下层楼板应具有承受上层荷载的承载能力,不能满足时,应在下层楼层加设支架,并使上、下支架的立柱对准。支架立柱下均应放置垫板。

梁的侧模可在底模边用梁托架夹住或用其他方法将侧模定位,侧模的上口也应用斜撑或夹具固定,梁的高度大于 800 mm 时还应在侧模的中央增加对销螺栓,防止侧模胀开变形。

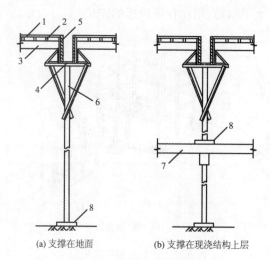

(a) 支撑在地面　　　　(b) 支撑在现浇结构上层

图 3-18　梁、板的模板支架

1—板底模；2—次楞；3—主楞；4—梁底模；5—梁侧模；6—立柱；7—楼板；8—垫板

板的模板安装先在模板支架或桁架上设置主楞，再放置次楞，最后在次楞上铺放面板。板的模板拼缝应紧密，防止漏浆，对较大的板缝应用封条粘贴。

梁、板中常常设计有预留孔或预埋管，在模板安装的同时，应将预留孔或预埋件同时布置完成。

梁、板模板支撑的关键是保证支撑的强度与刚度，防止模板支架倒塌或发生过大下沉，并注意预留孔、预埋件不得遗漏，并安装牢固、位置正确。

③ 模板工程施工质量及验收

在混凝土浇筑前，应对模板工程进行验收，在混凝土浇筑时应对模板进行看护，发生异常情况应及时按施工技术方案进行处理。现浇结构模板安装的偏差应符合表 3-6 规定。

表 3-6　　　　　　　　　　现浇结构模板安装的允许偏差及检验方法

项　　目		允许偏差/mm	检验方法
轴线位置		5	钢尺检查
底模上表面标高		±5	水准仪或拉线、钢尺检查
截面内部尺寸	基础	±10	钢尺检查
	柱、墙、梁	+4，−5	
层高垂直度	不大于 5 m	6	经纬仪或吊线、钢尺检查
	大于 5 m	8	
相邻两板表面高低差		2	钢尺检查
中心线位置表面平整度		5	2 m 靠尺和塞尺检查

注：检查轴线位置时，应沿纵、横两个方向量测，并取其中的较大值。

④ 模板的拆除

混凝土框架结构的混凝土浇筑后，必须达到一定强度方可拆除模板，不同部位的模板，其

拆除时间有所不同。现场拆除模板时,应遵守下列原则:

a. 拆模前应制定拆模程序、拆模方法及安全措施;

b. 先安装的后拆除、后安装的先拆除,先拆除侧面模板,再拆除承重模板;

c. 支承件和连接件应逐件拆卸,模板应逐块拆卸传递,严禁向下扔模板,或使模板由高处自行坠落;

d. 模板拆除时,不应对楼层形成冲击荷载,也不可直接冲砸在混凝土楼面;

e. 拆下的模板、支架和配件均应分类、分散堆放整齐,并及时清运;

f. 已拆除模板的结构,遇有特殊情况时,应加设临时支撑。

侧模拆除时的混凝土强度应能保证其表面及棱角不受损伤。底模及其支架拆除时的混凝土强度应符合设计要求,当设计无具体要求时,混凝土强度应符合表 3-7 的规定。

表 3-7 底模拆除时的混凝土强度要求

构件类型	构件跨度/m	达到设计的混凝土立方体抗压强度标准值的百分率/%
板	≤2	≥50
	>2,≤8	≥75
	>8	≥100
梁、拱、壳	≤8	≥75
	>8	≥100
悬臂构件		≥100

⑤ 模板工程常见的质量和安全事故

a. 模板及其支撑系统强度及刚度不足,导致模板倒塌、爆模,或引起模板变形过大、下沉、失稳等事故;

b. 拆模时间过早,引起梁、板结构裂缝和过大变形,甚至断裂;

c. 拆模顺序不合理,没有安全措施,引起塌坠安全事故,并致使楼面超载冲击破坏楼板;

d. 拆模后未考虑结构受力体系的变化,未加设临时支撑,引起结构裂缝、变形;

e. 模板拼缝不严密,造成漏浆,使混凝土干枯,或出现蜂窝、麻面现象。

2) 钢筋工程施工

框架结构钢筋的工程量很大,钢筋的质量对混凝土构件的结构性能(承载力、刚度、裂缝控制性能)有重大影响,施工中应注意钢筋的质量、配料、连接及安装等质量。

钢筋进场时,检查产品合格证、出厂检验报告和进场复验报告。应按现行国家标准《钢筋混凝土用热轧带肋钢筋》(GB1499)等的规定抽取试件作力学性能检验,其质量必须符合有关标准的规定。对有抗震设防要求的框架结构,其纵向受力钢筋的强度应满足设计要求;当设计无具体要求时,对一、二级抗震等级,检验所得的强度实测值应符合下列规定:

① 钢筋的抗拉强度实测值与屈服强度实测值的比值不应小于 1.25;

② 钢筋的屈服强度实测值与强度标准值的比值不应大于 1.3。

(1) 钢筋的加工与配料

钢筋一般在钢筋车间或工地的钢筋加工棚加工,然后运至现场就地安装或绑扎。钢筋加工过程取决于成品种类,一般的加工过程有冷拉、调直、剪切、镦头、弯曲、焊接、绑扎等。

盘圆钢筋进场后应进行调直,钢筋调直宜采用机械方法,也可采用冷拉方法,采用冷拉方法调直时,对 HPB235 级的钢筋冷拉率不宜大于 4%,对于 HRB335、HRB400 及 RRB400 级的钢筋冷拉率不宜大于 1%。

钢筋弯钩及弯折应符合图 3-19 的要求。HPB235 级钢筋末端应设 180°弯钩,弯弧内径不应小于钢筋直径的 2.5 倍,弯钩的弯后平直部分长度不应小于钢筋直径的 3 倍(图 3-19(a));当设计要求末端需作 135°弯钩时,HRB335 及 HRB400 级的钢筋的弯弧内径不应小于钢筋直径的 4 倍,弯钩的弯后平直部分长度应符合设计要求(图 3-19(b))。

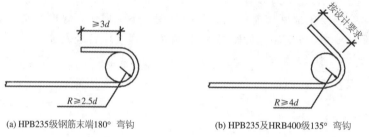

(a) HPB235级钢筋末端180° 弯钩   (b) HPB235及HRB400级135° 弯钩

图 3-19 钢筋弯钩及弯折

箍筋应采用封闭式,可以焊接成封闭环式,也可在箍筋末端按设计要求设置弯钩。如设计无具体要求时箍筋弯钩的弯弧内径应按图 3-19 要求,并不应小于受力钢筋的直径,否则箍筋不能与受力钢筋紧密贴近而失去箍筋箍紧的作用。一般结构和有抗震等要求的结构箍筋的弯折角度分别为 90°和 135°,箍筋弯后平直部分长度分别不小于箍筋直径的 5 倍和 10 倍(图 3-20)。

(a) 焊接封闭环   (b) 一般结构   (c) 有抗震等要求的结构

图 3-20 箍筋形式

1—焊接;2—90°弯折;3—135°弯折

钢筋配料就是根据结构施工图中有关构件的配筋,绘出各种钢筋的形状和规格的单根钢筋的简图,并加以编号,然后计算其下料长度和数量,填写钢筋配料单,并按配料单进行钢筋剪切、弯曲等加工。

在量度钢筋长度时是以钢筋中轴线长度确定的,而钢筋在构件中的长度是按外包尺寸计算的,它要考虑构件的长度、钢筋的保护层厚度,弯曲的角度等,钢筋的下料长度应通过计算确定。

钢筋的外包尺寸和轴线长度之间存在一个差值,称为量度差值。平直钢筋无量度差值,而弯曲后的钢筋外包尺寸便大于轴线尺寸。

钢筋下料长度的计算方法如下:

钢筋外包长度=构件长度-保护层厚度

钢筋下料长度=钢筋外包长度-弯曲处的量度差值+弯钩增加长度

钢筋弯曲成不同角度的量度差值可按表 3-8 取值(图 3-21),钢筋弯钩的增加长度可参考表 3-9。应当指出,当钢筋的弯心半径不同时,量度差值会有一定差异。

表 3 - 8

表 3 - 8 钢筋弯曲的量度差值

钢筋弯曲角度	30°	45°	60°	90°	135°
量度差值	0.35d	0.5d	0.85d	2d	2.5d

注：① 弯曲的弯心半径为 5d；
② d 为钢筋直径。

表 3 - 9 钢筋弯钩的增加长度

钢筋弯钩角度	90°	135°	180°
增加长度	0.5d+l	1.9d+l	3.25d+l

注：① 弯曲的弯心半径为 2.5d；
② d 为钢筋直径，l 为平直段长度。

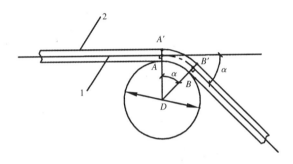

图 3 - 21　钢筋弯曲的量度差值
1—下料长度；2—量度长度

（2）钢筋的连接

钢筋的连接是钢筋工程施工中的的十分关键的工序。钢筋的连接有绑扎、机械连接及焊接。一般直径较小的钢筋（如 φ12 以下）多采用绑扎连接；直径较大的钢筋（如 φ12 以上）的则可采用机械连接或焊接方法。其中，梁、板中的大直径水平钢筋常常在钢筋加工场进行闪光对焊后搬到施工现场就地安装，或就地运用螺栓连接。机械挤压连接需要一定的作业场地，因此在楼板等便于挤压机械作业的部位也可采用挤压连接。柱中直径较大的竖向钢筋一般采用电渣压力焊，电渣压力焊直接在钢筋骨架上作业，随着结构建造，将柱钢筋逐层向上连接。在特殊部位，可采用电弧焊、气压焊或其他焊接方法。

纵向受力钢筋的连接方式应符合设计要求，在施工现场进行全数检查。钢筋绑扎的检查主要通过尺量及观察，机械连接与焊接则应检查接头产品合格证，并按规范的规定抽取钢筋机械连接接头、焊接接头试件作力学性能检验，同时还应进行外观检查，以保证钢筋的连接质量要求。

钢筋接头的位置宜设置在受力较小处，同一纵向受力钢筋不宜设置 2 个或 2 个以上接头。接头末端至钢筋弯起点的距离不应小于钢筋直径的 10 倍。

设置在同一构件内的接头宜相互错开。同一连接区段内纵向受力钢筋接头面积百分率应符合设计要求，当设计无具体要求时，应符合以下规定：

当采用机械连接及焊接接头时，在受拉区不宜大于 50%；接头不宜设置在有抗震设防要求的框架梁端、柱端的箍筋加密区，当无法避开时，对等强度高质量机械连接接头不应大于

50%；直接承受动力荷载的结构构件中，不宜采用焊接接头，当采用机械连接接头时不应大于50%。

当采用绑扎搭接接头时，对梁、板类及墙类构件不宜大于25%；对柱类构件不宜大于50%；当工程确有必要增大接头面积百分率时，对梁类构件不应大于50%；对其他构件可根据实际情况放宽。

上述同一连接区段和接头面积百分率是这样确定的（图3-22）：

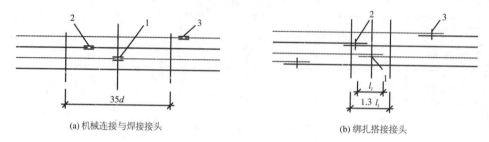

(a) 机械连接与焊接接头　　　　　　　　(b) 绑扎搭接接头

图3-22　连接区段及接头百分率

1—连接区段中心；2—中点位于连接区段内的接头；3—中点位于连接区段外的接头

d—搭接钢筋较大直径

对机械连接及焊接接头，连接区段的长度为 $35d$（d 为纵向受力钢筋的较大直径），且不小于 500 mm；对绑扎搭接接头，连接区段的长度为 $1.3l_l$（l_l 为搭接长度）。凡接头中点位于该连接区段长度内的接头均属于同一连接区段。

钢筋接头面积百分率就是有接头的纵向受力钢筋截面面积与全部纵向受力钢筋截面面积的比值。

纵向受力钢筋采用绑扎搭接接头时，由于绑扎连接是两根钢筋搭接在一起，钢筋之间的净距会受到影响，因此，采用绑扎搭接接头时还应注意搭接接头中的钢筋的横向净距不应小于钢筋的直径，且不应小于 25 mm。

纵向受力钢筋绑扎搭接接头的最小搭接长度应符合表3-10的规定。

表3-10　　　　　　　　　　　　纵向受拉钢筋最小搭接长度

钢筋类型		混凝土强度等级			
		C15	C20～C25	C30～C35	≥C40
光圆钢筋	HPB235 级	$45d$	$35d$	$30d$	$25d$
带肋钢筋	HRB335 级	$55d$	$45d$	$35d$	$30d$
	HRB400 级 RRB400 级	—	$55d$	$40d$	$35d$

梁、柱类构件如果采用绑扎搭接接头，在纵向受力钢筋搭接长度范围内应按设计要求配置箍筋，如设计没有具体规定时，应符合下列规定（图3-23）：

箍筋直径不应小于搭接钢筋较大直径的 0.25 倍；受拉区箍筋间距不应大于搭接钢筋较小直径的 5 倍，且不应大于 100 mm；受压区箍筋间距不应大于搭接钢筋较小直径的 10 倍，且不应大于 200 mm；柱的纵向受力钢筋直径如果大于 25 mm 时，在搭接接头两端面外 100 mm 范围内各设置 2 个箍筋，其间距宜为 50 mm。

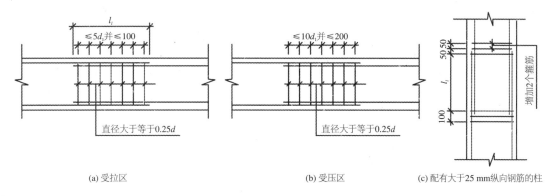

(a) 受拉区　　　　　　　　(b) 受压区　　　　　(c) 配有大于25 mm纵向钢筋的柱

图 3-23　搭接接头区域的箍筋加密

d—搭接钢筋较大直径,d_1—搭接钢筋较小直径

（3）钢筋的代换

施工中常常会遇到钢筋的品种、级别或规格需做变更的情况,施工单位必须办理设计变更文件,不可自行随意代换。

钢筋代换时应遵循以下原则:

① 不同种类钢筋代换,应按钢筋受拉承载力设计值相等的原则进行;

② 当构件受抗裂、裂缝宽度或挠度控制时,钢筋代换后应进行抗裂、裂缝宽度或挠度验算;

③ 钢筋代换后,应满足钢筋间距、锚固长度、最小钢筋直径、根数等构造要求;

④ 对重要受力构件,不宜用 HPB235 光面钢筋代换带肋钢筋;

⑤ 梁的纵向受力钢筋与弯起钢筋应分别进行代换;

⑥ 对有抗震要求的框架,不宜以强度等级较高的钢筋代替原设计中的钢筋。

（4）钢筋的安装

柱的钢筋安装首先应检查基础或下层柱的预留钢筋位置是否正确,如果预留钢筋的位置均在偏差范围内,则可进行上部钢筋的安装,如果偏差超过规范规定值,则应采取措施予以处理。不大的偏差可以在上部钢筋安放时给以调整,如将上部钢筋放在预留钢筋的内侧、外侧或侧边。柱的箍筋绑扎应注意加密部分,这在抗震设防地区的框架结构施工时更应注意。

梁、板的钢筋绑扎顺序应先绑扎主梁后绑扎次梁,最后绑扎板的钢筋。梁的钢筋一般先用支撑杆将梁的钢筋架高在模板上绑扎,然后再下放到梁的模板中,梁的钢筋一般较密,应控制好钢筋的间距。次梁的上部钢筋应放在主梁钢筋的上边,而其下部钢筋则需从主梁腹部穿过。板的钢筋绑扎比较容易。如果设计为双层钢筋,应先绑扎下层钢筋,再绑扎上层钢筋。

柱、梁、板的钢筋绑扎时应及时放置保护层间隔件。保护层垫块我国传统的做法均采用砂浆垫块,一般板的上层的钢筋保护层支架则采用钢筋马凳。日本及欧洲等国则采用定型的专用支架(图 3-24),称为钢筋间隔件,安放更为方便,对控制保护层厚度和结构质量也更有利。

钢筋安装时,受力钢筋的品种、级别、规格和数量必须符合设计要求。检查应在钢筋绑扎安装时进行,并在浇筑混凝土之前的隐蔽工程验收时加以确认。钢筋安装位置的允许偏差见表 3-11。

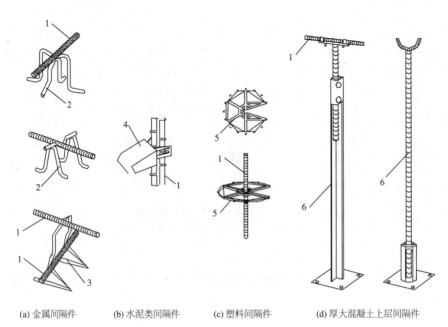

| (a) 金属间隔件 | (b) 水泥类间隔件 | (c) 塑料间隔件 | (d) 厚大混凝土上层间隔件 |

图 3-24　钢筋保护层间隔件

1—钢筋；2—单层间隔件；3—双层间隔件；4—混凝土块；5—塑料环；6—钢立柱

表 3-11　　　　　　　　钢筋安装位置的允许偏差和检查方法

项　目			允许偏差/mm	检验方法
绑扎钢筋网	长、宽		±10	钢尺检查
	网眼尺寸		±20	钢尺量连续3挡,取最大值
绑扎钢筋骨架	长		±10	钢尺检查
	宽、高		+5	
受力钢筋	间距		±10	钢尺量两端、中间各1点,取最大值
	排距		±5	
	保护层厚度	基础	±10	钢尺检查
		梁、柱	±5	
		板、墙、壳	±3	
绑扎箍筋、横向钢筋间距			±20	钢尺量连续3挡,取最大值
钢筋起弯点位置			20	钢尺检查
预埋件	中心线位置		5	钢尺检查
	水平高差		+3,-0	钢尺和塞尺检查

3）混凝土工程施工

现浇框架结构混凝土施工是整个框架形成的最后一道工作,对结构最终结构质量的影响很大。其施工工序较多,应从原材料控制、配合比确定、搅拌、运输、浇筑、振捣、养护等各个环节抓紧质量控制,保证施工质量。

(1)原材料质量控制

混凝土工程施工的原材料质量控制最主要是水泥的质量。水泥进场时应对其品种、级别、包装或散装仓号、出厂日期等进行检查,并应对其强度、安定性及其他必要的性能指标进行复验,其质量必须符合现行国家标准《硅酸盐水泥、普通硅酸盐水泥》(GБl75)等的规定。当在使用中对水泥质量有怀疑或水泥出厂超过三个月(快硬硅酸盐水泥超过一个月)时,应进行复验,并按复验结果使用。检查时应按同一生产厂家、同一等级、同一品种、同一批号且连续进场的水泥,袋装不超过 200 t 为一批,散装不超过 500 t 为一批,每批抽样不少于一次。

水泥进场检查时应具备产品合格证、出厂检验报告和进场复验报告。

此外对混凝土中掺用的矿物掺合料、粗、细骨料及搅拌用水均应进行检验,并进行现场的复验。

框架结构混凝土施工应尽可能采用预拌混凝土。预拌混凝土采用工厂化生产,混凝土质量易于控制,而且离散性较小。

混凝土配合比设计应根据混凝土强度等级、耐久性和工作性等要求进行。混凝土拌制前,应测定砂、石的含水率,并根据测试结果调整材料用量,提出施工配合比。施工配合比就是在搅拌用水中扣除砂、石中所含水量,而砂、石的用量则相应增加其所含的水量。

混凝土搅拌时计量工作十分重要,每盘混凝土各组成材料计量偏差不应超过表 3-12 的规定。称量时混凝土各组成材料的计量应按重量计,水和液体外加剂可按体积计。

表 3-12　　　　　　　　　　　混凝土组成材料计量结果的允许偏差

组成材料	允许偏差
水泥、掺合料	±2%
粗、细骨料	±3%
水、外加剂	±2%

(2)混凝土的搅拌、运输、浇筑和养护

混凝土搅拌应确定搅拌制度,包括搅拌时间、投料顺序和进料容量。其中,搅拌时间根据不同的搅拌机和混凝土坍落度确定,混凝土搅拌的最短时间可参见表 3-13。

表 3-13　　　　　　　　　　　混凝土搅拌的最短时间　　　　　　　　(单位:s)

混凝土坍落度/mm	搅拌机类型	搅拌机出料量/L		
		<250	250~500	>500
≤30	强制式	60	90	120
	自落式	90	120	150
>30	强制式	60	60	90
	自落式	90	90	120

注:当掺有外加剂时,搅拌时间应适当延长。

混凝土搅拌前应先将搅拌机筒壁湿润,但在搅拌机内不应留有多余积水。第一盘混凝土搅拌时往往会在搅拌筒壁上粘附水泥浆,因此,第一次投料时可将石子数量减少一半。搅拌出料时应将筒内混凝土全部出清后再进行下一盘投料,严禁边出料,边进料。进料同时应计量加水。出料后在搅拌机边随即进行坍落度测试,以检验配合比状况及搅拌质量是否符合要求。

混凝土运输对于集中搅拌或预拌混凝土,常应用混凝土搅拌输送车、混凝土泵或混凝土泵车等专用输送机械。对于采用现场搅拌的工地,一般可采用手推车、机动翻斗车、井架运输机或提升机等输送机械。混凝土搅拌输送车、手推车、机动翻斗车等可以作混凝土水平运输工具,井架运输机或提升机等则可作为垂直运输机械,而混凝土泵及混凝土泵车可以兼作混凝土的水平运输和垂直运输。

在运输工序中应控制混凝土运至浇筑地点后,不离析、不分层、组成成分不发生变化,并能保证施工所必需的稠度。混凝土运输、浇筑及间歇的全部时间不应超过混凝土的初凝时间。同一施工段的混凝土应连续浇筑,并应在底层混凝土初凝之前将上一层混凝土浇筑完毕。当底层混凝土初凝后浇筑上一层混凝土时,应按施工技术方案中对施工缝的要求进行处理。普通混凝土从搅拌机中卸出后到浇筑完毕的延续时间不宜超过表 3-14 的规定。

表 3-14　　　　　　　混凝土从搅拌机中卸出到浇筑完毕的延续时间

气　温	延续时间/min			
	采用搅拌车		采用其他运输设备	
	≤C30	>C30	≤C30	>C30
≤25℃	120	90	90	75
>25℃	90	60	60	45

注:掺有外加剂或采用快硬水泥时延续时间应通过试验确定。

预拌混凝土一般运输距离和时间较长,坍落度会受到损失,当运输至浇筑点后应再次进行坍落度测试,测试应分批进行。测试的坍落度与设计坍落度的允许偏差对坍落度小于 50 mm 的混凝土为 ±10 mm;对坍落度小于 50~90 mm 的混凝土为 ±20 mm;坍落度大于 90 mm 的混凝土为 ±30 mm。

混凝土浇筑前,应检查和控制模板、钢筋、保护层和预埋件等的尺寸、规格、数量和位置,做好钢筋隐蔽工程验收。此外,还应检查模板支撑的稳定性以及接缝的密合情况。最后,还应对模板进行清理、浇水湿润。

混凝土浇筑时应注意防止混凝土分层离析,并注意分层浇筑。

浇筑框架柱时,混凝土拌和物由料斗、漏斗、混凝土输送管、运输车内卸出时,如自由倾落高度过大,由于粗骨料在重力作用下,克服粘着力后的下落动能大,下落速度较砂浆快,因而可能形成混凝土分层离析。为此,一般柱混凝土自高处倾落的自由高度不应超过 3 m,如果柱的截面很大,在混凝土浇筑时,相当于无限制的自由倾落,其下落高度不应超过 2 m。否则,应采用串筒、溜管或振动溜管浇筑混凝土(图 3-25)。柱底部应先填 50~100 mm 厚与混凝土内砂浆成分相同的水泥砂浆。

框架的梁、板混凝土浇筑可以与柱一起进行,也可在柱混凝土浇筑后进行。当梁、板与柱连续浇筑时,应在柱浇筑完毕后停歇 1~1.5 h,使其获得初步沉实后,再继续浇筑梁和板。由于柱、梁节点处钢筋密集,如果柱的混凝土未经初步沉实,当梁板浇筑后,柱的混凝土发生下沉后,梁、板的混凝土难以跟随下沉,很容易在柱、梁节点部位出现混凝土空洞现象。

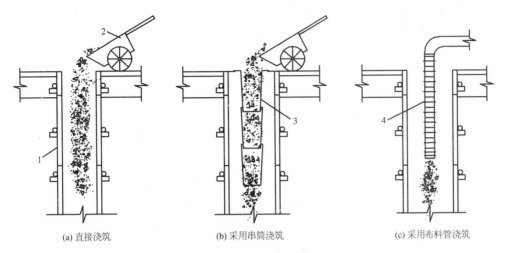

(a) 直接浇筑   (b) 采用串筒浇筑   (c) 采用布料管浇筑

图 3-25 框架柱的混凝土浇筑

1—柱模板；2—混凝土手推车；3—串筒；4—混凝土布料管

为保证混凝土的浇筑质量，混凝土应分层浇筑，并在下层混凝土初凝之前，将上层混凝土浇筑并振捣完毕。每层的厚度可参考表 3-15 取用。

表 3-15   混凝土浇筑的厚度

项次	捣实混凝土的方法		浇筑层厚度/mm
1	插入式振动		振动器作用部分长度的 1.25 倍
2	表面振动		200
3	人工捣固	在基础或无筋混凝土和配筋稀疏结构中	250
		在梁、墙板、柱结构中	200
		在配筋密集的结构中	150
4	轻骨料混凝土	插入式振动	300
		表面振动（振动式）	200

混凝土施工缝的位置应在混凝土浇筑之前确定，宜留在结构受剪力较小且便于施工的部位。混凝土框架柱宜留置在基础的顶面、梁的下面及楼面上面（图3-26）。

梁、板的面积较大，在混凝土浇筑前应先确定混凝土浇筑方案，梁、板混凝土浇筑方向应与次梁平行，以便施工缝的留设。当然，施工中应合理组织劳动力和混凝土的供应尽可能不留施工缝，如果需要留设时，对单向板可留设在平行

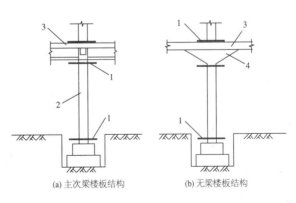

(a) 主次梁楼板结构   (b) 无梁楼板结构

图 3-26 柱的施工缝

1—施工缝；2—柱；3—楼板；4—柱帽

于板短边的任何位置(垂直于板搁置的梁);对主次梁楼板应留设在次梁跨中1/3的部位,对板柱结构的无梁楼盖,则应留设在跨中板带上(图 3－27)。

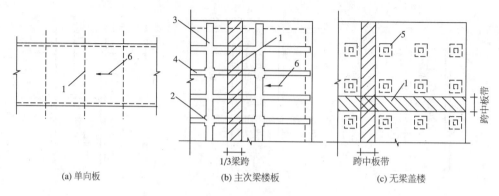

(a) 单向板　　　　　(b) 主次梁楼板　　　　　(c) 无梁盖楼

图 3－27　楼板施工缝

1—施工缝;2—柱;3—主梁;4—次梁;5—柱帽;6—浇筑方向

梁、板混凝土的浇筑顺序一般从远端逐渐向近处浇筑,有利于混凝土输送管或临时便道的布置与拆除。在梁、板叠合部位,梁、板的混凝土应同时浇筑,可以先将梁按浇筑厚度分层斜面浇筑或形成阶梯形,当达到板底位置时即与板的混凝土一并浇筑。混凝土的倾倒方向应与浇筑方向相反(图 3－28)。当梁的高度较大(≥1 m)时,可将梁、板分两次浇筑,在板底留设施工缝(图 3－29(a))。现浇楼梯段随板的浇筑一并施工,其施工缝留设在楼梯段跨中的 1/3 部位(图 3－29(b))。梁、板的施工缝应留垂直缝,后浇区段混凝土施工时也应做好施工缝的处理。梁的振捣采用插入式振捣器,较厚的板先用插入式振捣器振捣,然后用平板振捣器振捣,并平整表面,对薄板则直接用平板振捣器振捣。

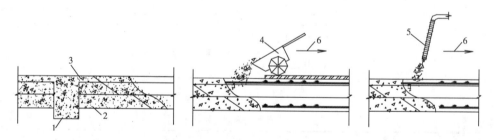

图 3－28　梁板混凝土浇筑

1—主梁;2—次梁;3—楼板;4—手推车;5—混凝土布料管;6—浇筑方向

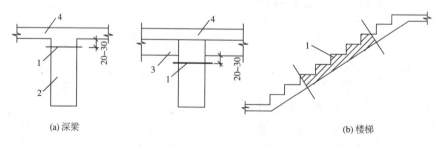

(a) 深梁　　　　　　　　　　　　　　(b) 楼梯

图 3－29　深梁与楼梯的施工缝

1—施工缝;2—主梁;3—次梁;4—楼板

混凝土施工时混凝土强度的试件应在混凝土的浇筑地点随机抽取。取样与试件留置应符合下列规定：

① 每拌制 100 盘且不超过 100 m³ 的同配合比的混凝土，取样不得少于 1 次；

② 每工作班拌制的同一配合比的混凝土不足 100 盘时，取样不得少于 1 次；

③ 当一次连续浇筑超过 1 000 m³ 时，同一配合比的混凝土每 200 m³ 取样不得少于 1 次；

④ 每一楼层、同一配合比的混凝土，取样不得少于 1 次；

⑤ 每次取样应至少留置一组标准养护试件，同条件养护试件的留置组数应根据实际需要确定。

标准养护试件是指在标准条件下（温度 20°C±3°C，相对湿度 95% 以上），养护到 28 d 龄期。施工现场均应设置标准养护室，以保证试件在标准养护条件下养护。

混凝土浇筑完毕后，应按施工技术方案及时采取有效的养护措施。在浇筑完毕后 12 h 以内对混凝土加以覆盖并保湿养护。覆盖层可以用草帘、塑料薄膜或涂刷养护剂。塑料薄膜覆盖养护可防止混凝土中的水分蒸发，保持混凝土的湿润。涂刷养护剂一般在混凝土表面不便浇水或使用覆盖材料时使用。

混凝土浇水养护的时间对采用硅酸盐水泥、普通硅酸盐水泥或矿渣硅酸盐水泥拌制的混凝土，不得少于 7 d；对掺用缓凝型外加剂或有抗渗要求的混凝土，不得少于 14 d。浇水次数应能保持混凝土处于湿润状态，养护用水应与拌制用水相同。但当日平均气温低于 5°C 时，不得浇水。混凝土养护期间，在混凝土强度未达到 1.2 N/mm² 前，不得在其上踩踏或安装模板及支架。

（3）混凝土质量控制

混凝土结构常见的外观质量缺陷有露筋、蜂窝、空洞、夹渣、裂缝等以及混凝土局部不密实、连接部位及外形、外表的缺陷等。外观的质量缺陷应由监理（建设）单位、施工单位等各方面根据对结构性能和使用功能的影响程度确定属于严重还是一般缺陷。

现浇框架结构的外观质量不应有严重缺陷，也不应有影响结构性能和使用功能的尺寸偏差。对已经出现的严重缺陷以及超过尺寸允许偏差且影响结构性能和安装、使用功能的部位，应由施工单位提出技术处理方案，并经监理（建设）单位认可后进行处理。对经处理的部位，应重新检查验收。

现浇结构拆模后的尺寸偏差应符合表 3-16 的规定。检查时按楼层、结构缝或施工段划分检验批进行。

表 3-16　　　　　　　　　　现浇结构尺寸允许偏差和检验方法

项　　目		允许偏差/mm	检　验　方　法
轴线位置	基　础	15	钢尺检查
	独立基础	10	
	墙、柱、梁	8	
	剪力墙	5	
垂直度	层高　≤5 m	8	经纬仪或吊线、钢尺检查
	层高　>5 m	10	经纬仪或吊线、钢尺检查
	全高（H）	H/1 000 且≤30	经纬仪、钢尺检查

项　目		允许偏差/mm	检　验　方　法
标　高	层高	±10	水准仪或拉线、钢尺检查
	全高	±30	
截面尺寸		+8,−5	钢尺检查
电梯井	井筒长、宽对定位中心线	+25,0	钢尺检查
	井筒全高(H)垂直度	H/1 000且≤30	经纬仪、钢尺检查
	表面平整度	8	2 m靠尺和塞尺检查
预埋设施中心线位置	预埋件	10	钢尺检查
	预埋螺栓	5	
	预埋管	5	
预留洞中心线位置		15	钢尺检查

注：检查轴线、中心线位置时,应沿纵、横两个方向量测,并取其中的较大值。

3.2　预制装配式框架结构施工

预制装配式框架结构施工分全装配式和装配整体式两种,其吊装方法基本类似,对装配式板柱结构一般采用升板方法施工。预制装配式结构最大的特点就是施工速度快,现场作业量少,施工占地小,受季节影响小(如冬期施工)等优点。但由于它整体性与抗震性都比较差,因此,在抗震设防地区已很少应用,在非抗震设防地区,其建造高度也有限制。

预制装配式框架结构施工的基础与现浇结构基本相同,但在柱脚处均需做成杯口,以便预制柱插入杯口。杯口的构造与施工方法与钢筋混凝土单层厂房的独立基础类似。

3.2.1　全装配式框架结构施工

全装配式框架是指柱、梁、板均由预制装配式构件组成,在现场进行结构吊装组成整体框架。由于多层房屋柱的总高较高,整根柱子吊装很困难,因此,柱的长度可为一层一节,亦可为二层、三层或四层一节,这主要取决于起重机械的起重能力,在可能条件下,加大柱的长度,可减少柱的接头,提高效率。

1) 吊装机械的选择与布置

多层房屋结构吊装常用的起重机械有三类:自行式起重机、轨道式塔式起重机和自升式起重机(包括爬升式和附着式)。

五层以下的框架结构多采用自行式起重机,通常是在跨内开行,用综合吊装法吊装。或采用具有相同性能的其他轻型塔式起重机。高度较大的装配式结构,常用爬升式或附着式塔式起重机。

2) 结构吊装方法与吊装顺序

全装配式框架结构的吊装方法有分件吊装法和综合吊装法两种(图 3-30)。

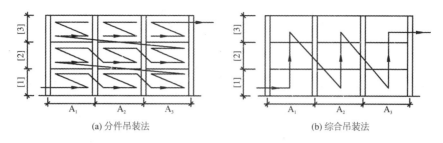

图 3-30 装配式房屋结构吊装法
A_1，A_2，A_3—施工段；[1]，[2]，[3]—施工层（与楼层高度相同）

（1）分件吊装法

分件吊装法是按构件种类依次吊装，它是装配式框架结构最常用的方法。其优点是：可组织吊装、校正、焊接、灌浆等工序的流水作业；容易安排构件的供应和现场布置工作；每次均吊装同类型构件，可减少起重机变幅和吊具更换的次数，从而提高吊装效率，各工序的操作也比较方便和安全。

分件吊装法按流水方式的不同，又分为分层大流水吊装法和分层分段流水吊装法。

分层大流水吊装法是以一个柱长（节段）为一个施工层，每个施工层为一个施工段，按一个楼层组织各工序的流水，然后逐层向上。

分层分段流水吊装法就是每一个施工层又再划分成若干个施工段，以便于构件吊装、校正、焊接以及接头灌浆等工序的流水作业。图 3-30(a)中起重机在施工段 A_1 中构件吊完，依次转入施工段 A_2，A_3，待施工层[1]构件全部吊装完毕并最后固定后，再吊装上一层[2]中各段构件，然后到[3]层，直至整个结构吊完。施工段的划分，主要取决于建筑物平面形状和尺寸、起重机的性能及其开行路线、完成各个工序所需的时间和临时固定设备的数量等。

图 3-31 是塔式起重机用分层分段流水吊装梁板式框架结构的例子。起重机首先依次吊装第（Ⅰ）施工段中 1—14 号柱，在这段时间内，柱的校正、焊接、接头灌浆等工序亦依次进行。起重机吊装完 14 号柱后，返回吊装 15—33 号主梁和次梁。同时进行各梁的焊接和灌浆等工序。这就完成了第（Ⅰ）施工段中柱和梁的吊装，形成该施工段的框架，保证了结构的稳定性。然后，将临时固定设备转移，进行吊装第（Ⅱ）施工段中的柱和梁。待（Ⅰ），（Ⅱ）段的柱和梁吊装完毕，再回头依次安装这两个施工段中 64—75 号楼板，然后如法吊装第（Ⅲ），（Ⅳ）两个施工段。一个施工层完成后再往上吊装另一施工层。

分层分段流水吊装法适用于建筑平面较大的工程，它适应划分若干施工段，而对建筑平面面积较小的工程，则常采用分层大流水吊装法。

（2）综合吊装法

综合吊装法是以一个柱网（节间）或若干个柱网（节间）为一个施工段，以房屋的全高为一个施工层来组织各工序的流水。起重机把一个施工段的各种构件吊装至房屋的全高，然后移到下一个施工段。图 3-32 是采用履带式起重机在跨内开行以综合吊装法安装两层装配式框架结构的例子。该工程采用两台履带式起重机。其中起重机 A 吊装 CD 跨的构件，首先吊装第一节 1—4 柱（柱是一节到顶），随即吊装该节间的第一层（二楼）5—8 梁，形成框架后，接着吊该层楼板 9；然后吊装第二层（屋面）10—13 梁和该层 14 楼板（屋面板）。这样，起重机后退一个停机位置，再用相同顺序吊装第二节间，余类推，直至吊装完 CD 跨全部构件后退场。起重机 B 则在 AB 跨开行，承担 AB 跨的柱、梁和楼板的吊装，并进行 BC 跨的梁和楼板的吊装，吊装方法与起重机 A 相同。

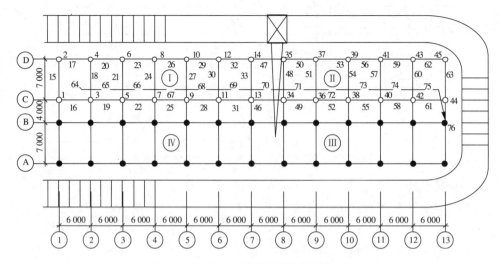

图 3-31　分件吊装法(分层分段流水)

Ⅰ，Ⅱ，Ⅲ，Ⅳ—施工段编号；　　　1，2，3，…—构件吊装顺序

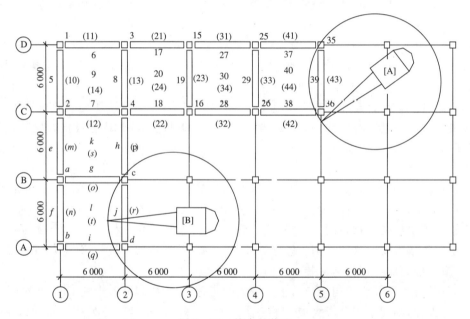

图 3-32　综合吊装法

1，2，3，4…—起重机 A 吊装顺序；　　　a，b，c，d…—起重机 B 吊装顺序；括弧内为结构件构件的编号

　　采用综合吊装法，工人在操作过程中吊具、索具等变动频繁，作业高度也不断变化，结构构件连接处混凝土养护时间紧，稳定性难以得到保证，现场构件的供应与布置复杂，要求也较高，对提高吊装效率与施工管理均有影响。为此，综合吊装法在工程吊装施工中应用较少。但在工期紧，有后继工作需要提前插入时，也可用此方法。

　　3）构件布置和吊装

　　(1) 构件布置

　　多层装配式框架结构的预制构件，除较重、较长的柱子需在现场就地预制外，其他构件大多数由工厂集中预制后运往工地吊装。因此，构件平面布置要着重解决柱子的现场预制布置及其他构件的堆放问题。

构件平面布置与所选用的吊装方法、起重机械的性能、构件的预制方法等有关。

(2)结构构件吊装

① 柱的吊装

柱的长度在 12 m 以内时,通常采用单点直吊绑扎。柱较长时,应用两点或多点绑扎,必要时应对吊装位置进行吊装验算。框架底层柱多插入基础杯口,吊装方法与单层工业厂房相同。在楼层上,上、下两节柱间连接是框架结构吊装的关键。图 3-33 所示的是采用榫接头的柱的吊装,上节柱在下节柱最后固定后吊装,吊装就位后及时进行临时固定,临时固定可采用环形固定器和管式支撑。具体做法如下:在上柱底部及下柱顶部各预埋一块钢板,当上柱吊装并校正为水平位置后,在两块钢板间焊接临时焊接。然后用管式支撑作垂直度校正。垂直度校正测量一般用经纬仪、线锤。校正时应注意外界因素对垂直度的影响。用电焊焊接的柱或柱与梁接头,钢筋收缩不均匀往往会影响柱的垂直度;对细长柱,在强烈日光照射下,阳、阴面之间产生温差亦会使柱产生弯曲变形,所以,对这些情况下柱的校正应反复进行。

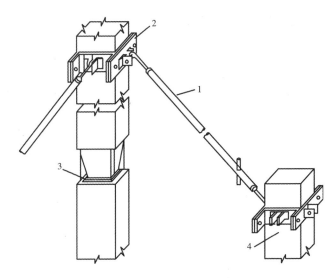

图 3-33　柱的临时固定
1—支撑;2—夹箍;3—预埋钢板及焊接;4—相邻已固定的柱

两节柱的连接有多种方法,常用的有榫接头和浆锚接头两种方法。

榫接头(图 3-34(a))是在上下柱预制时各留出一定长度的钢筋,吊装时使上、下柱钢筋对准,用剖口焊加以焊接。上柱底部设置混凝土榫头承受施工荷重。钢筋焊接并支撑模板,用膨胀混凝土进行接头灌注。待接头混凝土达到 70% 设计强度后,再吊装上层构件。钢筋电焊时对柱垂直度影响较大,对施焊工艺、施焊顺序要周密考虑。

浆锚接头如图 3-34(b)所示。其做法是在上柱底部伸四根长 300~700 mm 的锚固钢筋;下柱顶部则预留四个孔径为 $(2.5\sim4)d$(d 是锚固钢筋直径)的浆锚孔,孔深一般比锚固钢筋长 50 mm,以保证钢筋完全插入孔内。在插入上柱之前,应把下柱浆锚孔清洗干净,并在顶面用厚 10 mm 的砂浆进行座浆,灌入快凝砂浆,然后把上柱对位,将锚固钢筋插入孔内,使上、下柱连成整体。

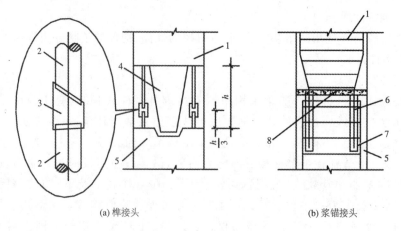

(a) 榫接头   (b) 浆锚接头

图 3 - 34 柱的连接

1—上柱；2—预留钢筋；3—剖口焊；4—榫头；5—下柱；6—锚固钢筋；7—浆锚孔；8—座浆砂浆

② 梁、板吊装

梁、板构件较小，重量也不大，吊装较为方便，施工时，应根据吊装方案确定的吊装顺序进行吊装，以保证结构的整体性。梁和柱子的接头是关系框架结构的整体性和受力状态的重要环节。梁和柱子接头有简支接头、普通刚性接头、齿榫式接头及梁柱整体接头（图 3 - 35）等。

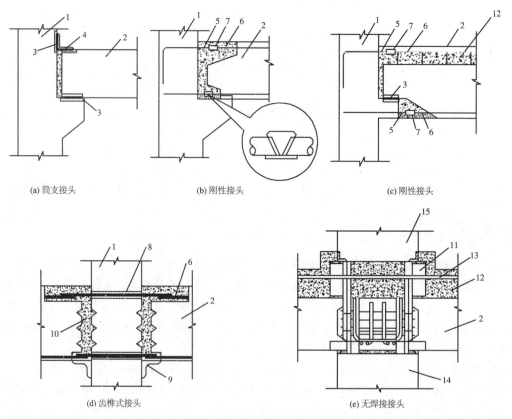

(a) 简支接头   (b) 刚性接头   (c) 刚性接头

(d) 齿榫式接头   (e) 无焊接头

图 3 - 35 柱与梁接头形式

1—预制柱；2—梁；3—预埋铁板；4—连接角钢；5—柱的预埋钢筋；6—梁的外伸钢筋；7—剖口焊；
8—预留孔；9—临时牛腿；10—齿槽；11—钢支座；12—叠合层；13—负钢筋；14—预制下柱；15—预制上柱

简支接头的梁搁置在柱的牛腿上通过预埋件焊接即可;普通刚性接头则由剖口焊将柱、梁的钢筋连接起来,形成刚性接头;齿榫式接头在柱上设置钢筋穿孔和齿槽,在预制梁的端面也留有齿槽,梁搁置在临时牛腿后用膨胀混凝土灌浆,形成齿榫式接头;梁柱整体接头不需焊接,在节点处将梁和柱子的钢筋全部伸出并进行连接,在节点内灌浆后形成整体接头。

在梁板或框架结构中,预制楼板一般都是直接搁置在梁或叠合梁上,接缝浇以细石混凝土。

3.2.2 装配整体式框架结构施工

钢筋混凝土装配整体式结构亦称现浇柱、预制梁板结构,它通过现浇混凝土将预制构件形成整体,其整体性与抗震性能都能得到大大的改善。其施工要兼顾现浇及装配两方面的因素。

1) 模板与支撑的选择

模板与支撑是装配整体式框架结构施工的主要用具。由于模板支撑体系在施工中往往要承受预制构件的荷载,因此,模板与支撑多用钢材,钢材主要用于柱、节点、支撑系统及操作平台等。

(1) 模板

在工程中,柱模板的配备量一般为标准层需用量的 1/3 至 2/3。如分若干流水段,则柱模板的配备量为 1～2 个流水段的用量。

柱模板可设计为非承重模板或承重模板。前者不承受梁、板荷载,后者承受梁、板荷载。一般采用非承重模板,而梁、板荷载,由支撑系统承担。

(2) 柱、梁节点模板

柱、梁节点形状多种多样,需求的模板规格种类多,数量也多,制作尺寸精度及要求较高。图 3-36 所示为部分节点模板的形状。

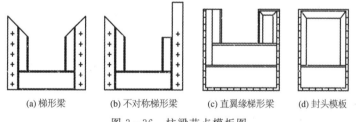

| (a) 梯形梁 | (b) 不对称梯形梁 | (c) 直翼缘梯形梁 | (d) 封头模板 |

图 3-36 柱梁节点模板图

(3) 支撑系统

考虑模板的受力特点,模板支撑沿房屋横向及纵向均需设置柱间支撑,以保证柱的位置和垂直度,防止发生位移和变形。支撑系统应牢固、轻便和易于装拆。其一端支撑在模板上,另一端可支承在楼板上,以便固定(图 3-37)。

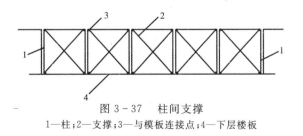

图 3-37 柱间支撑
1—柱;2—支撑;3—与模板连接点;4—下层楼板

（4）操作平台

操作平台可在横向支撑桁架上放置铺板，以便于操作人员登高浇筑混凝土。如采用先吊装梁板，再浇筑柱混凝土的方法，操作人员可直接在楼板上操作。操作平台如图3-38所示。

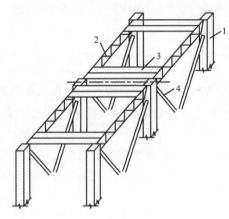

图3-38　浇筑柱混凝土的操作平台
1—柱模板；2—连系桁架；3—平台铺板；4—柱间支撑

（5）主梁顶撑

主梁安装时，柱及柱身模板不能承重，故主梁下部应设置竖撑，常用钢管组成排架，钢立柱间距一般为1～1.5 m，以承受梁板自重及施工荷载。

2）机械设备的选择

（1）起重机选择

这类结构吊装常用塔式起重机，选择时考虑起重量及力矩（kN·m）应满足最重构件吊装的需要。由于小车变幅的起重机最小回转半径很小，吊装范围大，应优先选用。当采用起重臂仰俯变幅的起重机，其最小回转半径往往限制最近吊装距离，此时应当绘出塔式起重机吊钩扇形吊装区的范围。

塔式起重机每台班的工作吊次一般可达60～120吊次，而装配整体式结构吊装工程量很大，如再加上墙体施工所需用的砖和砂浆，塔式起重机的负荷更大，故对塔式起重机应考虑吊装速度。对零星材料则可用施工电梯或井架作垂直运输。

（2）配套机械

塔式起重机是装配整体式框架结构施工必备的主要机械。除塔式起重机外，还需要其他机械配套。装配整体式框架结构的施工一般配备的大型机械有人货两用电梯、电焊机、氧乙炔设备、钢筋加工设备和小型机械混凝土搅拌机、混凝土震捣器等。

3）工艺流程

装配整体式框架结构施工阶段工艺流程有两种：第一种是梁、板吊装后，浇筑柱子、柱梁节点和叠合梁的混凝土，称为一次浇筑混凝土法；第二种可称为两次浇筑混凝土法，即先浇筑柱身混凝土，并吊装梁、板后，再浇筑柱梁节点和叠合梁的混凝土。一次浇筑混凝土法工艺流程见图3-39，两次浇筑混凝土法工艺流程见图3-40。

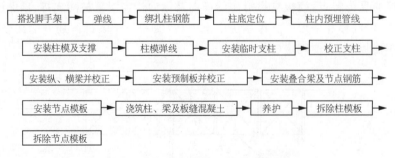

图3-39　一次浇筑混凝土法的工艺流程图

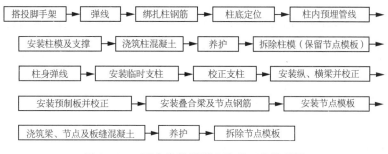

图 3-40　两次浇筑混凝土法的工艺流程图

4）梁柱节点

装配整体式框架结构的柱、梁节点是其整体性保证的最主要部位,施工时应严格按设计要求进行。常用的几种节点见图 3-41。

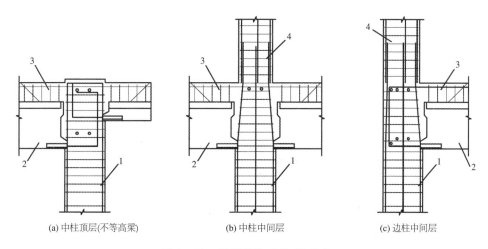

(a) 中柱顶层(不等高梁)　　　(b) 中柱中间层　　　(c) 边柱中间层

图 3-41　装配整体式柱、梁节点
1—下节现浇柱;2—预制梁;3—叠合梁钢筋;4—上节现浇柱

3.2.3　升板法施工

升板法施工是钢筋混凝土板柱结构一种特殊的施工方法。升板法施工是在地面重叠浇筑整层装配式或分块的钢筋混凝土楼板,然后利用建筑的承重柱或另行安装工具式柱作为支承结构,并借助悬挂在柱子上或安放在柱顶上的提升机械,将地面叠层浇筑的楼板按照一定的提升程序提升到设计标高,并加以永久固定。

升板法施工的基本流程:基础施工→预制钢筋混凝土柱子吊装→地坪施工→叠浇各层楼板和屋面板→安装升板设备→按程序提升各层楼板和屋面板至设计标高→施工板、柱节点→拆除升板机。

升板法施工技术主要优点是减少高空作业,模板工程量小(可节约 95% 的楼面模板),施工用地小,受季节影响小等。此外,如合理布置施工机械,可不设塔式起重机进行结构施工。由于升板法在施工方面具有良好的技术经济性,故在国内外均有不少高层建筑采用升板法施工,最高的已达 63 层。但由于升板结构用钢量大,结构抗震性能差,故目前这种施工方法已较少使用。最近,人们在研究钢-混凝土混(组)合结构中应用升板技术,相信升板法在今后仍会具有发展前景。

1）升板结构的柱

升板结构的柱有预制钢筋混凝土柱、现浇混凝土柱等，其施工方法与常规柱没有很大的区别，但其施工的质量要求更高，特别是柱的平整度、预留孔（槽）的精确度，对于确保正常升板施工是至关重要的。

2）楼板浇筑

楼板（包括屋面板）按结构形式不同分为平板和密肋板，按受力形式的不同可分为非预应力板和预应力板。

（1）板的提升环

为了使楼板能在提升阶段承受集中荷载，需要在吊点范围内布置提升环。通常可以用型钢提升环或无型钢提升环。对于钢筋混凝土平板，由于楼板较薄，在板内施工无型钢提升环较复杂，而使用型钢提升环较为简单。

对于有后浇柱帽的节点，提升环可以由槽钢焊接而成；对于无柱帽的节点，提升环可以由工字钢焊接而成。其形式常用井字形或口字形（图3-42）。这两种形式一般都能满足升板抗弯、抗剪和抗冲切的要求。

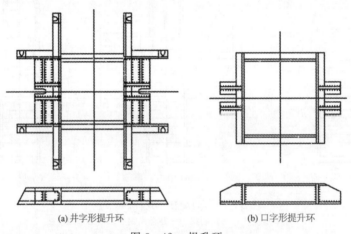

(a) 井字形提升环　　　　　　　　(b) 口字形提升环

图 3-42　提升环

（2）隔离层

升板法的楼板叠浇时，下层板的顶面就是上层板的胎模，上、下板的面相对接触，为了在初次提升时顺利将上、下层板分离，需要在上、下层板之间设置隔离层。此外，隔离层除了应有良好的隔离性能外，尚应有一定的强度和耐久性，以防止钢筋绑扎和混凝土的浇筑过程中隔离层被破坏。

隔离层按施工的方法不同分为铺贴类和涂刷类。铺贴类常用的有塑料薄膜、油毡，局部还可以使用铁板。涂刷类隔离剂有皂脚滑石粉、纸筋灰等。隔离剂的选用应考虑板底装饰的要求。

对塑料薄膜，必须在混凝土板面上刷一度粘结剂，边刷边铺贴。铺贴类隔离层应保证其平整度，接缝处搭接宽度不应小于50 mm。

皂脚滑石粉隔离剂是使用最多的一种，其施工方便，材料来源广泛，而且最经济。使用时将其在楼面涂刷两度，为了加快其干燥成膜，可以在涂刷后，撒上一薄层干水泥，这有助于提高隔离层的强度。使用纸筋灰时，可以在混凝土板面抹一层厚度为1~2 mm的抹灰层。涂刷类隔离层施工中应使涂层均匀。

隔离层施工时下层混凝土的强度不应小于1.2 MPa。隔离层施工后应注意保护，防止损坏，如发生损坏，应在混凝土浇筑前进行修补。

3) 板的提升

(1) 提升程序设计

为了确保楼(屋面)板的正常安全提升,施工前应做好提升程序设计,这是升板工程施工组织设计中的主要内容,其中包括提升方法、柱子留孔设计、节杆设计、提升程序图。

① 提升方法

提升方法两种:两点提升及四点提升。

两点提升是把升板机上两根提升螺杆通过提升附架与吊杆相连,吊杆直接吊住楼板进行提升(图 3-43(a))。这一方法吊具简单、工人操作方便。但由于与吊杆连接的提升附架不可通过搁置着的楼板,因此,对柱上叠板搁置孔的位置计算要求准确,以满足吊杆有效提升长度。

四点提升(图 3-43(b))则是升板机的吊杆与楼板上的提升附架连接,通过提升附架悬吊楼板,柱上附加孔的位置易于满足升板机的有效行程,就能使各层板的搁置间距不受限制。

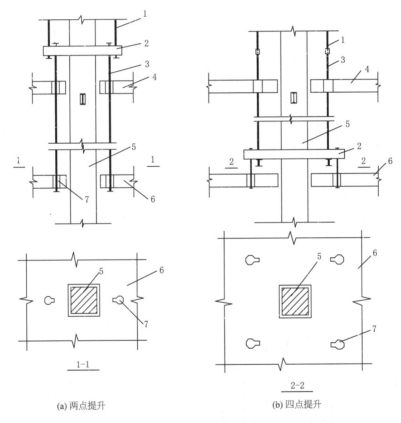

(a) 两点提升   (b) 四点提升

图 3-43　提升方法
1—升板机螺杆;2—提升附架;3—吊杆;4—搁置中的楼板;
5—柱;6—提升中的楼板;7—吊点

② 柱上留孔设计

升板施工柱上的留孔数量与位置准确与否,关系到楼板能否正常提升。柱上留孔分以下四种:

就位孔,每层楼板提升到设计标高后为放置承重销的孔;

停歇孔,升板机沿柱自升和各层楼板顺序提升所需要的孔,它们之间的孔距一般为 1/2 吊杆的长度或为升板机的一次有效提升高度,它可以与就位孔重合;

附加孔,这是为了满足板的第一次提升、群柱稳定和最后安装工具柱提升屋面板就位等需要而另行指定位置留置的孔;

叠板孔,是指在群柱稳定计算中必须按非正常的提升程序而增设的孔。

以上四种孔,除就位孔和安装工具柱附加孔是固定的外,其余孔的位置是可以变化的。

③ 提升程序图

升板法施工前应绘制提升程序图,其内容包括提升方式、步距、吊杆组配、群柱稳定措施、施工进度。提升时,应尽可能缩小各层板的距离,并使顶层板在较低标高处将底层板在设计位置上就位。一般升板机距板的距离取标准吊杆长度 L(或 $L/2$),根据每次提升的板块及提升位置绘出程序图,以保证柱的稳定。

两点提升方法施工时,升板机与屋面板间的距离为 L 时,方能进行正常的楼板提升(图3-44)。

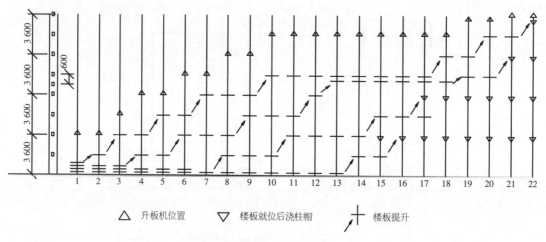

△ 升板机位置　　　▽ 楼板就位后浇柱帽　　　✚ 楼板提升

图 3-44　两点提升程序图

采用四点提升时,正常提升中,升板机与屋面板距离为 L,而楼板之间的距离可取 $L/2$ 或 L(图3-45)。

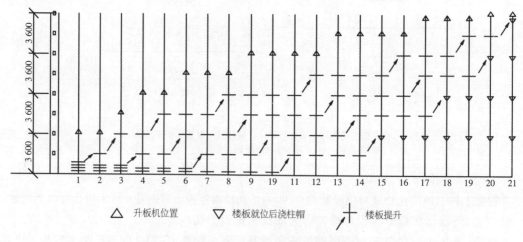

△ 升板机位置　　　▽ 楼板就位后浇柱帽　　　✚ 楼板提升

图 3-45　四点提升程序图

（2）提升前的准备工作

为了防止升差，提升中应保持楼板的原状提升。因此，在每层楼板破隔离层前，应对板的初始状态进行测定。首先，用水准仪在全部柱上测出一水平线，作为读取各层楼板初始高差标准线，然后在柱边测点位置制作标高块，通过水平线量测，使各标高块面位于同一水平面上，以供提升中校平时使用。提升前还应进行柱的竖向偏差测量，并绘制偏差图，同时在图上标出板的水平位移基准测点。

提升前应准备足够数量的承重销、钢垫块、硬木楔等，以备提升中在板底垫放。

对全部柱进行编号，并明确操作人员要分工负责的范围。

（3）破隔离层

地面叠浇的各层楼板之间在大气压力下板的吸附力是相当大的，整块楼板同时提升相当困难，为此必须首先将隔离层破开，再整块同步提升。破离方法可按角柱—边柱—中柱的顺序，也可采用逐排进行的顺序。每次提升高度不宜大于5 mm，以保证板顺利脱开。图3-46是逐排破除方法的示意图，图中编号为开启升板机的先后顺序。

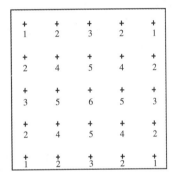

图3-46　板的脱模顺序

（4）同步提升

同步提升就是力求使楼板保持原状提升，这样，楼板在提升阶段就不会因提升差而产生内力，不致楼板产生裂缝。楼板的隔离层破开后，逐一开动升板机按原测定的读数差，将各点楼板基本校正到原始状态，并使升板机保持正常状态，起动全部升板机，同步提升整块楼板。

（5）板的升差和柱的垂直度监测

为减少升板机的停机和起动次数，在通常情况下，每提升 $L/2$（L 为标准吊杆长度）测定一次升差。对升差要求较严的工程，可以每提升 $L/4$ 测定一次。

测量时柱上先测绘一水准线，然后，用直角靠尺量其与板面测点标高块的垂直距离，由此能得出各点的升差。

楼板提升时（包括临时搁置）相邻两柱间的升差不得大于 10 mm，楼板就位后，相邻内柱间的永久就位差不得大于 5 mm。就位差过大会对板造成很大的附加弯距而对结构不利。升差一旦超过标准应及时进行调整。其调整方法是：对超过允许值的点，将该位置柱上的升板机升高或下降，使升差调整至允许值内，然后，用楔片将承重销与楼板底之间垫紧，再启动升板机重新进行搁置。如果是永久搁置，则在板、柱节点浇筑前，还应在板面进行逐根柱的升差测定和验收，如发现不合格的点，还须启动升板机来提升或下降进行升差调整。

为了确保楼板提升全过程中的安全施工，必须对升板建筑垂直度进行监测。其方法是：在每一提升单元的屋面板四角外侧设置经纬仪进行跟踪测量，一般每提升一次后均应进行柱的垂直度测量，如发现超过 $H/1\,000$（H 为柱的高度）或大于 20 mm，应立即暂停升板，检查原因，产生偏差的原因一般有两种，即楼板发生平移、柱子出现弯曲变形。施工中应针对偏差原因采取相应措施，以避免重大事故的发生。

（6）群柱稳定的措施

合理的提升程序是群柱稳定的基本保证，但在提升中还应采取必要的措施，主要有：

① 在提升过程中尽可能将板与柱楔紧，并尽早使板与柱形成刚接；

② 如有现浇的电梯井、楼梯间等,其筒体宜先行施工,在提升与搁置时,尽可能使板与先施工的结构形成可靠的连接,以增加抗侧力;

③ 在提升阶段当实际风荷载大于验算值时,应停止提升并采取有效措施将板临时固定,如加设柱间支撑、板与柱间设置锲块、与相邻的已有建筑连接等。

(7) 楼板的停歇和就位

① 楼板的停歇方式

楼板在提升的过程中,每提升一次楼板就需要停歇一次,直至升到设计标高为止,楼板停歇的方式分为板面承重销搁置和板底承重销搁置两种。

板面承重销搁置属悬挂式,是用承重销通过辅助吊具将楼板悬挂在柱的停歇孔内(图3-47(a))。该搁置方式系在板面操作,工作方便、省力,但调整升差不方便。由于楼板采用柔性悬挂,为不使楼板摇晃,停歇后须在柱板的空隙内榫紧木楔。

板底承重销搁置是将楼板直接搁置在插入柱上停歇孔内的承重销上(图3-47(b))。该方法施工工序简单,由于采用搁置方法,不会发生楼板的摇晃情况,而且在板底垫片校正升差较方便,但插、拔承重销作业不便。这种方法运用较广泛。

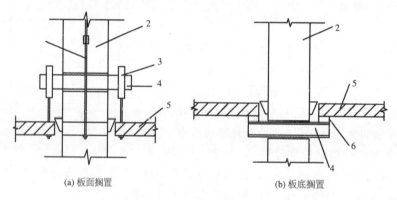

(a) 板面搁置　　　　　　　　(b) 板底搁置

图 3-47　楼板承重销搁置
1—吊杆;2—柱;3—吊具;4—承重销;5—楼板;6—楔块

② 板的搁置

楼板需要停歇或就位时,须将楼板(或吊具)提升超过全部柱中的最高的停歇孔或就位孔,在全部孔内插入承重销,然后,在板面测定柱边处板的高差,并随即进行调整,最后在承重销与楼板(或吊具)间填紧垫片,此时就可放松升板机,停歇搁置即告完成。对于就位搁置,还需再测定一次升差,若发现超出永久就位允许偏差,须再进行调整,直至全部符合要求为止。

③ 楼板就位后的板、柱节点

楼板逐层就位后,应进行后浇柱帽等固定节点的施工,为增加柱、板之间的连接,加大群柱稳定的安全度,要求同步逐层完成板、柱间的焊接节点(图3-48)。

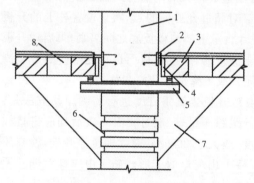

图 3-48　板柱节点
1—柱;2—连接铁板;3—楼板;4—型钢提升环;
5—承重销;6—齿槽;7—柱帽;8—混凝土浇筑孔

4 高层建筑施工

在城市建设中,由于人口密集而土地有限,人们便向空中及地下发展,建造了大量高层建筑,以获得更大的活动空间;同时,由于现代科学技术的发展及新材料、新工艺、新设备的涌现,也为高层建筑设计与施工奠定了基础。

美国曾经是世界上拥有高层建筑最多的国家,较著名的有 1931 年建成的 102 层的帝国大厦(高度 381 m),1973 年建成 110 层的世界贸易中心(高 411 m)以及 1974 年建成的 109 层的西尔斯大厦(高 433 m)。在近 20 年中,亚洲各国高层建筑发展很快,目前亚洲各国的高层建筑总数已占全世界高层建筑的 50% 以上,2009 年建成的阿拉伯联合酋长国的迪拜塔(高 828 m)成为世界最高建筑。世界 10 大最高建筑中我国占有 7 幢,其中台北 101 层 508 m 的国际金融大厦(也称为 101 大楼),居全球第二。此外还有上海 101 层的环球金融中心(高 495 m),88 层、总高 420 m 的金茂大厦,香港国际金融中心等。我国在 20 世纪八九十年代至今,高层建筑迅猛发展,高度达到或超过 150 m 的已达几千幢。在这些高层建筑施工中均采用了许多新技术,有些已达到或接近国际先进水平。

我国《民用建筑设计通则》(JGJ37)中规定:"高层建筑指 10 层以上的住宅及总高度超过 24 m 的公用建筑及综合建筑。"

高层建筑的施工主要包括基础结构施工与主体结构施工两个方面,当然还包括装饰工程施工。由于高层建筑高度大,从结构设计角度考虑其基础必须有一定的埋深,因此,高层建筑的施工具有"高"、"深"的特点,即上部结构施工高度大、基础施工的深度大,由此也带来施工难度大的特点。

4.1 施工控制网

高层建筑层数多、高度大、结构复杂,且一般都带有裙房,其建筑平面及立面变化多,施工测量的难度大,特别是竖向投点精度要求高。因此,在施工前必须建立施工控制网,以便在基础、结构、装饰等各施工阶段做好测量定位及复测工作,建立施工控制网,这样,对提高测量精度也有很大的作用。

施工控制网的建立应考虑到施工全过程,包括打桩、基础支护、土方开挖、地下室施工、主体结构施工、裙房及辅助用房施工、装饰工程等,应保证控制网在各施工阶段均能发挥作用。此外,施工控制网的标桩还应设在施工影响范围之外,特别是应设在打桩、挖土等影响区外,以防止标桩破坏、保证测量的精度。

施工控制网一般包括平面控制网及高程控制网两类。

4.1.1 平面控制网

在施工区内,可建立方格网,以后可根据方格网对建筑进行放样定位。

在施工区内设置方格网,便于施工中控制测量。由于方格网控制点、线多,可适应建筑平面的变化,也有利于从不同角度或在不同施工阶段进行复测与校核,以保证测量的精度。

图 4-1 是某工程平面控制方格网布置的示意图。图中"▼"为红三角标志,用于控制方向,○为施工控制点。打桩期间建立 A×1,A×16,K×1,K×16 施工方格网。挖土过程中,K 轴上控制点不能再利用,故将 K 轴上所有控制点延至南边道路的 N 线处。当建筑向上施工再利用远处标志作为引测依据。在建筑施工至一定高度后,外部标志亦失去作用,此时利用 ±0.00 层面上设置的轴线控制点形成的内控制网进行测量,如该工程 48 层的主楼,则在施工至 ±0.00 时,利用 D×8 中心"+"字控制点测定 4 个主要轴线点,形成矩形内控制网,并在 ±0.00 以上的每层楼板施工时,在与 4 个主要轴线点相应的位置处留出 200 mm×200 mm 的预留孔,作为该 4 个轴线点向上垂直传递用。

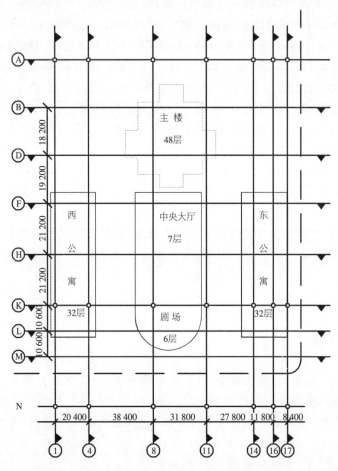

图 4-1　某工程平面控制网

为便于建筑的定位放线,方格网控制线的方向应平行于建筑的主轴线或施工区道路中心线或设计基准线。其间距根据建筑平面形状大小及控制数量而定。方格网的布置还应与建筑总平面图相协调,并应覆盖全部建筑。方格网控制点应设在施工影响区外,并需妥善保护。根据方格网便可确定高层建筑施工各阶段的轴线。

4.1.2　高程控制网

高层建筑施工中水准测量的工作量很大,因而周密地组织布置高程控制水准点,建立高程控制网,对结构施工、立面布置及管道敷设的顺利进展都有很大意义。

为保证水准网能得到可靠的起算依据,为检查水准点的稳定性,应在场地建立水准基点组,其点数不应少于3个;标桩要求坚固稳定,防止受到外界影响,每隔一定时间或发现有变动可能时,应将水准网与水准基点组进行联测;水准网一般为环形,且网中只有唯一的高程起算点。

高层建筑的高程控制点要联测到国家水准标志或城市水准点上,高层建筑的外部水准点标高系统必须与城市水准点标高系统统一,以便使建筑的管道、电缆等与城市总线路衔接。

4.2 桩基工程施工

高层建筑的基础常采用筏形基础、箱形基础及桩基等,尤以桩基(或桩基加箱基)为多。同时,高层建筑通常均设有地下室,故在施工前需先进行基坑支护,以保证土方开挖及地下室结构施工的顺利进展。

按施工方法桩可分为预制桩和灌注桩两大类。预制桩用锤击、静压、振动或水冲沉入等方法打桩入土。灌注桩则在就地成孔,而后在钻孔中放置钢筋笼、灌注混凝土成桩。根据成孔的方法,又可分为挖孔、钻孔、冲孔及沉管成孔等方法。工程中一般根据土层情况、周边环境状况及上部荷载等确定桩型与施工方法。

4.2.1 施工前的准备工作

在桩基础施工前,应做好现场踏勘工作,做好技术准备与资源准备工作,以保证打桩施工的顺利进行。桩基础施工前的一般准备工作包括以下几个方面:

1)施工现场及周边环境的踏勘

在施工前,应对桩基施工的现场进行全面踏勘,以便为编制施工方案提供必要的资料,也为机械选择、成桩工艺的确定及成桩质量控制提供依据。

现场踏勘调查的主要内容如下:

① 查明施工现场的地形、地貌、气候及其他自然条件;

② 查阅地质勘察报告,了解施工现场成桩深度范围内土层的分布情况、形成年代以及各层土的物理力学指标;

③ 了解施工现场地下水的水位、水质及其变化情况;

④ 了解施工现场区域内人为和自然地质现象,地震、溶岩、矿岩、古塘、暗浜以及地下构筑物、障碍物等;

⑤ 了解邻近建筑物的位置、距离、结构性质、现状以及目前使用情况;

⑥ 了解沉桩区域附近地下管线(煤气管、上水管、下水管、电缆线等)的分布及距离、埋置深度、使用年限、管径大小、结构情况等。

2)技术准备

(1)施工方案的编制

施工前应编制施工方案,明确成桩机械、成桩方法、施工顺序、邻近建筑物或地下管线的保护措施等。

(2)施工进度计划

根据工程总进度计划确定桩基施工计划,该计划应包括进度计划,劳动力需求计划及材料、设备需求计划。

（3）制定质量保证、安全技术及文明施工等措施。

（4）进行工艺试桩

为确定合理的施工工艺,在施工前应进行工艺试桩,由此确定工艺参数。

3）机械设备准备

施工前应根据设计的桩型及土层状况,选择相应的机械设备,并进行工艺试桩。

4）现场准备

（1）清除现场障碍物

成桩前应清除现场妨碍施工的高空、地面和地下障碍物,如施工区域内的电杆、跨越施工区的电线、旧建筑的基础或其他地下构筑物等,这对保证顺利成桩是十分重要的。

（2）场地平整

高层建筑物的桩基通常为密布的群桩,在桩机进场前,必须对整个作业区进行平整,以保证桩机的垂直度,便于其稳定行走。

对于预制桩,不论是锤击、静压或是振动打桩法,打桩机械自重均较大,在场地平整时还应考虑铺设一定厚度（通常为 200 mm 左右）的碎石,以提高与打桩机械直接接触的地基表面的承载力,防止打桩作业时桩机产生不均匀沉降而影响打桩的垂直度。一般履带式打桩机要求地基承载力为 100~130 kPa。如铺设碎石仍不能满足要求时,则可采用铺设走道板（亦称路基箱）的方法,以减小对地基土的压力。

对于灌注桩应根据不同成孔方法做好场地平整工作。如采用人工挖孔方法,则在场地平整时需考虑挖孔后的运土道路;当采用钻孔灌注桩时,则应考虑泥浆槽及排水沟。近年来,在上海等大城市实行了钻孔灌注桩硬地施工法,即在灌注桩施工区先做混凝土硬地,同时布置好泥浆池、槽及排水沟等,然后在桩位处钻孔成桩。该法使泥浆有序排放,做到了文明施工,同时也大大提高了施工效率。在沉管灌注桩施工时,场地平整的要求与预制打入桩类似,由于其沉管时亦需用锤击或振动法,桩机对地基土的承载力也有较高的要求。

5）现场放线定位

桩基础施工现场轴线应经复核确认,施工现场轴线控制点不应受桩基施工影响,以便桩基施工作业时复核桩位。

（1）定桩位

定桩位时必须按照施工方格网实地定出控制线,再根据设计的桩位图,将桩逐一编号,依桩号所对应的轴线、尺寸施放桩位,并设置样桩,以供桩机就位定位。定出的桩位必须再经一次复核,以防定位差错。

（2）水准点

桩基施工的标高控制,应遵照设计要求进行,每根桩的桩顶、桩端均须做标高记录,为此,施工区附近应设置不受沉桩影响的水准点,一般要求不少于 2 个。该水准点应在整个施工过程中予以保护,不使其受损坏。桩基施工中的水准点,可利用建筑高程控制网的水准基点,也可另行设置。

4.2.2 沉桩方法选择

1）预制混凝土桩与钢桩的沉桩

预制混凝土桩的形式有方桩及管桩两类,钢桩则有 H 型钢桩及钢管桩两类,它们的沉桩方法主要有锤击打入法、静力压桩法及水冲沉桩法,有时,也采用振动沉桩方法。这些沉桩方法优缺点见表 4-1。

表 4 - 1   各种沉桩方法的优缺点

沉桩方法	施工速度	振动	噪音	其　他
锤击打入法	快	大	高	锤击力对桩身、特别是桩顶,影响较大
静力压桩	慢	无	无	桩机自重大,当存在厚度大于 2 m 的中密以上砂夹层时,不宜采用此法
振动沉桩法	较快	大	高	振动对地基土扰动较大
水冲沉桩法	慢	小	小	施工复杂,对桩的承载力会有一定影响

上述几种方法中锤击打入法、静力压桩和振动沉桩法在沉桩过程中均有挤土现象,应采取措施减少挤土或减少挤土对周围环境的影响。水冲法可采用内射水(如敞口混凝土管桩、敞口钢管桩等)或外射水法(如混凝土方桩、H 型钢桩等),要求在离设计标高 1～2 m 时停止射水,并用锤击至设计标高。

2)灌注桩成桩

灌注桩成孔方法主要有泥浆护壁成孔、沉管成孔及干作业成孔等几种。在成孔后放置钢筋笼、浇筑混凝土,形成灌注桩。

泥浆护壁成孔常有正(反)循环泥浆护壁成孔与冲击成孔两种。前者适用于淤泥及淤泥质土、一般粘性土、粉土等,在砂性土中也可适用,但应注意泥浆护壁,防止护壁倒塌;后者则适用于粘性土及碎石土,也可用于淤泥质土、粉土及砂土。

沉管成孔法通常采用锤击法、振动法或振动冲击法等。它们施工时都有振动、噪音、挤土等现象,选择时应注意环境保护。

干作业成孔法则可用钻孔及人工挖孔两种方法,钻孔法可用于粘性土及粉土,在砂土和碎石土中不能采用;人工挖孔法一般只适用于粘性土,在淤泥质土及粉土中应视具体条件而定,而在砂土及碎石土中不可采用,同时,在地下水位以下采用人工挖孔也应有可靠的排水或止水措施。

灌注桩的几种施工方法中,泥浆护壁成孔及干作业成孔方法一般都无挤土或很少挤土,这两种灌注桩施工中振动与噪音一般均很小,因而在城市的高层建筑桩基中常采用它。

4.2.3　桩机(钻机)及其选择

1)锤击沉桩机

锤击沉桩机有桩锤、桩架及动力装置三部分组成,选择时主要考虑桩锤与桩架。

(1)桩锤

桩锤有落锤、柴油锤、振动锤、蒸气锤及液压锤等。

落锤用人力或卷扬机拉起桩锤,然后使其自由下落,利用锤的重力夯击桩顶,使之入土。落锤的装置简单,使用方便,费用低,但施工速度慢(6～20 次/min),效率低,且桩顶易被打坏。它适用于施打桩径较小的钢筋混凝土预制桩或钢桩,在一般土层中均可使用。

柴油锤以柴油为燃料,利用设在筒形汽缸内的冲击体的冲击力与燃烧压力,推动锤体跳动夯击桩体。柴油锤体积小、重量轻,且锤击能量大、施工性能好、锤击速度快、燃油省。它的缺点是振动大、噪音高、润滑油飞散等污染严重。它适用于各种土层及各类桩型,也可打斜桩,是目前各类桩锤中应用最为广泛的一种。

振动锤是通过电源给锤产生强大激振力将桩体打入土中的一种设备,振动锤的高频振动激振桩身,使桩身周围的土体产生液化而减小沉桩阻力,并靠桩锤及桩体的自重将桩沉入土中。振动锤施工速度快、使用方便、费用低、结构简单,但其耗电量大、噪音大、在硬质土层中不易贯入。它适用于长度不大的钢管桩、H型钢桩及混凝土预制桩,并常用于沉管灌注桩施工。振动锤可适用于软土、粉土、松砂等土层,不宜用于密实的粉性土、砾石及岩石。

蒸气锤的工作原理是依靠外供蒸气的压力将冲击体托起至一定高度,再通过配气阀释放出蒸气,使冲击体按自由落体方式锤击桩体。蒸气锤分为单作用和双作用两种,国内多用单作用蒸气锤。它结构简单、工作可靠、操作与维修均较容易,适用于各种土层,并可进行斜桩及水中作业,各类桩型都可适应。但需配备蒸气锅炉及有关安全附件(压力表、水位仪、安全阀),设备多、运输量大。

液压锤是一种新型打桩设备,它的冲击缸体通过液压油提升与降落。冲击缸体下部充满氮气,当冲击缸下落时,首先是冲击头对桩施加压力,接着是通过可压缩的氮气对桩施加压力,使冲击缸体对桩施加压力的过程延长,因此每一击能获得更大的贯入度。液压锤无废气,无噪音,冲击频率高,并适合水下打桩,是理想的冲击式打桩设备,但构造复杂,造价较高。

用锤击沉桩时,为防止桩受冲击应力过大而损坏,力求采用"重锤轻击"。如采用轻锤重击,锤击功能很大一部分被桩身吸收,桩不易打入,且桩头容易打碎。锤重可根据土质、桩的规格等进行选择,表 4-2 是柴油锤的锤重选择表。

表 4-2　　　　　　　　　　　　　　　　锤重选择表

锤　型		柴 油 锤					
		20	25	35	45	60	72
锤的动力性能	冲击部分重/t	2.0	2.5	3.5	4.5	6.0	7.2
	总重/t	4.5	6.5	7.2	9.6	15.0	18.0
	冲击力/kN	2 000	2 000~2 500	2 500~4 000	4 000~5 000	5 000~7 000	7 000~10 000
	常用冲程/m	1.8~2.3					
桩的截面	混凝土预制桩的边长或直径/cm	25~35	35~40	40~45	45~50	50~55	55~60
	钢管桩的直径/mm	400			600	900	900~1 000
持力层	粘性土粉土 一般进入深度/m	1.0~2.0	1.5~2.5	2.0~3.0	2.5~3.5	3.0~4.0	3.0~5.0
	粘性土粉土 静力触探比贯入度平均值/MPa	3	4	5	>5		
	砂土 一般进入深度/m	0.5~1.0	0.5~1.5	1.0~2.0	1.5~2.5	2.0~3.0	2.5~3.5
	砂土 标准贯入击数 N（未修正）	15~25	20~30	30~40	40~45	45~50	50
常用的控制贯入度/(cm/10 击)			2~3		3~5	4~8	
设计单桩极限承载力/kN		400~1200	800~1600	2 500~4 000	3 000~5 000	5 000~7 000	7 000~10 000

(2) 桩架

桩架的作用是悬吊桩锤,并为桩锤导向,它还能起吊桩并可在小范围内移动桩位。

桩架按导杆固定方式可分为固定式导杆桩架(图 4-2(a))、悬挂式导杆桩架(图 4-2(b))及无导杆桩架(图 4-2(c))三种。其中,固定式导杆桩架应用最为普遍,其他两种桩架多用于蒸汽锤。

桩架的行走方式主要有滚管式、步履式及履带式三种。

① 几种常用桩架

a. 滚管式打桩架

滚管式打桩架靠两根滚管在枕木上滚动及桩架在滚管上的滑动完成其行走及位移。这种桩

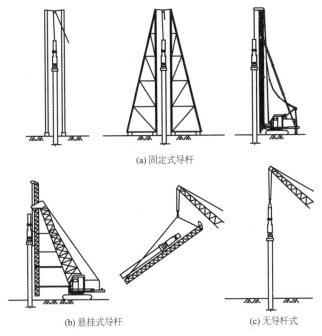

(a) 固定式导杆

(b) 悬挂式导杆　　　　　　　　　(c) 无导杆式

图 4-2　桩架的类型

架的优点是结构比较简单、制作容易、成本低,缺点是平面转向不灵活、操作人员多(图 4-3)。

b. 步履式打桩架(图 4-4)

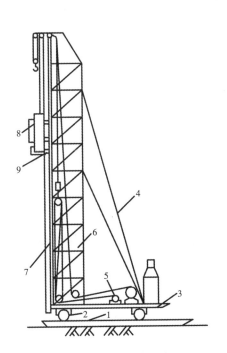

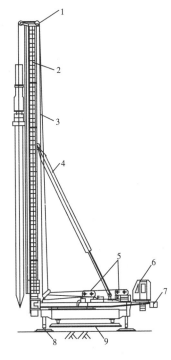

图 4-3　滚管式打桩架

1—枕木;2—滚管;3—底架;4—牵绳;
5—卷扬机;6—桩架;7—龙门架;8—桩锤;
9—桩帽

图 4-4　步履式打桩架

1—顶部滑轮组;2—导杆;3—起吊用钢丝绳;4—斜撑;
5—吊锤和桩用卷扬机;6—操作室;7—配重;8—步履支腿;
9—步履底盘

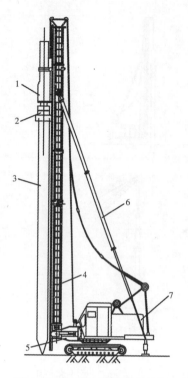

图 4-5　三点支承式履带桩架
1—桩锤;2—桩帽;3—桩;4—导杆;5—导杆支撑;
6—斜撑;7—车体

步履式打桩机通过两个可相互移动的底盘和支腿,互为支撑、交替走步的方式前进。它不需铺枕木和钢轨,移动就位较为方便。一般的步履式打桩机设置有四个方形支腿或两个长形底盘,支腿底部接地面积较大,可减小其接地压力。前进时四个支腿着地,通过垂直液压系统提升底盘离地,再由水平液压系统驱动底盘前行,步履一段距离后将底盘降到地面,再收起支腿,通过液压拉动支腿前行,而后落地,完成一个行程,由此反复实现桩机前进。也有的步履式打桩机在两个垂直方向设置大、小两组底盘,通过两个底盘互为支撑、交替走步,它可进行两个方向的行走。

c. 履带式打桩架

履带式打桩架是以履带式起重机为主机的一种多功能打桩机,图 4-5 是三点支撑式履带打桩架的示意图。

三点支撑式履带打桩架是以专用履带式机械为主机,配以钢管式导杆和两根后支撑组成,它是国内外最先进的一种桩架,一般采用全液压传动,履带的中心距可调节,导杆可单导向,也可双导向,还可 360°回转。

这种打桩机具有垂直精度调节灵活;稳定性好;适用各种导杆并可悬挂各类桩锤;可施打斜桩;装拆方便、转移迅速等一系列优点。

② 桩架的选择

桩架选择应考虑下述因素:

a. 桩的材料、桩的截面形状及尺寸大小、桩的长度及接桩方式;

b. 桩的数量、桩距及布置方式;

c. 选用桩锤的形式、重量及尺寸;

d. 工地现场条件、打桩作业空间及周边环境;

e. 投入桩机数量及操作人员的素质;

f. 施工工期及打桩速率。

桩架的高度是选择桩架时需考虑的一个重要问题。桩架的高度应满足施工要求,计算时应考虑桩长、滑轮组高度、桩锤高度、桩帽高度、起锤移位高度(取 1~2m)等。

2) 静力压桩机

静力压桩机完全避免了桩锤的冲击运动,故在施工中无振动、噪音、无空气污染,同时对桩身产生的应力也大大减小。因此,它广泛应用于闹市中心建筑较密集的地区,但它对土的适应性有一定局限,通常适用于软土地层。

静力压桩机分为机械式与液压式两种,前者只能用于压桩,后者可以压桩还可拔桩。

液压压桩机采用液压传动,动力大、工作平稳,还可在压桩过程中直接从液压表中读出沉桩压力,故可了解沉桩全过程的压力状况,可知桩的承载力。

3）振动沉桩机

振动沉桩机是将振动锤激振力及其自重通过专用夹具传给待沉的桩，使桩克服阻力下沉。振动锤是振动沉桩机主要部件，其桩架与锤击打桩机类似。

振动锤是利用高频振动激振桩身，使桩身周围的土体产生液化而减小沉桩阻力，并靠桩锤及桩体的自重将桩沉入土中。

振动锤施工速度快、使用方便、费用低、结构简单、维修方便，但其耗电量大、噪音大、在硬质土层中不易贯入。它适用于长度不大的钢管桩、H型钢桩及混凝土预制桩，并常用于沉管灌注桩施工。振动锤可适用于软土、粉土、松砂等土层，不宜用于密实的粉性土、砾石及岩石。

4）干作业成孔灌注桩机

（1）沉管灌注桩机

沉管灌注桩机施工是利用振动锤竖直方向上的往复振动，使桩管也在竖向以一定频率和振幅往复振动，当该振动频率与土的自振频率相同或接近时，土体产生共振而使其结构破坏，如砂土产生液化，同时在激振力和振动锤自重力的作用下沉管入土，形成桩孔。待达到设计标高后，再利用振动锤边振动、边拔管，同时向桩管内灌注混凝土，最终成桩。

此外，还可采用振动-冲击锤对桩管复加冲击力以加速沉管，它的拔管和混凝土灌注与振动沉管相同。

振动沉管机的外形如图4-6所示，它顶端设有挑梁，用以悬吊桩锤、桩管，同时还用于混凝土料斗的提升；在混凝土浇筑过程中，一边拔管，一边提升料斗，将混凝土从喂料口中倒入桩管。

沉管灌注桩机的选择主要有两个方面：一是桩架高度应满足桩长（桩管的长度），二是振动锤或振动-冲击锤的技术性能。

沉管灌注桩由于桩架高度的限制（16～32 m），故桩长也有限制，多控制在24 m以内。桩架一般分段连接，以便于运输转移。振动锤则应考虑其激振力，根据桩的长度及桩径等进行选择。此外振动锤的振动频率应尽可能与土的自振频率接近，对于砂土，自振频率为900～1 200 r/min；对于粘性土，自振频率为600～700 r/min。

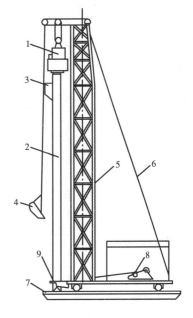

图4-6　振动沉管桩机
1—振动锤；2—桩管；3—灌混凝土漏斗；
4—料斗；5—桩架；6—拉索；7—底盘；
8—卷扬机；9—加压滑轮

（2）螺旋钻孔机

螺旋钻孔机适用于地下水位以上的匀质粘性土、砂性土及人工填土。

该机组成主要由主机、螺旋钻杆、钻头、出土装置等。成孔施工时，利用螺旋钻头钻进时切削土体，被切的土块随钻头旋转并沿钻杆上的螺旋叶片提升而被带出孔外，最终形成所需的桩孔。其主机一般均采用步履式。

这类钻孔机结构简单、使用可靠、成孔效率高、质量较好，且具有耗钢量小、无振动、无噪音等一系列优点，因此在无地下水的匀质土中广泛采用。

螺旋钻孔机的钻头是钻进取土的关键装置，它有多种类型，分别适用于不同土质，常用的有锥式钻头、平底钻头及耙式钻头（图4-7）。

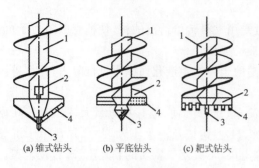

(a) 锥式钻头　　(b) 平底钻头　　(c) 耙式钻头

图 4-7　螺旋钻头

1—螺旋钻杆；2—切削片；

3—导向尖；4—合金刀

锥式钻头适用于粘性土；平底钻头适用于松散土层；耙式钻头适用于杂填土，其钻头边镶有硬质合金刀头，能将碎砖等硬块切削成小颗粒。

5）泥浆护壁灌注桩机

泥浆护壁灌注桩施工的成孔机械主要有以下几种。

（1）冲击钻机

冲击钻机是将冲锤式钻头用动力提升，以自由落下的冲击力来掘削岩层，然后排除碎块，钻至设计标高形成桩孔，它适用于粉质粘土、砂土及砾石、卵漂石及岩层等。

冲锤式钻头有十字形、一字形、工字形及 Y 形等多种形式（图 4-8）。钻头一般用锻制或铸钢制成，用合金钢焊在端部，形成具有破岩能力的钻刃。冲钻质量一般为 0.5～3t，并可按不同孔径制作。

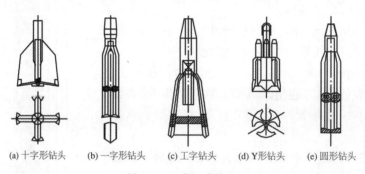

(a) 十字形钻头　　(b) 一字形钻头　　(c) 工字钻头　　(d) Y形钻头　　(e) 圆形钻头

图 4-8　冲锤式钻头

冲击钻机施工中需以护筒、掏渣筒及打捞工具等辅助作业，其机架可采用井架式、桅杆式或步履式等，一般均为钢结构。

（2）桶状斗式钻机

桶状斗式钻机由机架、方型钻杆、传动装置及桶状土斗等组成。该钻机一般均采用步履式机架，钻杆由 2 节可伸缩的内外方形钢管（170 mm×170 mm 与 130 mm×130 mm）及 1 节实心方钢（90 mm×90 mm）芯杆而组成。内芯杆的下端以销轴与取土斗相连。钻取土时，随着钻孔深度的不断增加，中、内杆逐节伸出，钻杆提起时，中、内钻杆逐节收缩。桶状土斗的结

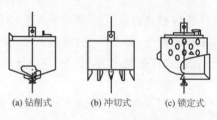

(a) 钻削式　　(b) 冲切式　　(c) 锁定式

图 4-9　桶状斗结构

构形式有多种，如图 4-9 所示。在软土地区成孔时，较多采用钻削式取土斗；对卵石或多砂砾则可用冲切式钻头；对大孤石或岩石层一般可用锁定式钻头。在地下水位较高的软土地区，均采用泥浆护壁。

桶状斗式钻机成孔设备安装简单、施工效率高、无振动、无噪音、泥浆排量少，在土质好时还可干挖，具有相当的优越性，但一般开挖后桩孔直径往往会比钻头大 10%～20%，此外，它

对硬地层不能钻挖。

（3）潜水钻机

潜水钻机由潜水电钻（图4-10）、钻头、钻杆、机架等组成。施工时钻头安装在潜水电钻上共同潜入水中钻进成孔，因此，钻杆不需旋转，噪音低，钻孔效率高，可减少钻杆截面，还避免钻杆折断等易发事故。是近年来应用较广的钻机。

潜水钻机适用于地下水位较高的软土层、轻硬土层，如淤泥质土、粘土及砂质土。如更换合适钻头，还可钻入岩层。通常钻进深度可达50 m左右，钻孔直径600～5 000 mm。与潜水电钻配套使用的钻头根据不同土层可用不同形式的钻头，常用的为笼式钻头（图4-11）。

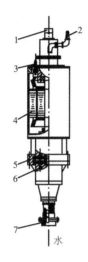

图4-10　潜水电钻
1—提升盖；2—进水管；3—电缆；4—潜水
电钻机；5—减速器；6—中间进水管；
7—钻头接箍

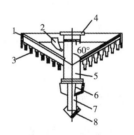

图4-11　笼式钻头
1—护圈；2—钩爪；3—腋爪；
4—钻头接箍；5—钢管；6—小爪；
7—岩芯管；8—钻头

（4）工程水文地质钻机

该钻机由机械动力传动，可多档调速或液压无级调速，带动置于钻机前端的转盘旋转，方形钻杆通过带方孔的转盘被强制旋转。其下安装钻头钻进成孔。钻头一般也采用笼式钻头。工程水文地质钻机设备性能可靠、噪声和振动小、钻进效率高、钻孔质量好。它适用于松散土层、粘土层、砂砾层、软硬岩层等多种地质条件，近几年在我国华东地区已广泛应用。

4.3　基坑工程施工

高层建筑需要有一定的埋置深度，因此，一般均设地下室，在地下结构施工前，需进行基坑开挖。基坑工程是一个系统工程，它包括土壁支护结构、降低地下水、地基加固、土方开挖及工程监测等多项工作，且基坑支护结构的工况与施工顺序、施工方法均有直接关系。在基坑工程设计与施工中，必须综合考虑各方面的因素而选择合理的方案。

4.3.1　概述

根据基坑支护结构周边环境条件，将基坑工程分为3级，基坑支护结构设计应根据工程情况选用相应的安全等级及重要性系数（表4-3）。

表 4 - 3　　　　　　　　　　基坑侧壁安全等级及重要性系数

安全等级	破　坏　后　果	重要性系数
一级	支护结构破坏、土体失稳或过大变形对基坑周边环境及地下结构施工影响很严重	1.10
二级	支护结构破坏、土体失稳或过大变形对基坑周边环境及地下结构施工影响一般	1.00
三级	支护结构破坏、土体失稳或过大变形对基坑周边环境及地下结构施工影响不严重	0.90

基坑支护结构极限状态分为下列两类：

a. 承载能力极限状态：对应于支护结构达到最大承载能力或土体失稳、过大变形导致支护结构或基坑周边环境破坏。

b. 正常使用极限状态：对应于支护结构的变形已妨碍地下结构施工或影响基坑周边环境的正常使用功能。

支护结构的设计荷载包括水压力及土压力，一般地面超载，基坑开挖影响范围内建筑物构筑物的荷载，施工荷载及邻近施工影响等。上述荷载中一般地面超载指施工阶段不确定的荷载，如临时堆物、一般车辆的通行等，取 $20\ kN/m^2$，其他荷载按实际地质情况及周边环境条件计算确定。

4.3.2　基坑支护结构选型

1）支护结构方案选择的依据

基坑支护结构方案的选择主要依据以下几个方面：

① 基坑开挖的深度、基坑的面积及形状；

② 地下室的层数及结构状况，如地下室层高、底板及中楼板的厚度、地下室墙板的厚度、内墙分布状况等；

③ 地下室所在场地的工程地质与水文地质，主要是土层分布、各土层的含水量、重度、抗剪强度（c，ϕ 值）、渗透系数、压缩模量、基床系数及地下水位等；

④ 基坑周围环境，包括临近建（构）筑物、地下管线、其他恒荷载及活荷载；

⑤ 挖土及降水方法及总的施工流向；

⑥ 施工工期及工程造价。

2）支护方案选择

支护结构可根据基坑周边环境、开挖深度、工程地质与水文地质、施工作业设备和施工季节等条件，选用排桩、地下连续墙、水泥土墙、逆作拱墙、土钉墙、原状土放坡或采用上述形式的组合（表 4 - 4）。

4.3.3　支护结构的形式

一般基坑支护根据受力状况可以分为重力式支护结构和非重力式支护结构。放坡、水泥土墙、土钉墙属于重力式支护结构，排桩、地下连续墙及逆作拱墙则属于非重力式支护结构。

表 4-4　　　　　　　　　　　　　　　支护结构选型表

结构形式	适用条件
排桩或 地下连续墙	1. 适于基坑侧壁安全等级一、二、三级 2. 悬臂式结构在软土场地中不宜大于 5 m 3. 当地下水位高于基坑底面时,宜采用降水、排桩加截水帷幕或地下连续墙
水泥土墙	1. 基坑侧壁安全等级宜为二、三级 2. 水泥土桩施工范围内地基土承载力不宜大于 150 kPa 3. 基坑深度不宜大于 6 m
土钉墙	1. 基坑侧壁安全等级宜为二、三级的非软土场地 2. 基坑深度不宜大于 12 m 3. 当地下水位高于基坑底面时,应采取降水或截水措施
逆作拱墙	1. 基坑侧壁安全等级宜为二、三级 2. 淤泥和淤泥质土场地不宜采用 3. 拱墙轴线的矢跨比不宜小于 1/8 4. 基坑深度不宜大于 12 m 5. 地下水位高于基坑底面时,应采取降水或截水措施
放　坡	1. 基坑侧壁安全等级宜为三级 2. 施工场地应满足放坡条件 3. 可独立或与上述其他结构结合使用 4. 当地下水位高于坡脚时,应采取降水措施

1）放坡

放坡是利用土体自身的抗剪强度使土坡稳定,除坡面防护外,一般不设其他支护结构。在土质较好、开挖较浅的基坑时常用。在基坑深度和周边条件均许可的情况下基坑开挖应尽量采用放坡形式,这种开挖方式施工方便,也最为经济。采用放坡开挖时应注意地下水的处理。

放坡开挖应根据开挖深度和土质状况确定边坡坡度,如果基坑暴露的时间较长,应在边坡坡面进行必要的防护,常用的防护形式有薄膜覆盖法、砂浆覆盖法、钢丝喷锚网、叠袋护坡法等（图 4-12）。

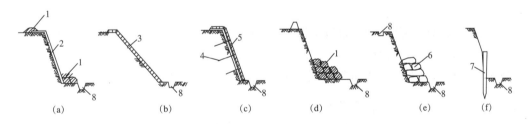

图 4-12　坡面防护

1—土袋;2—薄膜;3—砂浆面层;4—插筋;5—喷锚网;6—砌石(砖);7—短桩;8—排水沟

2）逆作拱墙

逆作拱墙是自上而下分多道分段逆作施工的水平闭合拱圈及非闭合拱圈挡土结构。它利用高层建筑地下室基坑平面形状通常为闭合的多边形,土压力是随深度而线性变化的分布荷载的特点,采用圆形、椭圆形或由其他外凸曲线围成的闭合拱圈作为支护结构。拱形结构以承受压应力为主,拱内弯矩较小,当基坑四周有的边没有起拱的条件,则可在无法起拱的坑边处采用钢筋混凝土直墙或型钢的内支撑支护结构。纵向分段与土方开挖同步施工,每层拱墙高度小于 2.5 m,截面可做成 Z 字、E 字形等,沿高度设置若干肋梁或加厚墙体(图 4 - 13)。逆作拱墙不适用于淤泥、淤泥质土等软弱土层。

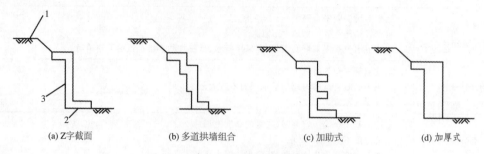

图 4 - 13　逆作拱墙构造
1—地面;2—基坑底;3—拱墙

3)土钉墙

土钉墙可适用于有一定胶结能力和密实程度的砂土、粉土、砾石土、素填土、较硬的粘性土以及风化层等;淤泥质土应谨慎使用,淤泥中则不宜采用。根据支护工程特殊需要,土钉支护也可以同其他支护形式结合扩展为土钉—搅拌桩、土钉—锚杆等复合支护。土钉—搅拌桩在土钉墙外侧设置 1~2 排搅拌桩,它兼有止水帷幕的作用。

土钉墙是由三个主要部分组成,即土钉体、土钉墙范围内的土体和面层。较常见的土钉体是由置入土体中的细长金属杆件(钢筋、钢管或角钢等)与外裹注浆层组成。面层一般采用喷射混凝土配钢筋网结构,原位土体是土钉墙支护体系中重要的组成部分。此外,根据具体地质、水文条件还可在墙体内设置一定数量的排水管并穿出面层作为排水系统。

土钉体的置入可采用先钻孔后插入土钉并注浆的方式,还可以将土钉直接击入土中并注浆。国外还开发了气动射击钉,是用高压气体作动力将土钉射入原位土体中,但这种射击钉的长度一般较短。

土钉与土体之间的注浆起到粘结作用,一般都是沿土钉全长注浆,采用二次注浆工艺来提高粘结强度。

土钉杆件与面层钢筋网的连接可采用井字加强钢筋焊接或端部螺杆加螺母、垫板连结系统。后者可适宜于施加预拉应力。

典型的土钉墙及面层构造如图 4 - 14 所示。

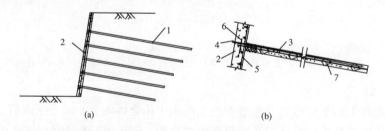

图 4 - 14　土钉墙及其构造
1—土钉;2—喷射混凝土面层;3—土钉钢筋;4—注浆排气管;5—井字钢筋;6—钢筋网;7—注浆体

4)水泥土墙

水泥土墙也称为水泥土搅拌桩支护结构,它是近二十年来发展起来的一种重力式支护结构。

它适用于素填土、淤泥质土、流塑及软塑状的粘土、粉土及粉砂性土等软土地基。对于泥炭土、泥炭质土及有机质土或地下水具有侵蚀性时,应通过试验确定其适用性。水泥土搅拌桩不适用于厚度较大的可塑及硬塑以上的软土、中密以上的砂土。此外,加固区地下如有大量条石、碎砖、混凝土块、木桩等障碍时,一般也不适用。

水泥土搅拌桩是通过搅拌桩机将水泥与土进行搅拌,形成柱状的水泥加固土(搅拌桩)。由水泥土搅拌桩搭接而形成水泥土墙,它既具有挡土作用,又兼有隔水作用。它适用于 $4\sim 6$ m 深的基坑,最大可达 $7\sim 8$ m。水泥土墙通常布置成格栅式,格栅的置换率(加固土的面积:水泥土墙的总面积)为 $0.6\sim 0.8$。墙体的宽度 b、插入深度 h_d 根据基坑开挖深度 h 估算,一般 $b=(0.6\sim 0.8)h$,$h_d=(0.8\sim 1.2)h$ (图 $4-15$)。

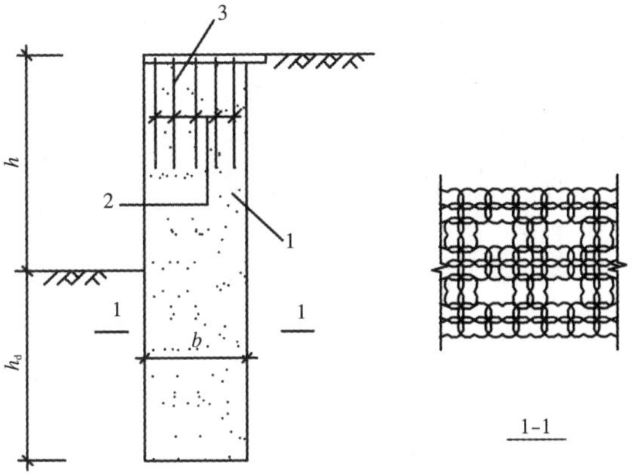

5)板式支护结构

排桩、地下连续墙等均属于板式支护

图 $4-15$　水泥土墙
1—搅拌桩;2—插筋;3—面板

结构。板式支护结构由挡土结构和支撑体系两部分组成。排桩类支护结构的挡土结构是以某种桩型按队列式布置组成的支护结构,如钢板桩、预制混凝土板桩、灌注桩排桩、树根桩、SMW工法等,地下连续墙的挡土结构则是用机械施工方法成槽浇灌钢筋混凝土形成的墙体。排桩、地下连续墙它们的支撑体系类似。

(1)挡土结构

① 钢板桩

钢板桩是基坑常用的一种挡土结构,它具有施工灵活,板桩可以重复使用等优点,但由于板桩打入时有挤土现象,而拔出时则又会将土带出,造成板桩位置的空隙,这对周边环境都会造成一定影响。此外,由于板桩的长度有限,因此其适用的开挖深度也受到限制,一般最大开挖深度在 $7\sim 8$ m。板桩的形式有多种,拉森型是最常用的,在基坑较浅时也可采用大规格的槽钢。采用钢板桩作支护墙时在其上口及支撑位置需用钢围檩将其连接成整体,并根据深度设置 1 道或 2 道支撑或拉锚,图 $4-16$ 是设有 2 道内支撑的钢板桩支护结构的示意图。

拉森板桩之间的搭接可采用锁口咬合的形式,也称为"小止口"搭接,它具有止水作用。旧的拉森板桩往往因锁口变形后无法紧密咬合,则可用"大止口"的方式。采用"大止口"搭接的板桩及槽钢的搭接都没有止水作用(图 $4-17$)。拉森板桩搭接方式不同,其受力性能也有很大差异。

② 预制混凝土板桩

常用钢筋混凝土板桩截面的形式有四种:矩形、T 形、工字形及口字形(图 $4-18$)。

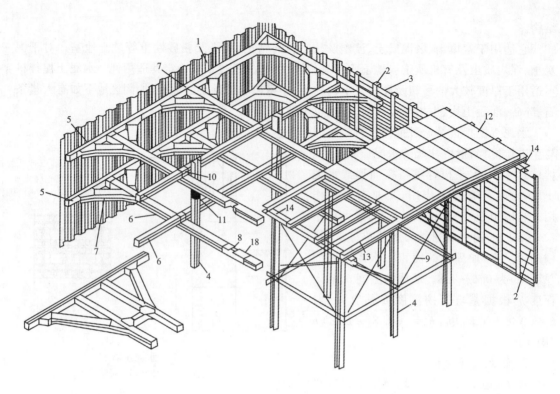

图 4-16　钢板桩支护体系

1—板桩；2—H 型钢板桩；3—插板；4—钢立柱；5—围檩；
6—钢支撑；7—水平八字撑；8—测力计；9—斜拉杆；10—支撑连接；
11—支撑托架；12—钢平台；13—钢搁栅；14—钢横梁

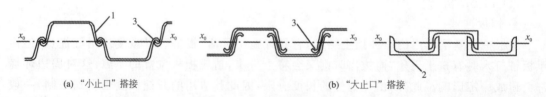

(a) "小止口"搭接　　　　　　　　　　　(b) "大止口"搭接

图 4-17　板桩的搭接

1—拉森板桩；2—槽钢；3—锁口

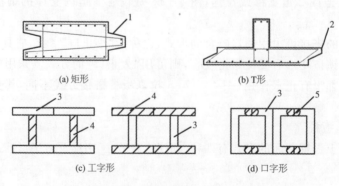

(a) 矩形　　　　　　　　　　　(b) T 形

(c) 工字形　　　　　　　　　　(d) 口字形

图 4-18　钢筋混凝土板桩的形式

1—槽榫；2—踏步式接头；3—预制薄板；4—现浇板；5—现浇接头

矩形截面板桩制作较方便,桩间采用槽榫接合方式,接缝效果较好,是使用最多的一种形式。其截面的厚度一般为 150～500 mm,由基坑对板桩强度及变形要求确定,其宽度一般为 500～800 mm。T 形截面由翼缘和加劲肋组成,其抗弯能力较大,但施打较困难。翼缘直接起挡土作用,加劲肋则用于加强翼缘的抗弯能力,并将板桩上的侧压力传至地基土,板桩间的搭接一般采用踏步式止口。工字形薄壁板桩的截面形状较合理,因此受力性能好、刚度大、材料省,易于施打,挤土也少。工字形板桩可先预制而后现浇连接,如先预制翼缘(或腹板),再在现场现浇腹板(或翼缘),而后打入。口字形截面一般由两块槽形板现浇组合成整体,在未组合成口字形前,槽形板的刚度较小。

由于预制混凝土板桩在工厂制作,加工方便,但现场打入施工较为困难,对机械要求高,而且挤土现象很严重,此外,混凝土板桩一般不能拔出,因此,它在永久性的支护结构中使用较为广泛,但在地下室等临时的基坑工程中使用不很普遍。

③ 灌注桩排桩

灌注桩排桩成桩施工阶段对周边的影响小,桩径和桩长均不受限制,适应性强,因此,在大型工程中广泛应用。但这种桩型施工速度较慢,成孔时有大量泥浆排放,造成环境污染。灌注桩排桩可以做成连续式,也可做成间断式。连续式排桩具有止水作用,而间断式排桩的止水通常在其后设置止水帷幕(图 4-19),或用其他止水方法。

④ SMW(soil mixing wall)工法

SMW 工法又称型钢水泥土搅拌墙,它是在水泥土桩中插入大型 H 型钢,形成排桩式结构(图 4-20)。SMW 工法支护结构由 H 型钢承受土侧压力,而水泥土则具有良好的抗渗性能,因此,SMW 墙具有挡土与止水双重作用。除了插入 H 型钢外,还可插入其他型钢或钢管、拉森板桩等。

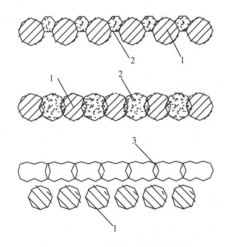

图 4-19 灌注桩排桩的布置
1—支护灌注桩;2—止水桩灌注桩;3—止水帷幕

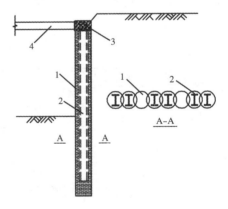

图 4-20 SMW 工法支护结构
1—搅拌桩;2—H 型钢;3—围檩;4—支撑

SWM 工法施工流程见图 4-21。

SMW 支护结构的经济性是十分显著的,由于其受力的型桩可以拔出回收。因此,型钢是否能顺利拔出是影响该支护结构经济性的重要环节,必须予以重视。工程中应在施工前做好拔出试验,以确保型钢顺利回收。此外,选用合适的减摩材料涂抹在型钢表面是减小拔出阻力很有效的方法之一。

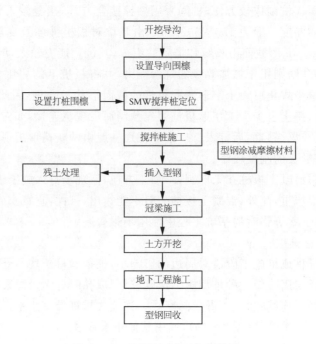

图 4-21　SMW 工法工艺流程图

型钢拔出阻力在拔出开始与拔出过程中是有所不同的。开始拔出时,其上端与泥土之间的粘结发生破坏,这种破坏由端部逐渐向下部扩展,接触面间微量滑移,减摩材料剪切破坏,拔出阻力转变为静止摩擦阻力为主。在拔出力到达总静止摩擦阻力之前,拔出位移很小;拔出力大于总静摩阻力后,型钢拔出位移加快,拔出力迅速下降。此后摩擦阻力由静止摩擦力转化为滑动摩擦力和滚动摩擦力,此时,水泥土接触面破碎而产生小颗粒,充填于破裂面中,这有利于减小摩阻力;当拔出力降至一定程度,摩擦阻力转变为以滚动摩擦为主。

⑤ 地下连续墙

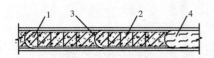

图 4-22　地下连续墙
1—先施工槽段;2—后施工槽段;
3—槽段接头;4—未施工槽段

地下连续墙在欧美国家称之为"混凝土地下墙"或"泥浆墙",在日本则称之为"地下连续壁"。

地下连续墙是在地面上采用专用挖槽设备,在泥浆护壁的条件下分段开挖深槽,并向槽段内吊放钢筋笼,用导管法在水下浇筑混凝土,便在地下形成一段墙段,以此逐段施工,从而形成连续的钢筋混凝土墙体(图 4-22)。作为基坑支护结构,在基坑工程中它一般兼有挡土或截水防渗之作用,同时往往还可"二墙合一",即与地下主体结构合一作为建筑承重结构。

地下连续墙作为支护结构,具有防渗、止水、承重、挡土、抗滑等多种功能,既可用作临时性施工措施,又可作为永久性结构,它既可独立受力,也可与后浇混凝土结构结合共同受力,故适用范围较广。它可作为各种建、构筑物的大型深基坑支护。

地下连续墙施工工艺流程见图 4-23。

(2) 支撑体系

支撑体系分为两类,一是支撑类,一般布置在基坑支护结构的内部;二是拉锚类,通常布置

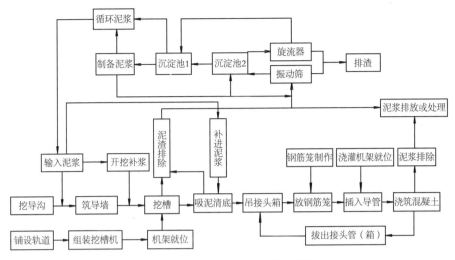

图 4-23　地下连续墙工艺流程图

在基坑外部。支撑类由围檩、支撑及立柱三部分组成。拉锚类则包括围檩、拉锚及锚碇或锚桩。

① 内支撑

a. 内支撑的布置

常用的内支撑布置形式有对撑、角撑、桁架式支撑、环形布置等。支撑材料一般为钢筋混凝土或钢材,混凝土支撑在支护结构上现浇而成,混凝土浇筑后还需进行养护,因此工期较长,而且后期拆除较困难,而钢支撑则采用装配式,工期短、施工方便。但是混凝土支撑具有结构整体性较好,并能做成各种形状,布置比较灵活等优点,因此工程中两种支撑使用都很普遍。

（a）对撑（图 4-24(a)）

对撑具有受力明确直接、安全稳定,有利于支护结构的位移控制。但这种形式对挖土不太方便,由于坑内对撑使挖土机作业面受到限制,对支撑下层土方开挖影响更大。

（b）角撑（图 4-24(b)）

角撑对土方开挖较为有利,主体结构施工也较方便,但角撑的整体稳定性及变形控制方面不如正交式对撑,特别是钢支撑,由于它是由杆件安装组合而成,整体性较差。

（c）桁架式对撑（图 4-24(c)）

桁架式对撑通过将单个对撑成组集中组成桁架的方式,形成较大的挖土空间,便于土方开挖及地下室的施工。但由于支撑集中,桁架式对撑间距放大,使支护结构的冠梁或围檩的跨度增加,内力明显增大,因此,需要设八字撑以减小冠梁或围檩的跨度。桁架式布置一般在基坑角部,它也需结合角撑。

（d）边桁架（图 4-24(d)）

边桁架一般布置在基坑内部四周,也有将边桁架设置在坑外(但仅限于最上面一道)土压力传递到边桁架,并在桁架内部平衡。由于它没有对撑,挖土空间更大,对土方开挖及主体结构施工十分方便。但其对变形控制的效果较差。边桁架一般用钢筋混凝土结构。

（e）环形布置（图 4-24(e)）

当采用钢筋混凝土支撑时,将边桁架中间设计为环状,使受力状况更为合理,也可减小支撑截面、降低造价。环形布置对挖土及主体结构施工也带来很大方便。环形支撑的稳定十分重要,由于全部荷载均集中在环形支撑上,其一旦破坏,会造成支护结构的整体破坏。当在坑外荷载不均匀、土质差异较大时,这种布置方式会使环形支撑上的力产生很大的差异,甚至会造成环形支撑的失稳,故应慎用。

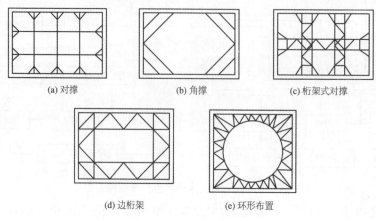

(a) 对撑　　　　　　(b) 角撑　　　　　(c) 桁架式对撑

(d) 边桁架　　　　　(e) 环形布置

图 4-24　内支撑布置形式

在实际工程中,由于地下室平面形状不规则,甚至同一基坑中开挖深度也会有不同(如局部二层、局部三层等),因此,支撑布置应因地制宜选择各种方案,必要时可将几种形式加以组合,使支撑结构安全可靠,并方便土方开挖和主体结构的施工。

　　b. 立柱的设置

立柱一般采用格构式钢立柱,也可采用实腹型钢,其下设置立柱桩,立柱插入桩体2~3 m。立柱的截面应根据支撑的长度及竖向荷载等确定,其通常设在纵横向支撑的交点处或桁架式支撑的节点处,并应避开主体结构的梁、柱及承重墙的位置。立柱间距不宜大于15 m。立柱桩下端应支承在较好的土层上,桩的长度应满足立柱承载力和变形的要求。工程中立柱下的支承桩一般均采用灌注桩(图 4-25)。如工程中为灌注桩,立柱桩应尽量利用工程桩以降低造价。在浇筑混凝土支撑时或在钢支撑安装时,应将立柱连接成整体。

由于立柱是埋在底板中的,因此,在混凝土底板浇筑时,在立柱上应设置止水片,以防止底板混凝土浇筑后发生渗漏。止水片可用钢板焊接在立柱的主肢上,根据底板厚度一般设1~3道。

　　② 拉锚

　　a. 拉锚

拉锚体系包括围檩、拉杆、锚碇或锚桩等(图 4-26),它一般设于自然地面上或浅埋于地下,通常只能设置一道。作用于支护结构的土压力通过围檩传递至拉杆,再传至锚碇(锚桩),并由锚碇(锚桩)前面的被动土压力承受。这种拉锚施工简单、造价低,但由于锚碇(锚桩)前面被动区土体的变形以及拉杆的伸长会造成支护结构较大的位移。此外,拉锚需有足够的长度,因此拉锚设置占地较大。因此,此法适用于基坑不太深、对位移控制要求不高以及基坑四周场地具有拉锚条件的工程,它常用于钢板桩支护结构中。

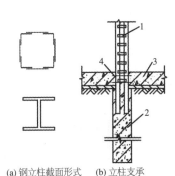

(a) 钢立柱截面形式 　(b) 立柱支承

图 4-25　立柱的设置
1—钢立柱；2—立柱桩；
3—地下室底板；4—止水片

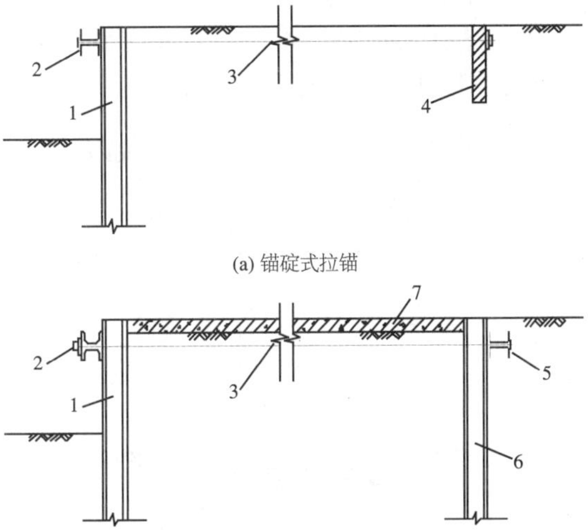

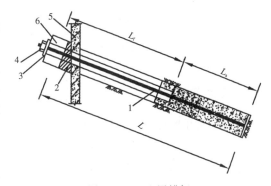

(a) 锚碇式拉锚

(b) 锚桩式拉锚

图 4-26　拉锚体系
1—板桩墙；2—围檩；3—拉杆；4—锚碇；
5—锚梁；6—锚桩；7—加强层

b. 土层锚杆

土层锚杆(亦称土锚杆)是一种新型的拉锚形式(图 4-27)。它一端与支护结构连接，另一端锚固在土体中，将支护结构等荷载通过拉杆与土的摩阻力传递到周围稳定的土层中。用于基坑工程的土层锚杆一般为临时拉锚，但它在永久性工程中亦得到广泛的应用。

（3）支撑及拉锚的拆除

支撑及拉锚的拆除在基坑工程整个施工过程中也是十分重要的工序，必须严格按照设计要求的程序进行，应遵循"先换撑、后拆除"的原则。最上面一道支撑拆除后支护墙往往处于悬臂状态，一般位移较大，应注意防止对周围环境带来不利影响。

图 4-27　土层锚杆
1—锚杆；2—锚杆台座；3—垫板；
4—螺栓；5—挡土结构；6—围檩；
L_f—自由段；L_a—锚固段

钢支撑拆除通常用起重机并辅以人工进行，钢筋混凝土支撑则可用人工凿除或爆破方法。

在支撑拆除过程中，支护结构受力发生很大的变化，支撑拆除程序应考虑支撑拆除后对整个支护结构不产生过大的受力突变，一般可遵循以下原则：

① 分区分段设置的支撑，也宜分区分段拆除；

② 整体支撑宜从中央向两边分段逐步拆除，这对最上一道支撑尤为重要，它对减小悬臂段位移较为有利；

③ 先分离支撑与围檩，再拆除支撑，最后拆除围檩。

图 4-28 是一个两道支撑的工程支撑在竖向的平面上的拆除顺序：

a. 基坑开挖至基底标高；

b. 地下室底板及换撑完成后,拆除下道支撑;

c. 地下室中楼板及换撑完成,拆除上道支撑;

d. 拆除钢立柱,完成地下室全部结构及室外防水层。

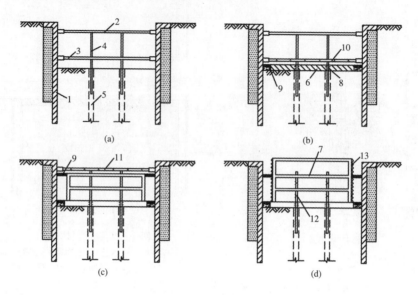

图 4-28 支撑拆除过程

1—支护墙;2—上道支撑;3—下道支撑;4—立柱;5—立柱下灌注桩;
6—地下室底板;7—中楼板;8—止水片;9—换撑混凝土梁(板);
10 拆除下道支撑;11—拆除上道支撑;12—拆除钢立柱;13—外墙防水层

4.3.4 基坑开挖方法

基坑工程开挖常用的方法有放坡开挖、无内支撑支护开挖、有内支撑分层开挖、盆式开挖、岛式开挖及逆作法开挖等,工程中可根据具体条件选用。土方开挖中应遵循"土方分层开挖、垫层随挖随浇"的原则;在有支撑的基坑中,还应遵循"开槽支撑、先撑后挖、分层开挖、严禁超挖"的原则。

1) 放坡开挖

放坡开挖适合于基坑四周空旷、有足够的放坡场地,周围没有建筑设施或地下管线的情况;其放坡坡度一般根据"条分法"计算滑动稳定后确定,在软弱地基条件下,不宜挖深过大,一般控制在 6～7 m 左右,在坚硬土中,则不受此限制。在地下水位高于基坑底面标高时,采用放坡开挖还应考虑地下水的处理,当开挖深度不大时或地下水位较低时,可采用集水井降水法;当开挖深度较大或地下水位较高或在易出现流砂的土层中,宜采用井点降水的方法。在有些不可采用井点降水工程中,也可用止水帷幕的方法将地下水隔离在止水帷幕之外。

放坡开挖施工方便,挖土机作业时没有障碍,工效高,可根据设计要求分层开挖或一次挖至坑底;基坑开挖后主体结构施工作业空间大,施工工期短。由于放坡开挖无需支护结构,其造价较低。但放坡开挖土方量大,如施工现场无堆土区则往往还需外运,而且在主体结构形成后放坡范围的回填土方要作压实工作,否则放坡范围的回填土会引起沉降,造成不良后果。放坡开挖的另一个缺点是占用施工场地大,因此,在城市工程中一般难以采用。

2）无内支撑支护的基坑开挖

无内支撑支护的土壁可垂直向下开挖,因此,不需在基坑边留出很大的场地,便于在基坑边较狭小、土质又较差的条件下施工。同时,在地下结构完成后,其坑边回填土方工作量小。无内支撑支护可分为逆作拱墙(图4-29(a)),土钉墙(图4-29(b)),水泥土墙(图4-29(c)),以及悬臂式(图4-29(d))、拉锚式(图4-29(e))、土层锚杆(图4-29(f))等板式支护结构。

图4-29(a)～(f)几种无内支撑支护的基坑土方开挖与放坡开挖类似,它可以完全敞开的条件下挖土,因此,工效高、施工方便。但由于它有支护结构,故是否采用降水措施应根据地下水、土质及支护结构止水性能确定。如果地下水位较低,且支护结构具有很好的隔水性能,则通常可不用降水措施,或只在基坑内设置降水设备抽去坑内的滞留水。

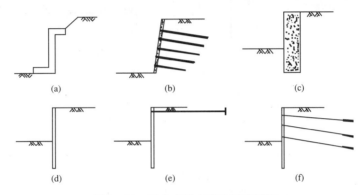

图4-29 无内支撑支护的基坑开挖

3）有内支撑支护的基坑开挖

在基坑较深、土质较差的情况下,一般支护结构要设置多层支点,而当支护结构外不可采用土锚杆时,需在基坑内设置支撑。支撑可采用钢筋混凝土结构或钢结构,它对于控制支护结构位移、保护周边环境有很大的作用。这种基坑也是沿支护结构直壁开挖,主体结构施工以后回填的土方量少。有内支撑支护的基坑土方开挖比较困难,其土方开挖需要与支撑施工相协调,工序较多,施工较复杂,工期也较长。此外,当上层支撑设置后,开挖下层土方时挖土机械作业受到支撑的限制,工效低。图4-30是一个二道支撑的基坑工程土方开挖及支撑设置的施工过程示意图,从中可见在有内支撑支护的基坑中进行土方开挖,其施工较复杂。

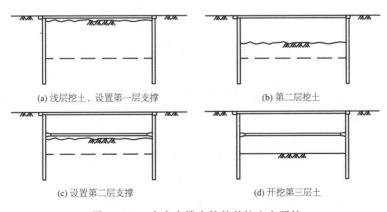

(a) 浅层挖土、设置第一层支撑　　　　(b) 第二层挖土

(c) 设置第二层支撑　　　　(d) 开挖第三层土

图4-30 有内支撑支护的基坑土方开挖

4）盆式开挖

盆式开挖适合于基坑面积大、支撑或拉锚设置困难且无法放坡的基坑。它的开挖过程是先开挖基坑中央部分，形成"盆式基底"（图4-31(a)），此时可利用留位的土坡来保证支护结构的稳定，此时的土坡相当于"土支撑"。随后再施工中央区域内的基础底板及地下室结构（图4-31(b)），形成"中心岛"，在地下室结构达到一定强度后开挖留坡部位"盆边"的土方，并按"随挖随撑，先撑后挖"的原则，在支护结构与"中心岛"之间设置支撑（图4-31(c)），最后施工边缘部位的地下室结构（图4-31(d)）。

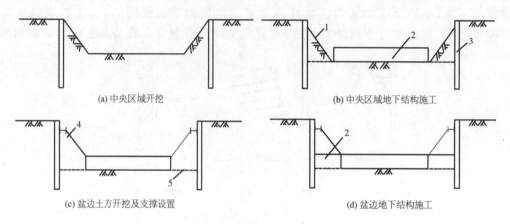

(a) 中央区域开挖   (b) 中央区域地下结构施工

(c) 盆边土方开挖及支撑设置   (d) 盆边地下结构施工

图4-31 盆式开挖方法

1—边坡留土；2—基础底板；3—支护墙；4—支撑；5—坑底

盆式开挖方法支撑用量小、费用低、盆式部位土方开挖方便，这在基坑面积很大的情况下尤显出优越性，因此，在大面积基坑施工中非常适用。但这种施工方法也存在不足之处，主要是地下结构需设置后浇带或在施工中留设施工缝，将地下结构分两阶段施工，对结构整体性及防水性亦有一定的影响。盆式开挖方法在支撑设置时应验算主体结构并做好构造处理。

5）岛式开挖

当基坑面积较大，还可采用岛式开挖的方法（图4-32）。

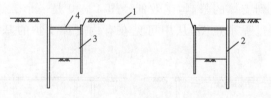

图4-32 岛式开挖方法

1—中央留土(中心岛)；2—支护墙；3—临时支护墙；4—支撑

这种方法与盆式开挖类似，但先开挖边缘部分的土方必要时设置临时支护墙，将基坑中央的土方暂时留置，形成中心岛，该土方具有反压作用，可有效地防止坑底土的隆起，有利支护结构的稳定。必要时还可以在留土区与挡土墙之间架设支撑。在边缘土方开挖到基底以后，先浇筑该区域的底板，以形成底部支撑，然后再开挖中央部分的土方。

6）逆作法

逆作法是将多层地下结构由上向下逐层进行的一种施工方法，通常将作为基坑支护结构的地下连续墙兼作为永久性结构的一部分或全部，即所谓的"两墙合一"这种方法的挖土是在地下主体结构完成一层后再向下开挖一层,以后主体结构再向下完成一层,挖土也更向下一层,由此逐渐完成全部土方施工。逆作法施工的技术要求高,它通常用于地下室层数多、城市地区施工现场紧张且地质条件差,周围环境保护要求高的深基坑。用逆作法施工还可采用地上工程与地下同时施工的方法,以缩短工期。

逆作法施工的土方开挖难度较大,一般需在已完成的水平结构(如楼板等)上预留若干出土孔,在开挖层用小型挖土机械或人工将土方运至出土孔附近,再用抓铲挖土机将土方提升至地面而后运出,图 4-33 是采用逆作法进行土方开挖的示意图。该工程采用地上结构与地下结构同时施工的逆作法,图示施工状态是地下二层及上部三层结构施工完成,地下三层正进行土方开挖。

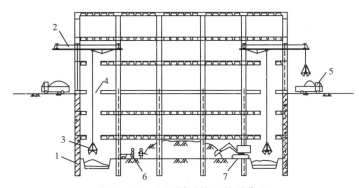

图 4-33 上下同时施工的逆作法
1—支护结构;2—专用取土架;3—电动抓铲;4—楼板预留孔;
5—运土卡车;6—人工挖土;7—小型挖土机

4.3.5 降低地下水

当地下水位较高时,基坑开挖后会将地下含水层切断,地下水将不断渗入基坑,影响基坑土方开挖及地下结构的施工,因此,在基坑施工时还应进行地下水的处理。地下水的处理有两种方法:一是采用止水帷幕,将地下水隔离于坑外;二是采用降低地下水位的方法,将地下水位降至坑底以下,工程中应根据具体情况选择。止水帷幕一般采用水泥土桩,也可采用高压喷射注浆等方法,使土体改性,提高其抗渗性能来达到止水效果,但它一般需在基坑四周设置一道水泥土帷幕,或在排桩间用高压喷射注浆法形成隔水屏障,但其费用都较大;而降低地下水位的方法费用较低,但降水后会对周围环境带来影响,造成地基土固结下沉,引起不良后果。因此,当周围环境不宜降水时应采用止水帷幕的方法。此外,当基坑开挖深度较大,采用止水帷幕也更有效。

1) 降(截)水方法选择

地下水控制方法可以采用集水井降水、井点降水、截(止)水等形式,可以单独使用也可组合使用。常用的地下水控制方法可按表 4-5 选用。

在基坑开挖时首先要进行降水,一般应将地下水降低至坑底标高下 500 mm,降水的布置可以采用坑外降水、坑内降水或坑内、坑外相结合降水。但不论采取哪一方法,都应考虑降水可能对周边带来的影响,采取必要的措施。

表 4-5 　　　　　　　　　　常用的地下水控制方法及其适用条件

方　法		土　类	渗透系数/(m/d)	降水深度/m	水文地质特征
集水井明排			7～20	＜5	
井点降水	真空井点	填土、粉土、粘性土、砂土	0.1～20	单级＜5 多级＜20	土层滞水或 水量不大的潜水
	喷射井点		0.1～20	＜20	
	管　井	粉土、砂土、碎石土、可溶岩、破碎带	1～200	＞5	含水丰富的滞水、承压水、裂隙水
截(止)水		粘性土、粉土、砂土、碎石土、岩溶岩	不限	不限	
回　灌		填土、粉土、砂土、碎石土	0.1～200	不限	

（1）降水布置

① 坑外降水

坑外降水适用于下述条件：

a. 放坡开挖同时采用坑外降水。

b. 基坑底部以下有承压含水层，而又需进行降水时，宜在坑外降水。

c. 当采用申渗井点降水时，应布置在坑外。

采用坑外降水应注意对基坑周围环境的影响，防止坑外降水对邻近引起危害。

② 坑内降水

坑内降水是将井点管布置在基坑内部，这样可减少总的抽水量、缩小降水影响范围，减小坑外的地下水位下降值及相应的地面沉降量。

a. 坑内降水通常是在坑边设有止水帷幕，同时布置疏干井，抽去坑内滞留水，保持坑内干燥，这样，有利于地下结构的施工。

b. 大面积基坑在坑内一般都需布置降水设备。

c. 有时承压水降水井也可布置在坑内。

③ 坑内、坑外相结合降水

a. 当基坑面积较大，虽可采用坑外降水，但往往在坑内也需增设降水措施，以保证整个基坑的干燥。

b. 以坑内布置为主，同时在支护结构外许可的位置处再布置井点，它既可保证降水效果，又可减小对支护结构的侧压力。

（2）止水帷幕

采取止水帷幕的方法可以有效地将地下水截在基坑外，以保证地下室结构的施工。止水帷幕可以利用搅拌桩、小止口的钢板桩、地下连续墙等。止水帷幕的止水基本原理是延长地下水的渗流路径，减小水力坡度，减小动水压力。通过加长止水桩（墙）的入土深度，使坑外地下水渗入基坑的路径延长，当止水桩（墙）的入土深度 h_d 大于地下水位面到坑底的高度 h_w 时，地下水就可被截断。在实际工程中，还应考虑一个安全系数，一般取 $h_d \geqslant 1.3 h_w$。

（3）回灌

当降低地下水位危及和影响周边区域的建（构）筑物、道路或地下管线时可在降水井点管和建（构）筑物或道路、管线之间设置止水帷幕，也可设置回灌砂井、回灌井点或回灌砂沟等。回灌砂井、回灌井点或回灌砂沟与降水井点的距离应根据降水与回灌水位和场地条件确定，一般不宜小于 6 m。当采用回灌井点和降水井点合用时，两者应同时进行。

2）井点系统的布置

（1）单排布置（图 4-34(a)）

当基坑宽度较小（≤6 m），降水深度小于 6 m 的情况，一般可采用单排井点，其井点总管两端宜适当加密井点间距或将总管延长至基坑外 10～15 m。如基坑的一端为来水上游，则可将该处做成回转转折状。

（2）双排布置（图 4-34(b)）

当基坑宽度大于 6 m，一般应采用双排井点，但基坑宽度小于 6 m，而土的渗透系数较大或粉砂土类时也宜采用双排布置。

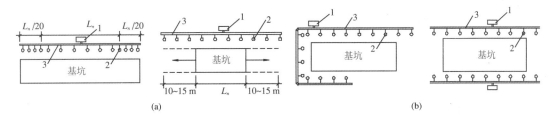

图 4-34　井点系统的线状布置
1—井点管；2—总管；3—水泵

（3）环形布置（图 4-35）

环形布置是适用于基坑面积较大的情况，在个别情况下，如一边无法封闭，或考虑挖土汽车的进出，可采用半环形布置。当采用封闭环形布置时，应注意使环形总管在离水泵相等距离处设一阀，使集水总管内水流入水泵，避免紊流，也可在该处将总管断开。

如基坑面积较大，则可在中央加设一排井点，当总管长度超过一定长度，须根据每台水泵的抽水能力布置，一般每台泵可带动 40～50 m 总管，多台水泵工作时，应将总管断开或设置闸阀，使各段总管分别与水泵连接。

在实际工程中，由于基坑的平面形状和尺寸都有所不同，具体布置仍应因地制宜，将地下结构施工中需降水部位均纳入井点系统范围，而又尽可能地缩小降水范围。

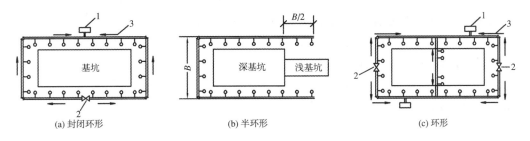

图 4-35　井点系统的环形布置
1—水泵；2—阀门；3—抽水流向

4.4　地下室结构施工

高层建筑一般都采用桩基础,当地质条件较好时,也可采用筏形基础或箱形基础。在很多场合下设计将桩基础与筏基础或箱形基础结合起来,组成复合基础。随着城市建设的发展,地下空间的利用显得越发重要,同时,考虑到高层建筑的结构特点——高度大,承受的水平荷载大等,基础需要有足够的埋置深度,因此绝大多数高层建筑均设有地下室(箱形基础),地下室的层数根据使用要求及结构设计而定,一般为1~3层,多者可达5~6层。

高层建筑地下室施工具有很大的特殊性,首先,它在地下施工,不可预见的因素较多,对支护结构及地下水处理有十分严格的要求;其次,由于地下室底板厚度较大,一般为1 m左右,更厚者达2~3 m,混凝土浇筑量大,一般为数千立方米,最大的有几万立方米;再次,地下室外的墙板抗渗要求高;最后,地下室施工条件较差,特别是因为基坑开挖造成现场场地狭小,给设备布置、材料运输及人员作业带来很大困难。

高层建筑地下室结构一般均为钢筋混凝土结构,基本的施工技术与工艺与常规的钢筋混凝土结构类似,其施工过程(除逆作法外)都是从下至上逐层进行,其中,地下室底板及外墙板的施工是地下室结构施工的关键。

4.4.1　地下室底板施工

地下室底板的施工过程为:

垫层浇筑→凿桩顶、焊接锚固钢筋(如有桩基)→弹线→支撑模板→绑扎钢筋→浇筑混凝土。

1)垫层浇筑

地下室施工时,由于基坑开挖的深度大,大量土方开挖造成坑底土层上覆荷载的减小,同时,由于支护结构会产生一定的水平位移,致使土体回弹。根据工程实测,在软土地区开挖1~3层地下室的土方,坑底土体回弹量约30~50 mm,该值约占结构最终沉降量的10%~20%。这部分回弹量,在结构施工阶段及完工后又会逐渐回复,这对施工中的结构有一定影响。因此,在基坑开挖过程中,应及时浇筑混凝土垫层,这对防止地基土的扰动、约束支护结构的水平位移、减小坑底土体回弹量是十分有利的。

在垫层浇筑的同时,还应做好排水沟或盲沟及集水井,以便及时排除地下渗入水、雨水及流入坑内的地面积水等,保持坑底干燥。

2)凿桩顶、焊接锚固钢筋

桩基础与地下室底板需要有可靠连接,桩顶嵌入底板长度对于大直径桩一般不小于100 mm;对于中直径桩一般不小于50 mm,因此,对于灌注桩,则需将桩顶上部超灌部分凿去;对于预制桩,也需将桩顶凿开,以便焊接锚固钢筋。

桩的主筋应伸入底板内,伸入底板的长度不小于30倍主筋直径。桩与底板的锚固钢筋对混凝土桩一般都通过焊接接长主筋的方法;对于钢桩,可采用焊接钢筋的方法,有时也采用加焊锅型钣的方法。

3)支撑模板

平板式的地下室底板的模板比较简单,主要是周边的侧模,此外,对于地下室的集水井、电梯井等深坑部位也需设置模板。

底板的侧模常用散拼式模板和砖胎模两种形式。采用散拼式模板时,应保证底板外侧与基坑支护结构之间有足够的净距(一般≥500 mm),以便混凝土浇筑后可以拆除;其材料可用木材或组合钢模板;其支撑点可直接设置在支护结构上。砖胎模则用于底板外侧与支护结构之间净距较小的情况下,由于模板不便于拆除,故采用这种砖胎模的形式就很方便,砖胎模一般为240 mm厚,用砂浆砌筑,在砖胎模与支护结构之间的空隙用砂、土填实。

有的地下室底板设计为承台加梁板的形式。梁板式的基础梁可设置在底板上方,也可设置在底板下方(也称为"反梁")。工程中以向下设置的为多,因为此时梁的顶面与板的顶面标高相同,与使用状态一致。但反梁和承台的底标高一般低于板底。梁板式底板的模板支撑比较复杂,它除了要考虑底板侧模,还必须考虑基础梁或承台的侧模,而基础梁往往纵横交叉、数量较多,会给施工带来诸多不便。上翻梁的侧模一般采用钢、木模板;下翻梁(反梁)的侧面多用砖胎模。在反梁的基槽开挖时,可根据土质情况及梁槽深度采用直壁或放坡形式,在砖胎模砌筑后在其后回填砂、土等并进行压实。

地下室的集水井、电梯井等深坑是在底板以下再行开挖而成的,而其混凝土浇筑则是与底板同时进行的,其模板是无法拆除的,因此,一般垂直面都采用砖胎模,而斜坡面则采用与垫层连同浇筑的混凝土模板。

基础长度超过40 m时,宜设置施工缝,缝宽不宜小于800 mm。在施工缝处钢筋必须贯通。根据结构特点,在地下室底板上往往设有后浇带,如在主楼与裙楼采用整体基础,在主楼基础与裙楼基础之间往往采用后浇带。后浇带有多种形式,如平接式、企口式及台阶式等(图4-36)。图4-37是企口式后浇带的一种支模方法,该后浇带两侧的侧模采用双层钢板网,大孔网与小孔网各一层,大孔网放置在靠近先浇混凝土的一侧,小孔网放置在后浇的一侧。后浇带部分的钢筋与基础底板钢筋系连续贯通的,利用钢板网上的孔洞,把底板钢筋穿过,并用铁丝把网片与钢筋绑牢,使钢板网就位。为了防止钢板网在混凝土浇筑时侧向变形,在两侧的网片间设置木对撑。由于后浇带一般要等在结构封顶后施工,该部分的钢筋可能锈蚀或沾上水泥浆等而影响与混凝土的粘结力,在后浇带两侧混凝土浇毕后,应采取措施,如在钢筋上涂刷防锈层,并在后浇带上铺设挡板遮盖,这样既方便人员通行,减少安全隐患,又可防止对后浇带内的污染。

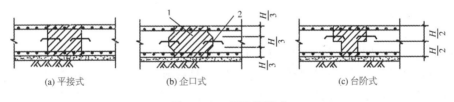

图4-36 后浇带形式

(a) 平接式　(b) 企口式　(c) 台阶式

1—原浇带;2—止水板带

4)钢筋绑扎

地下室底板钢筋的绑扎顺序:钢筋翻样,测量、弹线→排放保护层垫块→下层钢筋排放、绑扎→设置上层钢筋的支撑架→上层钢筋排放、绑扎→墙、柱预留筋绑扎。

地下室底板的钢筋具有数量多、直径大的特点,采用合理的连接方式对于提高工效、降低成本具有很大意义。

通常可根据钢筋直径确定连接方式。对于大直径(如$d>28$ mm)的钢筋,采用锥螺纹或直螺纹连接;对于小直径(如$d<14$ mm)的钢筋,可采用绑扎连接;界于这两者之间的则可采用焊接或挤压连接等。当然,采用什么连接方法还应根据作业条件及结构要求综合考虑。

底板的钢筋保护层一般较大,要求 50～70 mm,有的可达 100 mm,保护层的间隔件根据设计厚度制作,同时应有足够的强度,以防止其被上部钢筋压碎,并控制间隔件的间距,如采用第 3 章图 3-24 所示的钢筋保护层支架则可以有效地保证保护层厚度的控制。

地下室底板钢筋的另一个特点是,由于底板较厚而造成上下皮钢筋的竖向间距也很大,因此,上皮钢筋采用一般板钢筋的搁置方法已不适用,应考虑专用的支承架(参见图 3-24)。目前工程中常用的有以下几种形式:用型钢焊接的支承架、用粗钢筋弯制的支承架、用加密布置的单根粗钢筋作为支承架等,图 4-38 是型钢焊接的支承架示意图。支承架的形式主要根据上皮钢筋的荷载、支承高度及支承架间距确定;当支承高度较小的情况,也可采用预制混凝土块的方法,这更经济适用。

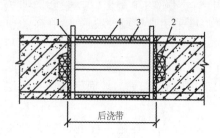

图 4-37　企口式后浇带支模
1—双层钢板网;2—统长企口木条;
3—钢筋;4—木顶撑

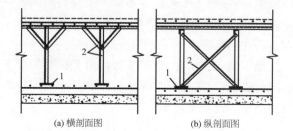

(a) 横剖面图　　　　(b) 纵剖面图

图 4-38　型钢焊接的钢筋支承架
1—钢板;2—角钢

5) 浇筑混凝土

高层建筑地下室底板一般较厚,混凝土的浇筑量大,整体性的要求较高,易产生温度裂缝,因此,在混凝土浇筑中应采取必要的措施,以保证施工质量。

地下室基础混凝土应采用同一品种水泥、掺合料、外加剂和同一配合比。

(1) 泵送混凝土设备的配置

基础底板目前多用预拌混凝土,而现场则用混凝土泵车施工,为确保供料、运输、输送、浇捣等工作的顺利进展,要做好机械设备的部署,主要包括混凝土泵车及混凝土搅拌运输车,此外还有输送管及振捣设备等。

① 混凝土泵

混凝土泵型号的选择主要根据单位时间的浇筑量以及泵送距离。如基础底板面积较小,可采用带布料杆的混凝土泵车。如泵车有布料杆长度不满足泵送距离,则应布置混凝土输送管道,输送管布置通常采用一次安装连接至最远的浇筑处,以后边浇边拆的方式。混凝土如采用管道输送,则也可选用固定式混凝土泵。

混凝土泵或泵车的数量按下式计算,重要工程宜配置备用泵。

$$N = \frac{Q}{Q_a \cdot t} \tag{4-1}$$

式中　N——混凝土泵(泵车)台数;

　　　Q——混凝土总浇筑量(m^3);

　　　Q_a——混凝土泵(泵车)的实际平均输出量(m^3/h);

　　　t——施工作业时间(h)。

② 混凝土搅拌运输车

供应大体积混凝土结构施工用的商品混凝土,宜用混凝土搅拌运输车供应。混凝土泵不

应间断供应,以保证顺利泵送。混凝土搅拌运输车的台数按下式计算:

$$N_g = \frac{Q'}{Q_b}\left(\frac{L}{v} + T\right) \qquad (4-2)$$

式中　N_g——混凝土搅拌运输车台数;

　　　　Q'——混凝土泵(泵车)计划泵送量(m^3/h);

　　　　Q_b——混凝土搅拌运输车的装载量(m^3);

　　　　L——混凝土搅拌运输车往返一次的行程(km);

　　　　v——混凝土搅拌运输车的平均车速(km/h);

　　　　T——一次往返因途中装料、卸料、冲洗、作业间歇等的总停歇时间(h)。

混凝土泵(泵车)能否顺利泵送,在很大程度上取决于其在平面上的合理布置与道路的畅通状况。如采用泵车,则应使其尽量靠近基坑,以扩大布料杆的浇筑范围。混凝土泵(泵车)的受料斗周围宜有能够同时停放两辆混凝土搅拌车运输的场地,这样,可使两辆混凝土搅拌运输车轮流向泵或泵车供料,使调换供料保持连续。

(2)混凝土的浇捣

混凝土的浇筑可根据结构整体性的要求、底板平面尺寸和厚度、钢筋的配置、混凝土的供料情况等选择全面分层、分段分层或斜面分层等方法。全面分层法适用于面积不大的底板,施工时宜从短边开始,沿长边方向进行浇筑,必要时可根据供料情况(如混凝土泵的配置)将大面积的底板分成若干施工段,同时进行浇筑,但控制好分段之间的衔接;分段分层法适用于底板厚度不大、而面积或长度较大的底板,施工时混凝土分层浇筑,但进行到一定距离后再回来浇筑上一层混凝土,逐渐向前并向上推进;斜面分层法适宜于厚度大而且面积也较大的底板,它是目前应用最多的方法。斜面分层的方法根据每台混凝土泵的作业面积,对基础底板进行分块,每台混凝土泵承担一定的浇筑面积,多台混凝土泵协调工作、整体浇筑。每一区域做到"斜面分层、薄层浇捣、自然流淌、循序推进、一次到顶、连续浇捣",这一方法适应混凝土泵送工艺。混凝土浇捣斜面坡度一般为1:5~1:7,混凝土斜面浇筑厚度以振捣器作用深度控制,并应控制施工层的混凝土及被覆盖混凝土在其初凝前浇筑完成,保证混凝土的层间不出现冷缝。混凝土浇捣时要均匀布料,覆盖完全。插入振捣间距不应大于1.5倍振捣器作用半径,振捣器应垂直插入下层混凝土中,使上下混凝土结合良好。

大体积混凝土浇筑后,必须进行二次抹面工作,以减少混凝土的表面裂缝。可在混凝土浇捣后按设计标高用括尺括平,在混凝土初凝前用铁滚筒纵、横碾压数遍,用木蟹打磨压实,经混凝土收水后,再用木蟹进行第二次搓磨。随后覆盖保温、保湿材料进行大体积混凝土的养护。

后浇带两侧的混凝土先后浇筑的时间间隔较长,易形成结构的薄弱点,而在结构最终完工后又要求其具有良好的整体性,故后浇带的混凝土施工应十分重视。温度后浇带应在两侧混凝土浇筑42 d后封密,沉降浇带应按设计要求,一般在主体结构封顶以后方可封密。该处的混凝土在后期浇筑前,应先进行施工缝的处理:清除带内的所有垃圾;凿去结合面的浮浆、浮石;用压力水进行清洗基底并使之湿润。后浇带的混凝土强度等级应比基础底板提高5~10 MPa;也可掺入微膨胀剂,用此法可消除混凝土的部分收缩,避免或减轻混凝土的开裂,使后浇带具有良好的抗渗性和整体性。混凝土浇毕后,应立即覆盖草包等并洒水养护,时间不少于28 d。

(3)混凝土的养护

基础底板的混凝土养护是一项关键工作,它对于控制混凝土内外温差、防止或减少温度裂缝有十分重要的作用。底板大体积混凝土的养护主要是保证适当的温度和湿度,常用的保温措施有覆盖保温及蓄水保温两种方法,它们都兼有保湿作用。

覆盖材料的厚度应根据热交换原理计算确定,即混凝土从其中心向表面扩散的热量等于混凝土保温材料散发的热量。选择导热系数(导热系数是指厚度为 1 m 的材料,每当温度改变 1 K(或 1℃),在 1 h 时间内通过 1 m² 面积的热量)较小的材料作为覆盖材料,可起到有效的保温作用,同时总的覆盖厚度也可大大减小,便于施工。工程中常采用草包、砂、炉渣、锯末及油布或塑料薄膜与上述材料夹层覆盖等,覆盖层厚度通常为 30~100 mm。

蓄水养护的基本原理与覆盖保温类似,由于水的导热系数也较少,亦有很好的隔热保温效果,又可起到自然保湿作用。由于底板平面面积一般很大,板面为水平的,且标高基本一致,因此,在底板边缘利用结构边墙或砌筑(浇筑)挡水墙,以形成盆式蓄水池,放水及排水都十分方便。在工程中常采用该法进行养护。蓄水养护时蓄水深度也应根据热交换原理计算确定,一般水深 100~200 mm 即可。

(4) 混凝土测温及信息化施工

对于厚度厚、面积大的基础底板应进行混凝土温度监测工作,以便掌握大体积混凝土内部温度场的分布及其随时间变化的规律,以监测的数据来指导养护工作,做到信息化施工。

混凝土测温系统分为两大部分,一是传感器——接收、采集混凝土内部温度信息;二是测温仪——将采集的数据进行记录、处理、分析及打印输出。

常用的传感器有热电耦式和铜热电阻两种,后者的效果更好一些,但由于这类传感器均属电阻型传感器,采用电桥平衡电路,在大型工程中测点布置多、间距大、导线长,往往会造成测量误差,影响测量精度,同时,这种传感器的线性和温度重复性都较差,当测量温度范围较大时不够精确。当然,这种电阻型传感器价格较低、取材方便,在一般工程中仍常运用。

较先进的传感器是电流型半导体温度传感器,它具有很好的温度特性,非线性误差极小,且其热惯性很小,可迅速反映混凝土内温度变化。由于它属电流型传感器,其输出电流仅与温度有关,而与接线长及电阻、供电电压等外界因素均无关,十分适合现场复杂环境的测温工作,测温的精度与可靠性均很好。目前,在不少工程中已采用了这类传感器,收到显著效果。

混凝土测温仪应与传感器适配。与电阻型传感器配合使用的是温度记录仪,传感器的温度信号馈送到该仪器的输入端后,通过记录仪处理,输出各点的温度状况。这种记录仪具有温度巡检功能,可随时逐个检查各测温的温度状况;同时还具有报警功能,可根据需要设定各点的报警值,以便及时采取相应措施;此外它还可根据需要输出测点的温度数值,以便绘制温度变化曲线。这种温度记录仪在使用中需要人工根据记录纸上数据整理、分析,再进行曲线绘制,工作较繁琐。近年来开发的混凝土微机自动监测仪具有技术先进、操作简便、精度高的特点,可根据工程要求设定监测程序,进行循环采样;并通过微机系统进行计算分析,打印温度值及温度变化曲线;每次工程所测数据可自动存盘,长期保存。这一监测仪和自流传感器配合使用,是目前较为先进的测温系统。

温度传感器在大体积混凝土中的布置,可根据底板的平面形状、厚度及不同厚度的分界线等作不同的布置。如平面形状是对称的,则可根据对称性布置 1/2 或 1/4 区域,测点的间距也应根据预测温度分布状况及温度应力状况确定,图 4-39 是某工程地下室底板的温度测点布置,该底板长 90.8 m、宽 31.3 m、厚 2.5 m。在底板平面上共布置了 10 个点,在沿板厚度方向布置了 2~5 个传感器,此外在侧模与覆盖材料之间还加设了 2 个测点 K,Z,以便了解混凝土的表面温度。

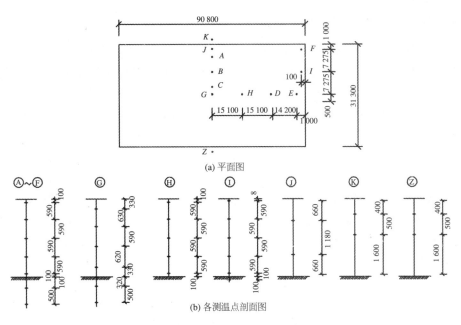

(a) 平面图

(b) 各测温点剖面图

图 4 - 39　某工程地下室底板的温度测点布置

根据我国规范要求,大体积混凝土内表温差应控制在 25℃ 以内。美国 ACI 施工手册中提出该温差不超过 32℃;日本土木学会施工规程中规定不超过 30℃,而日本建筑学会有关规程中则规定不超过 35℃。由于高层建筑地下室底板大体积混凝土有较密的配筋,其混凝土强度等级较高,这一特点对抗裂性是有利的。因为混凝土浇筑后处于升温时,混凝土的内部温度较高,其膨胀受到边上钢筋和模板的限制,从而使混凝土结构物的实际热膨胀远小于处在自由状态下的热膨胀量,这样,在降温过程中混凝土的收缩也必然大大减少。收缩的大小是直接影响混凝土是否产生温度裂缝的重要因素,因此,对地下室底板混凝土内表温差值可适当放大到 30℃～35℃。工程实践证明,采取一定的措施,适当放大混凝土内表温差是完全可行的。

为防止大体积混凝土裂缝应采取必要的技术措施,主要的技术措施有:降低水泥水化热、减小混凝土内外温差、改善约束条件、提高混凝土的抗拉强度等。

为降低水泥水化热可选用低水化热的水泥,如采用矿渣水泥、粉煤灰水泥及复合水泥等;利用混凝土的后期强度,减少水泥用量,根据水泥用量与水化热关系可知,每减少 10 kg 水泥可降低由水泥水化热引起的混凝土温升降 1℃;采用大粒径的粗骨料或适当掺入块石,并选择最佳配合比都有利于减少水泥用量,降低水化热。

减小混凝土内外温差首先可在适宜的气温下进行浇筑,在编制施工进度计划时应注意大体积混凝土浇筑的时间尽量避免在炎热高温和冬季低温,在夏季可用冰水搅拌或对骨料进行预冷,采取措施降低骨料的温度;在冬季则应加强保温。

合理设置后浇带、水平或垂直施工缝,采取分层、分块浇筑对于放松约束有很大帮助,对混凝土基础直接与岩石地基或厚大混凝土垫层接触的情况,可在接触面上设置滑动层,如在基层的平面上浇沥青胶并铺砂,或刷热沥青,或铺设沥青卷材。在垂直面上设置缓冲层,如铺设 30～50 mm 厚的沥青木丝板或聚苯乙烯泡沫塑料,以消除嵌固作用,释放约束应力。

加强混凝土振捣养护,设置必要的温度钢筋,以提高混凝土的抗拉强度,防止裂缝。

4.4.2 地下室墙板及楼(顶)板的施工

地下室墙及楼(顶)板的施工与上部现浇混凝土结构的施工方法类似,但在施工中可采取两种程序,其一是同一层中的墙、柱与楼(顶)板同时浇筑;其二是同一层中的墙、柱先行浇筑,以后再施工楼(顶)板。这两种方法各有优缺点,同时浇筑的方法施工缝少,可避免外墙渗漏,墙、柱及板的模板连成整体,稳定性好、不易变形,但其施工较复杂,模板拆除困难;而分别施工的方法则反之。

由于地下室层数一般不多,其层高也不尽相同,常用的墙体模板仍以散拼模板为主,或用小型板块拼装成大模板。

地下室墙、楼(顶)板的钢筋直径一般比底板钢筋小,并由于施工时是逐层接长的,故可采用绑扎连接的方法或电渣压力焊,对柱或其他部位一些直径较大的竖向钢筋,则宜采用电渣压力焊或气压焊等。

地下室外墙板的抗渗是施工中应十分注意的一个问题,施工中应从混凝土的配合比、浇筑、养护等多个环节采取措施,以保证其抗渗性能满足结构和使用要求。

地下室外墙的混凝土等级不应低于 C20,当地下水位高于底板面时,外墙应用防水混凝土,其抗渗等级根据最大水头(H)及外墙壁厚(h)之比确定(表 4-6)。

表 4-6   箱形基础混凝土抗渗等级选择表

最大计算水头(H)与混凝土厚度(h)之比	设计抗渗等级/(kN/mm^2)
$H/h \leqslant 10$	P6
$10 < H/h \leqslant 15$	P8
$15 < H/h \leqslant 25$	P12
$25 < H/h \leqslant 35$	P16
$H/h > 35$	P20

底板与外墙的施工缝以及中楼板(或顶板)与外墙的施工缝,均应根据墙厚采取企口式、踏步式或放置止水带,保证施工缝处的止水效果。

地下室外墙模板的穿墙螺栓不能按通常设置穿墙螺栓孔的方法,这种方法在浇筑混凝土后将螺栓拔出,再进行封孔,在孔的位置处很容易形成渗水通道。地下室外墙模板的穿墙螺栓应采用封闭式,常用埋入式穿墙螺栓或带止水片的穿墙螺栓(图 4-40)。

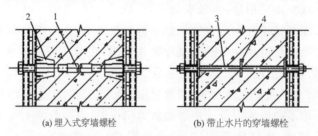

(a) 埋入式穿墙螺栓   (b) 带止水片的穿墙螺栓

图 4-40 地下室外墙模板的穿墙螺栓
1—埋入的螺栓;2—可拆卸的锥形螺母;3—穿墙螺栓;4—止水片

外墙板混凝土的浇筑宜采用分层交圈方式,分层厚度 0.5～1 m,应保证在下层混凝土初凝前浇完上层混凝土,但对厚度较大的墙板在保证下层混凝土不初凝的前提下应尽可能延长上层混凝土与下层混凝土的浇捣间歇时间,使新浇混凝土有更多的散热时间,防止水化热集聚而引起混凝土内部温度过高。

墙板混凝土的养护比较困难,由于竖向结构不易覆盖保温材料,浇水也易流失,目前较为理想的养护方法有带模养护法及养生膜养护法两种。带模养护法是当混凝土强度达到 1.2 MPa 后,将模板松开 3～4 mm 隙缝,在模板顶部设置带孔水管,水管位于模板与墙板接缝处,不断向墙板面处淋水养护,并在混凝土浇捣后 10～15 d 内不拆除侧模,进行带模养护,这样,既可防止混凝土表面的热量散失而引起过大的降温、造成表面裂缝,也可防止水分过量蒸发,起到养护作用。养生膜养护法是当混凝土模板拆除后,在混凝土表面喷一层混凝土养生膜,它可阻止混凝土内的水分蒸发,起到保水养护的作用。

地下室墙板的裂缝是一个质量通病,虽然很多场合裂缝的宽度不大,渗水量很小,对结构并无大的影响,但它对正常使用及结构的耐久性十分不利,在施工中除了注意各施工环节外,还可采取如下措施:

① 利用混凝土后期强度,以 90 d 龄期强度作为设计强度,从而可减少水泥用量,降低水化热,防止裂缝产生。

② 增加墙体水平钢筋的数量或调整水平钢筋的配置,如采用小直径、小间距的配置方法。

③ 选择良好的混凝土级配,掺入磨细粉煤灰,严格控制砂、石含泥量。

④ 掺加微膨胀剂,如 UEA 等。一些工程实践证明适当掺入微膨胀剂,对改善裂缝有一定帮助。掺入微膨胀剂后,混凝土的养护应更为注意,必须保持湿润条件,否则它对防止裂缝不仅无效,有时反而使裂缝更为严重,因此,对微膨胀剂应谨慎使用。

4.5 主体结构施工

高层建筑结构主要有框架结构、剪力墙结构、框架剪力墙结构、框筒结构、筒体结构及成束筒等。所用材料为全混凝土结构、全钢结构及混凝土-钢混合结构等。

钢筋混凝土结构的高层建筑其耐久性和防火性能较好,造价较低,钢结构则具有轻质高强、抗震性能好的特点。我国目前大部分的高层建筑是混凝土—钢混合结构。这种结构一般内部设计有混凝土筒体或混凝土剪力墙,以此加强结构的抗侧刚度,外部则为钢框架。它充分利用了两种结构的优点,使高层建筑具有良好的抗震性能,又可大大减轻结构自重,而且具有良好的使用功能,施工也更为方便。

4.5.1 高层运输设备及脚手架

高层建筑施工中材料、半成品和施工人员的垂直输送量很大,其运输作业机械费用高,对工期影响大,因此,合理选择运输体系十分重要。

目前,高层建筑施工过程中需要进行运输的物料主要是模板(滑模、爬模等除外)、钢筋、混凝土,另外还有墙体、装饰材料以及施工人员的上下。

1) 高层建筑施工运输体系

高层建筑施工运输体系主要有以下几种:

① 塔式起重机＋施工电梯;

② 塔式起重机＋混凝土泵＋施工电梯；

③ 塔式起重机＋快速提升机(或井架起重机)＋施工电梯。

上述三种运输体系各有特点,施工中可根据具体条件选用。其中快速提升机因设备较为落后,现已较少应用。

第一种运输体系具有垂直运输的高度及起重半径大；在起重作业中,垂直与水平能同时交叉立体作业等优点。它的缺点是一次性机械投资费用大,且受环境影响大(如大风、雨雪),同时由塔式起重机运输全部材料、设备,其作业量较大。

采用第二种混凝土泵车具有很大优越性,首先,因高层建筑的混凝土运输量大,采用泵送作业连续输送效率高；其次,混凝土泵通过管道输送,占用场地小,施工现场文明；此外,其作业安全,受大风等影响小。缺点是它的设备投资大,机械使用台班费高。

第三种方法机械成本低,一次性投资少,制作简便,但在楼层需搭设高架车道,用手推车输送,劳动量大,机械化程度低。这种输送方法目前已较少采用。

2)塔式起重机

(1) 塔式起重机的类型

塔式起重机简称塔吊,它是高层建筑必不可少的运输机械。塔式起重机的种类很多,根据塔式起重机在工地上架设的方式,可分为行走式、附着式、内爬式(图 4-41)。

行走式的优点是可沿轨道两侧进行吊装、作业范围大、装拆方便；其缺点是路基工作量大,占用施工场地大,起重高度受一定限制,只能用于高度不大的高层建筑。

附着式的优点是占地面积小,起重高度大(可达 100 m 以上),可自行升高,安装方便；其缺点是需增设附墙支撑,对建筑物会产生附加力。

内爬式塔吊支承在结构内部随高层建筑的结构施工逐步升高,它的施工高度几乎不受限制,而且不占施工场地,适应场地狭窄的工地,施工时覆盖建筑范围大,能充分发挥起重机的能力；此外,整机用钢量少,造价低。

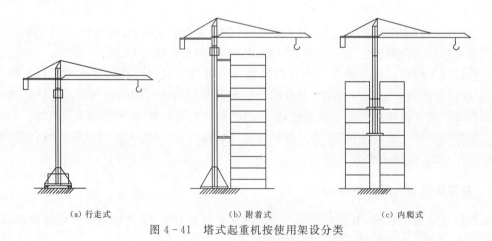

(a) 行走式   (b) 附着式   (c) 内爬式

图 4-41　塔式起重机按使用架设分类

塔式起重机的起重变幅方式有动臂式、小车变幅式和折臂式三种(图 4-42)。

动臂式塔吊,可随起重臂仰角的改变能快速增加起重高度,以及快速调节臂杆的起重半径,可满足塔吊臂杆不超过工地施工作业区的要求(很多国家都有这样的规定),还因为这种塔吊的起重量大,因此,动臂式塔吊近年来运用逐渐增多。

小车变幅式的起重小车在臂架下弦杆上移动,变幅就位快,可同时进行变幅、起吊、旋转三个作业,工作效率高,且起重半径较大,故运用较多。但由于臂架受弯,截面较大;此外与另两种变幅形式相比,起重高度利用范围较小。

折臂式塔吊是动臂式和小车变幅式的混合体,既可动臂变幅,也可小车变幅,拓宽了塔吊的功能和工作范围,但这种起重机构造比较复杂。

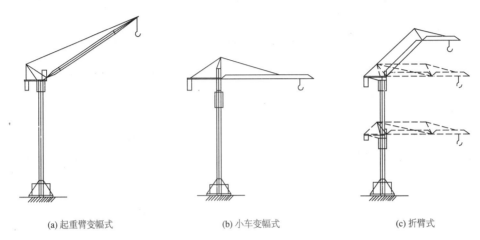

(a) 起重臂变幅式   (b) 小车变幅式   (c) 折臂式

图 4-42 塔式起重机按起重变幅形式分类

(2) 塔式起重机的选择

选择塔式起重机主要根据起重机作业参数、工程情况、施工方法及工期等。塔式起重机的作业参数包括起重半径、起重量、起重力矩和起重高度。

① 起重半径。塔式起重机的最大起重半径,取决于塔式起重机的形式,选择时应力求使其覆盖所施工建筑物的全部面积,以免二次搬运。

小车变幅的塔式起重机的最小起重半径,一般为 2.5～4.0 m,塔式起重机靠近塔身进行作业的距离取决于最小起重半径,故这种变幅方式具有很大的优点。

② 起重量。起重量包括最大起重量和最大起重半径时的起重量两个参数,选择时这两个参数均应满足。计算起重量时,应包括所吊重物、吊索、吊具等的重量。

③ 起重力矩。起重半径和与之对应的起重量的乘积称为起重力矩。它是表明塔式起重机起重能力的重要指标。施工中在选择塔式起重机时,在确定了起重量和起重半径后,还必须参照塔式起重机的技术性能,核查施工中各种工况是否都满足额定的起重力矩。

④ 起重高度。起重高度是自轨道基础的轨顶表面或混凝土基础的顶面至吊钩中心的垂直距离。应根据所施工建筑物的总高度、吊索高度、构件或部件最大高度、吊装方法等进行选用。

选择塔式起重机时,一般先确定塔式起重机的形式;再根据建筑物体形、平面尺寸、标准层面积和塔式起重机布置情况(单侧、双侧布置等)计算塔式起重机的作业参数并做若干选择方案,进行技术经济分析,从中选取最佳方案。最后,再根据施工进度计划、流水段划分和工程量、吊次的估算,计算塔式起重机的数量,确定其具体的布置。

(3) 塔式起重机的安装和拆卸

① 塔式起重机安装位置的选择

在施工总平面图设计时,应慎重选定合适的塔式起重机安设位置,一般应满足下列要求:

塔式起重机的起重半径与起重量能适应施工需要并留有充足的安全余量;在使用多台塔式起重机作业时,要注意其工作面的划分并采取措施防止相互干扰;设置环形交通道,便于安装辅助机械(如液压伸缩臂汽车吊)和运输塔式起重机部件;工程竣工后,仍需留有充足的空间,便于拆卸并将部件运出现场(这对附着式塔式起重机尤为重要)。

② 基础的构筑

（a）轨道基础

轨道基础应牢固可靠,在施工中应防止地基产生不均匀的沉降;在轨道基础与基坑边缘之间要保持足够的安全距离,做好排水设施,防止雨水或地面水浸泡地基土。应构筑完好的避雷接地设施。

（b）基础的构筑

固定式塔式起重机可采用整体式混凝土基础或分块式钢筋混凝土基础(图 4-43),工程中以整体式为多。它根据土质情况和地基承载能力,塔式起重机结构自重及负荷大小来确定基础的构造尺寸。在回填土中设置塔式起重机混凝土基础时,必须对基底进行分层压实,避免不均匀的沉降。

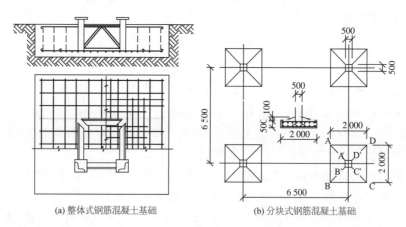

(a) 整体式钢筋混凝土基础　　(b) 分块式钢筋混凝土基础

图 4-43　钢筋混凝土基础构造

塔式起重机基础一般可根据地质条件及塔式起重机产品说明书布置,但特殊情况下塔式起重机基础应经过专门设计和计算。

③ 附着式塔式起重机的锚固

附着式塔式起重机随施工进度向上接高到限定的自由高度后,便需利用锚固装置与建筑物拉结,以减小塔身长细比,改善塔身结构受力,同时,可将塔身上部传来的力矩、水平力等通过附着装置传给已施工的结构。

塔身高度超过 30~40 m 时,必须附着于建筑物并加以锚固。在装设第一道锚固后,塔身每增高 14~20 m 应加设一道锚固装置。根据建筑物高度和塔架结构特点,一台附着式塔式起重机可能需要设置 3~4 道或更多道锚固。

锚固装置由锚固环、附着杆、固定耳板及连续销轴等附件组成。锚固环通常由型钢和钢板组焊成的箱形断面梁拼装而成,它用拉链或拉板挂在塔架腹杆上,并通过楔紧件与塔架主弦卡固。由塔身中心线至建筑物外墙之间的水平距离称为附着距离,多为 4~7 m,有时大至 10~15 m。附着距离小于 10 m 时,可用三杆式或四杆式附着装置,否则应采用空间桁架式(图 4-44)。

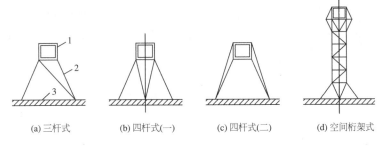

(a) 三杆式   (b) 四杆式(一)   (c) 四杆式(二)   (d) 空间桁架式

图 4-44　附着装置的布置方式

1—塔身;2—附墙杆;3—建筑结构

④ 塔式起重机的安装与拆除

a. 附着塔式起重机安装与拆除(图 4-45)

附着塔式起重机安装顺序为:平整场地、加固路基→安装配重(图 4-45(a))→安装下部塔架(图 4-45(b))→安装爬升架及液压系统→操纵室、电气室等安装(图 4-45(c))→安装塔头(图 4-45(d))→安装平衡臂(图 4-45(e))→安装起重臂(图 4-45(f))→试运转。

施工阶段逐层顶升加高图 4-45(g)。附着塔式起重机拆卸顺序与安装顺序相反。

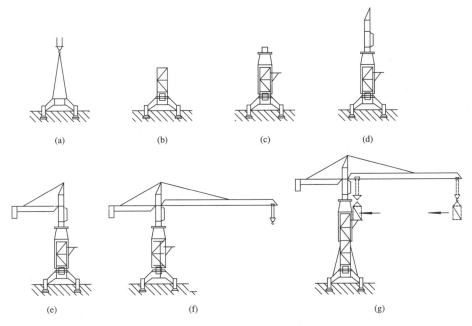

(a)　　　　　　(b)　　　　　　(c)　　　　　　(d)

(e)　　　　　　　　(f)　　　　　　　　　(g)

图 4-45　附着装置的布置方式

b. 内爬塔式起重机安装与拆除

内爬塔式起重机安装顺序为:安装内塔身底座→安装内塔身标准节→安装外塔身底座→安装外塔身标准节→依次装内、外塔身标准节→安装回转支承座→安装驾驶室→安装塔帽→安装起重臂→吊装起升机构→试运转。

内爬式塔式起重机的拆除工序比较复杂且是高空作业,一般有下列三种方式:

(a) 另设一台附着式塔式起重机来拆除内爬式塔式起重机。

(b) 在屋面设置小型吊车进行拆除。如采用 600 kN·m 级屋面吊车来拆除。

（c）采用几组人字把杆，配以慢速卷扬机拆除。其特点是设备简单、费用便宜。

拆除内爬塔式起重机的施工顺序是：降落塔式起重机使起重臂落到屋面→拆卸平衡重→拆卸起重臂→拆卸平衡臂→拆卸塔帽→拆卸转台、操纵室→拆卸支承回转装置及承台座→逐节顶起塔身标准节及拆卸。

2）施工电梯

施工电梯又称人货两用电梯，是一种安装于建筑物外部、施工期间用于运送施工人员及小型建筑器材的垂直提升机械。它也是高层建筑施工中垂直运输的重要机械之一。

（1）施工电梯的构造

建筑施工电梯（图4-46）的主要部件有带有底笼的平面主框架结构、梯笼和立柱导轨架，这三者组成基本单元。施工电梯的梯笼可设成单笼或双笼。

① 基础。电梯的基础一般为现浇钢筋混凝土基础，它带有预埋地脚螺栓，与电梯立柱连接。

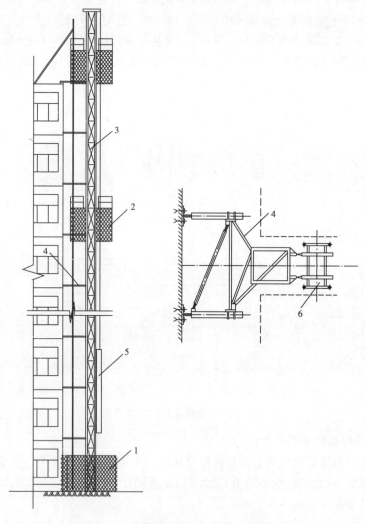

图4-46 施工电梯
1—底笼及平面主框架；2—梯笼；3—立柱；4—附墙支撑；
5—对重装置；6—立柱导轨架

② 立柱导轨架。立柱通常由无缝钢管组焊成框架结构,靠近梯笼两侧的螺栓镶有齿条,立柱设标准段相互连接。立柱与立柱之间端部四周用螺栓连接,并在立柱杆内装有导向楔,以利于安装。

当电梯架设到某一高度时,必须把立柱导轨架与建筑物用附墙支撑和预埋螺栓连接起来,附墙支撑的间距必须按规定设置。一般要求在最后一个锚固处之上的立柱高度不少于2~3层的距离。最上面锚固点以上的立柱高度,单笼电梯为15 m左右,双笼电梯为12 m左右。

③ 带底笼的安全栅。电梯的底部主框架上设有网状护围的底笼,该底笼在地面上把电梯整个围起来,以防止电梯升降时有人进出而发生安全事故。底笼入口门的一端有机械和电气的联锁装置,梯笼运行时锁住,安全栅上的门无法打开;梯笼降至地面后,联锁装置才能解脱。

④ 梯笼。梯笼由型钢构成,在其顶部和周壁都成网栅状,底面由硬木或钢板铺成,也可用玻璃纤维加强层压板。

梯笼的两侧都装有门,梯笼的一侧为入口门,另一侧则为通向楼层的门。笼门也带有机械和电气连锁装置,当笼门打开时,电气连锁使电梯不能运行;而在电梯运行时如门打开则电梯将自动停止。

梯笼内的尺寸,要能装载大部分建筑材料,因此,它的尺寸一般为长3 m,宽1.3 m,高2.7 m。

⑤ 机械驱动装置。电梯利用与齿条啮合的齿轮传动机构进行爬升,齿轮安装在电动机驱动的蜗轮箱底速轴上。根据所需的提升能力,机械传动部分可带一套或几套驱动机械。

为使电梯制动可靠,在电动机上装有电磁制动器。为确保安全,对于载人电梯应装设紧急制动装置,在发生异常情况下,该装置能起作用使电梯马上停止工作。

⑥ 电气控制及操纵系统。所有电气装置都应重复接地以保证电梯运行的安全。为了便于控制电梯升降和以防万一,一般地面、楼层和梯笼内考虑能在三个部位独自进行操作,在上述三处都有上升、下降和停止的按钮开关箱,但互相制约又互不干扰。

⑦ 对重装置。对重钢丝绳通过立柱顶部滑轮,绕到钢丝绳均衡装置上去,这个装置位于梯笼顶部,装有绳限位开关。对重沿固定在立柱上的专设导轨上运行,以平衡吊重。

（2）安装和拆卸

① 基座准备。根据所用电梯导轨架的纵向中心至建筑物的距离和设计要求,先做好混凝土基础。混凝土基础上预埋锚固螺栓或者预留固定螺栓孔(在安装底笼时埋入锚固螺栓,用高强度细石混凝土或化学锚固剂灌注固定)。

② 安装程序。外用电梯的安装过程一般为：将部件运至安装地点→安装底笼和两层标准节→装梯笼→接高标准节并随设附墙支撑→安装配重。

3）混凝土泵和布料机

高层建筑施工中,混凝土结构的混凝土的垂直运输量十分大(其运输量占总垂直运输量的75％左右),可见在高层建筑施工中正确选择混凝土的运输设备十分重要。

混凝土泵是在压力推动下沿管道输送混凝土的一种设备,它能一次连续完成水平运输和垂直运输,配以布料机还可有效地进行布料和浇筑,因为它效率高、节省劳动力,在国内外的高层建筑施工中得到了广泛应用,收到较好效果。我国大、中城市的高层建筑施工中多数是采用混凝土泵输送混凝土。目前,一次泵送高度超过200 m已很普遍,上海环球金融工地塔次泵送达到500 m以上,阿拉伯联合酋长国的迪拜塔泵送高度达到了601 m。

（1）混凝土泵的类型

混凝土泵按其机动性,可分为固定式和移动式。前者装有行走轮胎可牵引转移的混凝土泵(或称拖式混凝土泵)。后者是装在载重汽车底盘上的汽车式混凝土泵(或称泵车)。

按构造和输送方式分,混凝土泵分为挤压式和活塞式两种。挤压式混凝土泵的优点是构造简单,造价低,易损件少;混凝土泵送量可进行调节;工作平稳,噪音低。其主要缺点是泵送压力小,水平运距约 200 m,垂直运距不超过 50 m。这种泵目前很少应用。

活塞式混凝土泵的工作原理是通过活塞的推动将混凝土输出。柱塞式混凝土泵的压力一般可达 5 MPa,排量可达 1 000 m³/h,水平运距可达 600 mm,垂直运距为 150 m 以上。现有最强的活塞泵水平运距已可达到 2 000 m,输送高度超过 600 mm。

柱活塞式混凝土泵的优点是工作压力大、排量大、输送距离长,因而应用广泛。但是,泵的造价较高,维修复杂。

(2)混凝土布料机

混凝土布料机是输送和摊铺混凝土,并将其浇灌入模的一种专用设备,按构造可分为以下三种:泵车附装布料杆、移置式布料机和自升式布料机,近年来还有塔式布料机问世。

① 泵车附装布料杆

附装在泵车上的布料杆由 2 节或 3 节式臂架(包括附装在臂架上的输送配管)、支座、转盘及回转机构组成。为了保持整车工作的稳定性,在汽车底盘适当部位安装有伸缩式活动支腿。布料杆借助液压系统,能自由回转、伸缩、折曲和叠置,在允许工作半径范围之内,可将混凝土输送到任意一点并灌筑入模。其特点是机动灵活,转移工地方便,无需铺设水平和垂直输送管道。

这种布料杆泵车的一般水平泵送距离可达 30 m,垂直升运高度为 40 m。

② 移置式布料机

这是一种置于楼层上的布料机。它由两节臂架输送管、转动支座、平衡臂、平衡重、底架及支腿组成。其特点是构造简单、采用人力操纵、使用方便、制造容易和造价便宜。

移置式布料机可利用塔式起重机转移到不同楼层的各施工部位。它的两节臂架输送管能在垂直或水平向自由折臂。垂直折臂的移置式布料机外形与自升式布料机类似(图 3-63)。水平折臂的一节可回转 360°,另一节可作 300°左右的回转,最大工作半径约 10～20 m,最大作业力矩为 15 kN·m,作业面积约为 300 m²(图 4-47)。

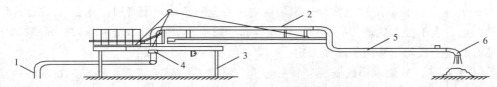

图 4-47 移置式混凝土布料机(水平折臂)

1—混凝土输送管;2—布料杆;3—支承架;4—水平回转轴;5—可水平转折的小臂;6—软管

③ 自升式布料机

它包括布料系统和支承结构两大部分。布料系统与泵车的布料杆构造类似,支承结构一般用型钢焊接成格构式塔架。利用顶升装置可以自行顶升和接高。布料系统通过承座安装在此塔架式或管柱式支承结构的顶部。

自升式布料机可装设在建筑物内部(如电梯井等处),它随着混凝土结构的施工,逐层向上爬升,其原理与内爬式塔式起重机类似(图 4-48)。它也可安装于在建建筑物的外围,与建筑结构相拉结,形成附着式自升布料杆。

这种布料机布料杆都为垂直向折臂,布料杆下空间较大,可避免布料杆与竖向钢筋及施工机具的碰撞,使用更为方便。

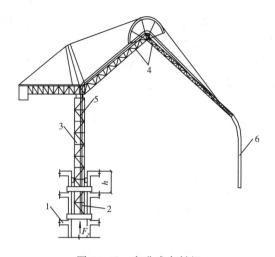

图 4 - 48　自升式布料机

1—支承架;2—提升系统;3—布料机塔身;4—可垂直转折的小臂;5—混凝土输送管;6—软管

④ 塔式布料机

塔式布料机是近几年开发的新型布料机,也称为独立式布料机(图 4－49)。它的布料臂长,工作半径大,安装类似塔吊,固定在地面,依靠长臂可进行大范围的布料,而且不需移动或提升布料机,施工非常方便。

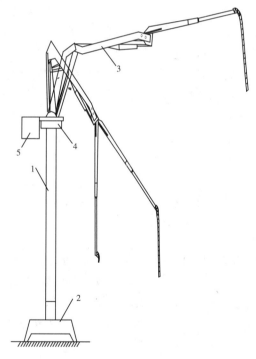

图 4 - 49　塔式布料机

1—塔身;2—基座;3—布料杆;4—旋转机构;5—平衡重

（3）混凝土泵的选择及配管

选择混凝土泵时,应根据工程结构特点、施工组织设计要求、泵的主要参数及技术经济比较等进行选择。

一般浇筑基础或高度不大的结构工程,如在泵车布料杆的工作范围内,采用混凝土泵车最为合适。施工高度大的高层建筑,可用 1 台高压泵一泵到顶,亦可采用中继泵以接力输送方式。

混凝土泵的主要参数有混凝土泵的实际平均输出量和混凝土泵的最大输送距离。

混凝土泵的实际平均输出量,可根据混凝土泵的最大输出量、配管情况和作业效率,按下式计算:

$$Q_A = Q_{max} \alpha \eta \qquad\qquad (4-3)$$

式中　Q_A——混凝土泵的实际平均输出量(m^3/h);

　　　Q_{max}——混凝土泵的最大输出量(从技术性能表中查出)(m^3/h);

　　　α——配管条件系数,为 0.8~0.9;

　　　η——作业效率,根据混凝土搅拌运输车向混凝土泵供料的间歇时间、拆装混凝土输送管和布料停歇等情况,可取 0.5~0.7。

混凝土泵的最大水平输送距离,可试验确定或参照产品的性能表(曲线)确定,或根据混凝土泵产生的最大混凝土压力(从技术性能表中查)、配管情况、混凝土性能指标和输出量等确定。

在使用中,混凝土泵设置处应场地平整,道路畅通,供料方便,距离浇筑地点近,便于配管,排水、供水、供电方便。在作业区如有高压线,混凝土泵与高压线应保持足够的安全距离。

进行配管设计时,应尽量缩短管线长度,少用弯管和软管,应便于装拆、维修、排除故障和清洗;应根据骨料粒径、输出量和输送距离、混凝土泵型号等选择输送管。在同一条管线中应用相同直径的输送管,新管应布置在泵送压力最大处;垂直向上配管时,宜使地面水平管长不小于垂直管长度的 1/4,一般不宜小于 15 m,且应在泵机 Y 形管出料口 3~6 m 处设置截止阀,超高泵送应在中间设置若干缓冲泵管,防止混凝土搅合物自重倒流。倾斜向下配管时,地面水平管轴线应与出料口轴线垂直,斜管上端设排气阀。倾斜高差大于 20 m 时,下端设长度为 5 倍高差的水平管,或设弯管、环形管,使折算长度满足 5 倍高差长度要求。

当用接力泵泵送时,接力泵设置位置应使上、下泵的输送能力匹配,设置接力泵的楼面应验算其结构所能承受的荷载,必要时需加固。

混凝土泵启动后,先泵送适量水进行湿润,再泵送水泥浆或 1:2 的水泥砂浆进行润滑。泵送完毕,应及时清洗混凝土泵和输送管。

4)高层建筑施工外脚手架

高层建筑施工外脚手架与单层或多层建筑最大的区别就是其搭设高度大,因此,多立杆式脚手架受到一定限制,工程中应用升降式脚手架为主。

① 多立杆式外脚手架

一般的多立杆式外脚手架搭设高度不宜超过 26 m,如采取一些措施,也不应超过 50 m。对钢管扣件式脚手架如果超过 50 m,应采用双立杆或分段悬挑、分段卸荷的措施,并应另行进行专门的设计。图 4-50 是分段悬挑多立杆式外脚手架的示意图。分段悬挑多立杆式外脚手架可固定在建筑物结构上的悬挑三脚架,也可采用挑梁式的支承结构,即在主体结构上设置型钢挑梁。这类脚手架悬挑三脚架(或挑梁)之间的间距一般不大于 6 m,每段可搭设 20~30 m高,是高度较小的高层建筑(如十几层的住宅)较常用的脚手架。

② 升降式脚手架

升降式脚手架是沿结构外表面搭设的脚手架,脚手架可随结构施工逐层向上提升,提升高度不受限制。升降式脚手架根据升降方式,可分为自升降式、互升降式和整体升降式三种类型。它适用于高层建筑,特别是超高层建筑的施工,但它的制作较为复杂,一次性投资也较大。

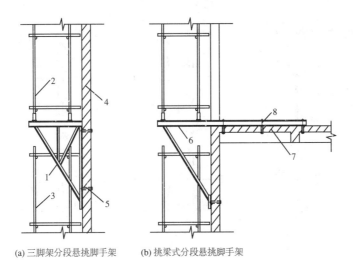

(a) 三脚架分段悬挑脚手架   (b) 挑梁式分段悬挑脚手架

图 4-50　分段悬挑多立杆式外脚手架
1—悬挑三脚架;2—上段脚手架;3—下段脚手架;4—结构墙;5—附墙螺栓;
6—挑梁;7—楼面结构;8—固定螺栓

升降式脚手架主要特点是:脚手架沿高度方向不需满搭,只搭设满足施工操作及安全各项要求的高度;附着与墙面或支承在楼面,因此,不占施工场地,也不需进行地基处理;脚手架可沿结构升降,结构施工时逐层往上提升,而装修施工时又可逐层下降;脚手架及其上承担的荷载传给与之相连的结构,对这部分结构的强度有一定要求。

a. 自升降式脚手架

自升降脚手架的升降运动是通过手动或电动倒链交替,对活动架和附墙架进行升降来实现的(图 4-51)。从升降架的构造来看,活动架和附墙架之间能够进行上、下相对运动。当脚手架处于工作状态时,活动架和附墙架均用附墙螺栓与墙体锚固,两架之间无相对运动;当脚手架处于升降状态时,活动架与附墙架中之一仍然锚固在墙体上,另一个架体则通过倒链进行升降,使两架体之间产生相对运动。通过活动架和附墙架交替附墙,互相升降,脚手架即可沿着墙体上的预留孔逐层升降。

b. 互升降式脚手架

互升降式脚手架将脚手架分为甲、乙两种单元,通过倒链交替对甲、乙两单元进行升降(图 4-52)。当脚手架处于工作状态时,甲单元与乙单元均用附墙螺栓与墙体锚固,两架之间无相对运动;当脚手架处于升降状态时,两单元之一仍然锚固在墙体上,使用倒链对相邻一个架子进行升降,两架之间便产生相对运动。通过甲、乙两单元交替附墙,相互升降,脚手架即可沿着墙体上的预留孔逐层升降。与自升式脚手架相比,互升降式脚手架具有两个特点:操作人员不在被升降的架体上,增加了操作人员的安全性;脚手架结构刚度较大,附墙的跨度大。

c. 整体升降式脚手架

在超高层建筑的主体施工中,整体升降式脚手架有明显的优越性,它整体结构好、升降快捷方便、机械化程度高、经济效益显著,是一种很有推广使用价值的超高建(构)筑脚手架,被建设部列入重点推广的 10 项新技术之一。

整体升降式外脚手架提升动力可采用电动倒链、升板机或液压系统,使整个外脚手架沿建筑物内、外墙或柱整体向上爬升。架体的总高度一般取建筑物标准层层高的 $4\sim4.5$ 倍。图4-53

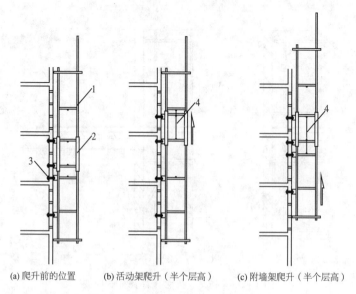

(a) 爬升前的位置　　　　(b) 活动架爬升（半个层高）　　(c) 附墙架爬升（半个层高）

图 4-51　自升降式脚手架爬升过程

1—活动架；2—附墙架；3—附墙螺栓；4—倒链

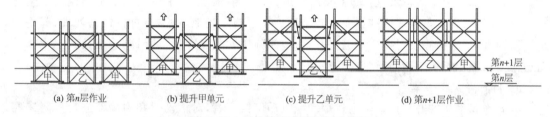

(a) 第n层作业　　　(b) 提升甲单元　　　(c) 提升乙单元　　　(d) 第n+1层作业

图 4-52　互升降式脚手架爬升过程

为整体提升的脚手架-模板一体化体系，它通过设在建（构）筑内部的支承钢立柱及立柱顶部的钢平台（钢桁架），利用液压设备或升板机进行脚手架的升降，同时也可升降建筑的模板。

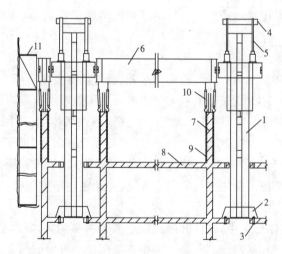

图 4-53　整体提升脚手架-模板一体化体系

1—支承钢立柱；2—底座；3—锚固螺栓；4—支承挑架；5—升板机螺杆；6—钢平台；7—混凝土墙；
8—混凝土楼板；9—大模板；10—大模板倒链；11—外吊脚手

钢筋混凝土结构的高层建筑其耐火性和防火性能较好,造价较低,而钢结构则具有轻质高强、抗震性能好的特点。我国目前大部分的高层建筑是混凝土-钢混合结构。这种结构一般内部设计有混凝土筒体或混凝土剪力墙,以此加强结构的抗侧刚度,外部则为钢框架。它充分利用了两种结构的优点,使高层建筑具有良好的抗震性能,又可大大减轻结构自重,从而具有良好的使用功能,施工也更为方便。

4.5.2 现浇混凝土结构施工

现浇混凝土结构高层建筑施工关键技术是模板工程。模板工程不仅影响到施工质量、施工进度,而且对工程施工的经济性也有极大的影响。

目前,常用的模板体系有组合式模板、大模板、爬升模板、滑升模板等,这些模板可用于施工墙体及柱等竖向结构,其中组合模板也可用于楼面水平结构的施工。用于水平结构施工的模板体系还有台模、压延钢板等永久性模板等,其支撑体系则有桁架式支撑、立柱、排架式支撑及快拆支撑体系等。

不同的结构形式应选择相应的模板体系,方能取得理想的技术经济效益,特别是垂直面模板,表 4-7 是几种常用的垂直模板体系及其适用性。水平面模板几种常用的模板形式在不同的结构中一般都能运用,施工中可根据具体条件选择。

表 4-7 　　　　　　　　　　　　常用垂直模板体系及其适用性

结构形式	垂直模板体系			
	组合模板	大模板	爬升模板	滑升模板
框架结构	适用	不适用	不适用	不适用
剪力墙结构	可以	适用	适用于外墙外侧	适用
筒体结构	可以	适用	适用于无水平结构层一侧的墙体	适用

下面着重介绍几种常用的工业化模板体系及其施工方法。

1) 大模板

(1) 大模板构造

由于面板材料的不同大模板的构造亦不完全相同,它通常由面板、骨架、支撑系统和附件等组成。图 4-54 所示为一整体式钢大模板的构造示意图。大模板的吊运、安装、拆除等作业均依靠塔吊进行,特别适宜于两个相同的高层建筑同时施工,这时只要合理组织流水施工,则大模板可通过塔吊从一幢建筑转运到另一幢建筑而不需落地。如果是单一的建筑施工,则大模板在混凝土浇筑后用塔吊吊到地面,在上一楼层施工时再将其吊到新的楼层。

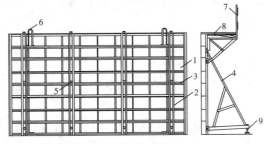

图 4-54 大模板构造

1—面板;2—主肋;3—次肋;4—支承桁架;5—对销螺栓;6—卡具;7—栏杆;8—脚手板;9—调整螺栓

面板的作用是使混凝土成形、满足外观设计要求。骨架的作用是支承面板、保证所需的刚度,将荷载传给穿墙螺栓等,它通常由薄壁型钢、槽钢、方木等做成的横肋、竖肋组成。支撑系统包括支撑架和调整螺栓,一块大模板至少设两个调整系统,用于调整模板的垂直度和水平标高,并支撑模板。大模板的其他附件包括操作平台、穿墙螺栓、上口卡具、爬梯等。对于外承式大模板还包括外承架。

面板的种类较多,现在常用的有下述几种:

① 整块钢板

它一般用 4～6 mm 钢板拼焊而成,其刚度好,混凝土墙面平整光洁,重复利用次数多。但它的用钢量大,损坏后不易修复。

② 组合模板组拼

组合模板可用小块定型组合模板组拼而成。重量比整块钢板面板轻,强度、刚度可满足要求,用完拆零后可作他用。但其拼缝多,整体性稍差。

组合模板也可用多层胶合板、酚醛薄膜胶合板、硬质夹心纤维板等组拼成大模板的面板。板块之间的连接可用螺栓与骨架,以组成所需的形状。木质板表面平整,重量轻,有一定的保温性能,表面经树脂处理后防水、耐磨,而且这种面板板块大、拼缝少,浇筑的混凝土表面质量好。

(2) 大模板类型

常用的大模板有下列几种类型:

① 平模

平模尺寸相当于房间一面墙的大小,这是应用最多的一种。平模有下列三种:

a. 整体式平模

整体式平模的面板、骨架、支撑系统和操作平台等都连接成一个整体。这种模板的整体性好、周转次数多,但通用性差,多用于大规模的标准住宅。

b. 组拼式平模

以常用的开间、进深作为板面的基本尺寸,再辅以少量拼接窄板,即可组合成不同尺寸的大模板,以适应不同开间和进深的需要。它灵活通用,有较大的优越性,应用最广泛。

② 小角模

小角模与平模配套使用,作为墙角模板。小角模与平模间应留有一定安装间隙,用作调节不同墙厚和安装偏差,也便于装拆。

图 4 - 55 所示为小角模与平模搭接的两种做法。图 4 - 55(a)是在角钢侧焊上扁钢,拆模后墙面留有扁钢的凹槽,清理后用腻子刮平;图 4 - 55(b)是在角钢里面焊上扁钢,拆模后会出现突出墙面的一条棱,应及时处理。

③ 大角模

一个房间的模板由四块大角模组成,模板接缝在每面墙的中部。大角模本身稳定,但装、拆较麻烦,且其墙面中间有接缝,较难处理,故已很少使用。

④ 筒模

将一个房间四面墙的模板连接成一个空间的整体模板即为筒模。它稳定性好,可整间吊装而减少吊次,但其自重大不够灵活。它多用于电梯井、管道井等尺寸较小的筒形构件,在标准间施工中亦可采用,但实际工程中应用较少。

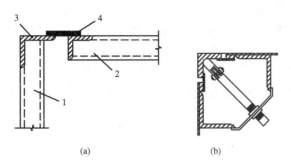

图 4 - 55　小角模

1—横墙模板；2—纵墙模板；3—角模；4—扁铁

（3）大模板外形尺寸的确定（图 4 - 56）

大模板的外形尺寸，主要根据房屋的开间、进深、层高、构件尺寸和模板构造而定。

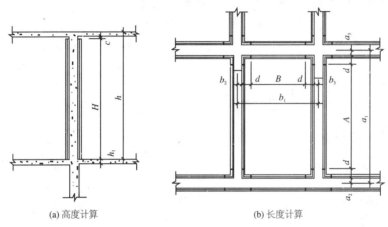

(a)高度计算　　　　　　　　　(b)长度计算

图 4 - 56　大模板外形尺寸计算示意图

① 模板高度

模板高度与层高及楼板的厚度有关，可按下式确定：

$$H=h-h_1-c_1 \tag{4-4}$$

式中　H——模板高度（mm）；

　　　h——楼层高度（mm）；

　　　h_1——楼板厚度（mm）；

　　　c_1——考虑楼板不平和座浆等的余量，一般取 20 mm。

外墙的外模板一般下端加长 300 mm 左右，以便与下层墙体固定。

② 横墙模板长度

横墙模板长度与进深尺寸、墙厚及模板搭接方法有关，可按下式确定：

$$A=a_1-a_2-a_3-d \tag{4-5}$$

式中　A——内横墙模板长度（mm）；

　　　a_1——进深轴线尺寸（mm）；

　　　a_2——外墙轴线至内墙面的尺寸（mm）；

a_3——内墙轴线至墙面的尺寸(mm);

d——角模预留宽度,包括角模宽度和安装间隙(角模数量根据大模板布置方式确定)。

③ 纵墙模板长度

纵墙模板长度与开间尺寸、墙体厚度、横墙模板厚度有关,可按下式确定:

$$B=b_1-b_2-b_3-d \tag{4-6}$$

式中　B——纵墙模板长度(mm);

　　　b_1——开间轴线尺寸(mm);

　　　b_2,b_3——分别为纵向模板两端横墙的轴线至横墙面的尺寸。

　　　d——同式(4-5)。

(4) 大模板工程施工

对于高层建筑,大模板结构施工应采用内横墙和内纵墙同时浇筑混凝土的施工方法,以增强结构的刚度。这种施工方法的工艺流程如图4-57所示。

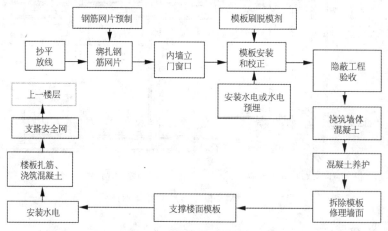

图4-57　大模板施工流程

(5) 大模板施工的质量要求

大模板施工中主要应控制模板、混凝土和钢筋的施工质量,其中,由于大模板有它的特殊性,拼装要求严格,在此给出大模板的支模和墙体质量检查标准(表4-8和表4-9)。

表4-8　　　　　　　　　　　　　大模板支模质量检查标准

项次	项目名称	允许偏差/mm	检查方法
1	垂直	5	用2m靠尺检查
2	位置	2	用尺检查
3	上口宽度	+2,-0	用尺检查
4	标高	±10	用尺检查

表 4 - 9 　　　　　　　　　　　　　　　　墙体质量检查标准

项次	项目名称	允许偏差/mm	检查方法
1	大角垂直	20	用经纬仪检查
2	楼层高度	±10	用钢尺检查
3	全楼高度	±20	用钢尺检查
4	内墙垂直	5	用 2 m 靠尺检查
5	内墙表面平整	5	用 2 m 靠尺检查
6	内墙厚度	+2，-0	用尺在销孔处检查
7	内墙轴线位移	10	用尺检查
8	预制楼板搁置长度	±10	用尺检查

2）爬升模板

爬升模板（简称爬模）是一种在楼层间自行爬升、不需起重机吊运的工业化模板体系。其施工时模板不需拆装，可分片或整体自行爬升，具有滑模的优点。由于其板块亦系大模板，所以，它又具有大模板的优点，即可减少起重机的吊运工作量；大风对其施工的影响较少；施工工期较易控制；爬升平稳，工作安全可靠；每个楼层的墙体模板安装时可校正其位置和垂直度，施工精度较高；模板与爬架的爬升、安装、校正等工序可与楼层施工的其他工序平行作业，因而可有效地缩短结构施工周期。由于爬升模板有上述优点，因而在我国高层建筑施工中已得到推广。

爬升模板分为有爬架爬模和无爬架爬模两种。而有爬架爬模又分为外墙爬模和内、外墙整体爬模两种。

（1）有爬架爬模

① 构造

爬升模板的基本构造如图 4 - 58 所示，由模板、爬架和爬升设备三部分组成。

a. 模板

爬模的模板板块与大模板相似，构造亦相同，外墙外模的高度一般为一个层高加 300～500 mm，增加部分为模板与下层已浇筑墙体的搭接高度，以用作模板下端定位和固定。

模板的宽度宜尽量大，这样可提高墙面平整度，但应考虑爬架受力及提升能力，一般 3～7 m，可取一个开间、一片墙或一个施工段的宽度作为模板的宽度。

b. 爬架

模板爬升以爬架为支承，爬架上需有模板爬升装置；爬架爬升以模板为支承，模板上也需有对应的爬架爬升装置。爬升装置可用液压千斤顶或手拉葫芦。

爬架的作用是悬挂模板和爬升模板。爬架由外爬架、附墙架、挑横梁、爬升爬架的千斤顶架（或吊环）等组成（图 4 - 58）。

附墙架紧贴墙面，至少用 6 只附墙螺栓将其与墙体连接，以作为整个爬架的支承体。附墙螺栓的位置应尽量与模板的穿墙螺栓孔相符，以便直接用作附墙架的螺栓孔。附墙架的位置如果在窗洞口处，可利用窗台作支承或另设支承横梁。附墙架底部应满铺脚手板，以防止工具、螺栓等物件坠落。

外爬架为由 4 根角钢组成的格构柱，一般做成 2 个标准节，使用时拼接起来。外爬架的尺寸除取决于强度、刚度、稳定性验算外，尚需满足操作要求。为便于操作人员在外爬架内上下，因此，外爬架的尺寸不应小于 650 mm×650 mm。爬架顶端一般要超出上一层楼层 0.8～1.0 m，爬架下端附墙架应在拆模层的下一层，因此，爬架的总高度一般为 3～3.5 个楼层高度。由于模板靠在墙面，外爬架与墙面净距应保持 0.4～0.5 m，作为模板拆除、爬升和安装时的作业空间。

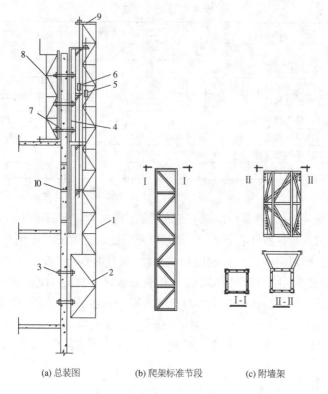

(a) 总装图　　　　(b) 爬架标准节段　　　　(c) 附墙架

图 4-58　有爬架爬升模板

1—外爬架；2—附墙架；3—附墙螺栓；4—外模板；5—外爬架提升装置；
6—模板提升装置；7—外墙板对销螺栓；8—内墙模板支架；9—横挑梁；10—预留孔

挑横梁、千斤顶架（或吊环）的位置，要与模板上相应装置处于同一竖线上，以便千斤顶爬杆或环链呈竖直，使模板或爬架能竖直爬升，以提高安装精度，减少爬升和校正的困难。

c. 爬升装置

爬升装置可用手拉葫芦、液压千斤顶和专用爬模千斤顶等，它们各有优缺点。

② 爬升原理

爬升模板的爬升，是爬架和模板相互交替作支承，由爬升设备分别带动它们逐层向上爬升，以完成钢筋混凝土墙体的浇筑。用爬升模板浇筑墙体的施工程序和爬升顺序如图 4-59。

（2）无爬架爬模

无爬架爬模的特点是模板由甲、乙两种模板组成，爬升时两模板互为依托，用提升设备使两相邻模板交替爬升。甲、乙两种模板中，甲型模板为窄板，高度大于两个层高；乙型模板按建筑物外墙尺寸配制。两类模板交替布置，甲型模板布置在内、外墙交接处，或大开间外墙的中部。模板背面设有竖向背楞，作为模板爬升的依托，并加强模板刚度（图 4-60）。内、外模板用穿墙螺栓拉结固定。

用无爬架爬模施工时，先以常规施工方法施工首层结构，然后再安装爬模。先安装乙型模板下部的背楞，用穿墙螺栓将其固定在首层已浇筑的墙体上，再将组装好的乙型模板吊起置于连接板上，并用螺栓连接，同时设置临时支撑并校正模板。然后，安装甲型模板。待外墙内侧模板吊运就位后，即用穿墙螺栓将内、外侧模板固定，并校正垂直度。最后安装上、下脚手平台，挂好安全网，即可浇筑墙体混凝土。

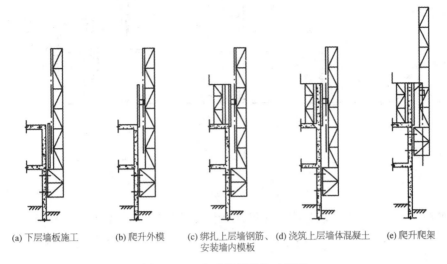

(a) 下层墙板施工　　(b) 爬升外模　　(c) 绑扎上层墙钢筋、　(d) 浇筑上层墙体混凝土　(e) 爬升爬架
　　　　　　　　　　　　　　　　　　安装墙内模板

图 4-59　爬升模板的施工程序

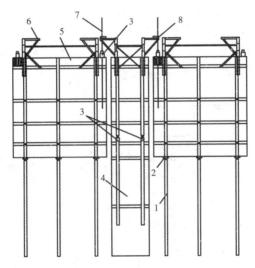

图 4-60　无爬架爬模的构造

1—背楞；2—背楞上端连接板；3—液压千斤；4—甲型模板；
5—乙型模板；6—三角爬架；7—爬杆；8—卡座

　　无爬架爬模的爬升程序如图 4-61 所示。爬升前先松开穿墙螺栓，拆除内模板，并使外墙外侧的甲、乙型模板与混凝土脱离。然后，拆除甲型模板的穿墙螺栓，起动千斤顶，即将甲型模板爬升至预定的高度(图 4-61(b))。待甲型模板爬升并固定后，再爬升乙型模板(图 4-61(c))。

　　爬模施工质量控制与大模板类似，其质量标准可以参见大模板的支模和墙体质量检查标准(表 4-8 及表 4-9)。

　　3）滑升模板

　　滑升模板是一种工业化模板，常用于浇筑剪力墙体系及筒体体系的高层建筑。

　　滑升模板施工的特点是在构筑物或建筑物底部，沿结构的周边组装高 1.2 m 左右的滑升模板，随着向模板内不断地分层浇筑混凝土，用液压提升设备使模板不断地沿埋在混凝土中的支承杆向上滑升，直到需要浇筑的高度为止。用滑升模板施工，可以大大节约模板和支撑材

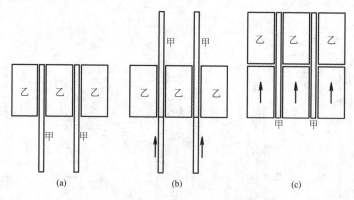

图 4-61　无爬架爬模爬升程序

料、减少模板支撑人工、加快施工速度和保证结构的整体性；但其模板一次性投资多、耗钢量大，在建筑施工中水平楼板施工较困难。同时施工时宜连续作业，施工组织要求较严。

(1) 滑升模板的组成

滑升模板(图 4-62)由模板系统(模板、围圈、提升架)、操作平台系统(平台桁架、铺板、吊脚手等)、液压提升系统(千斤顶、油泵、输油管等)以及施工精度控制与观测系统(千斤顶同步控制、垂直度与结构轴线的观测和控制装置等)等四部分组成。模板与操作平台系统应有足够的强度、整体刚度和稳定性，以确保建筑物的几何形状和尺寸的准确，以及施工的安全。液压提升系统必须工作可靠，运转性能良好。施工控制与观测系统必须简便，并具有足够的精度，以确保滑模施工的质量。

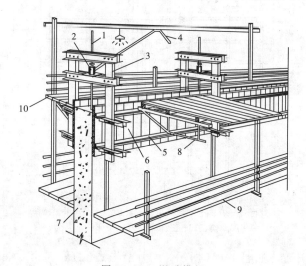

图 4-62　滑升模板

1—支承杆；2—液压千斤顶；3—提升架；4—油管；5—围圈；6—模板；
7—混凝土墙体；8—操作平台桁架；9—内吊脚手架；10—外吊脚手架

(2) 滑升模板施工

① 滑升模板组装

滑升模板组装前应先进行提升架的布置，在设计中应根据结构构件的水平截面的形状及提升架的负载，采用"一"字形、"十"形或"Y"字形(图 4-63)。在不同的墙体部位采用不同的提升架，使提升架受力合理，并便于提升。

滑升模板采用地面一次组装，在滑升过程中一般不再变化。因此，模板组装要求认真、细

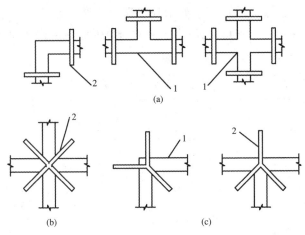

图 4-63　提升架的布置
1—墙体；2—提升架

致、严格符合允许误差的要求。

　　模板在组装前，要检查起滑线以下已施工好的基础或结构的标高和几何尺寸，并标出结构物的设计轴线、边线和提升架的位置等。滑升模板的组装顺序，一般如下：安装提升架→安装内外围圈→安装模板→安装操作平台→安装液压提升系统及控制和观测装置等→安装支承杆→安装内外吊脚手架及挂安全网。

　　滑模构件制作应符合有关钢结构的制作规定，构件表面除支承杆和与混凝土直接接触的模板表面外，均应涂刷防锈涂料。滑模构件制作的允许偏差见表 4-10。

表 4-10　　　　　　　　　　滑模构件制作的允许偏差

名　称	内　容		允许偏差/mm
钢模板	高　度		±1
	宽　度		−0.7~0
	表面平整度		±1
	侧面平直度		±1
	连接孔位置		±0.5
围　圈	长　度		−5
	弯　曲	长度≤3 m	±2
		长度>3 m	±4
	连接孔位置		±0.5
提升架	高　度		±3
	宽　度		±3
	围圈支托位置		±2
	连接孔位置		±0.5
支承杆	弯　曲		<(1/1 000)L
	φ25 圆钢直径		±0.5
	φ48/3.5 钢管直径		−0.2~+0.5
	椭圆度公差		±0.25
	对接焊缝突出母材		<+0.25

为防止滑升中混凝土被模板向上拖动,滑模组装时安装模板应保持上口小、下口大,单面倾斜度控制在 0.2%~0.5%,并使模板高度 1/2 处的净距等于结构截面的厚度。组装的偏差应符合表 4-11 的要求。

表 4-11　　　　　　　　　　　　　　滑模装置组装的允许偏差

内　　　容		允许偏差/mm
模板结构轴线与相应结构轴线位置		3
围圈位置	水平方向	3
	垂直方向	3
提升架的垂直	平面内	3
	平面外	2
安装千斤顶的提升架横梁相对标高		5
考虑倾斜度后的模板尺寸	上　口	−1
	下　口	+2
千斤顶安装位置	提升架平面内	5
	提升架平面外	5
圆形模板直径、方形模板边长		−2~+3
相邻两块模板的平面平整		1.5

② 混凝土浇筑与模板滑升

滑模施工所用的混凝土,需根据施工现场的气温条件,掌握早期强度的发展规律,确定其坍落度、初凝时间等。滑模的混凝土坍落度,控制各国不尽相同,我国对非泵送混凝土要求梁、柱、墙板,一般控制在 50~70 mm,配筋密集的结构(筒体结构及长细柱)控制在 60~90 mm,配筋特密的结构控制在 80~120 mm。当采用泵送混凝土时,上述三种结构应分别采用 100~160 mm,120~180 mm,140~200 mm。

混凝土的初凝时间一般控制在 2 h 左右,终凝时间视工程需要而定,一般为 4~6 h。当气温高时宜掺入缓凝剂。

混凝土的浇筑,必须分层均匀交圈浇筑,每一浇筑层的表面应在同一水平面上,并且应有计划地变换浇筑方向,以保证模板各处的摩阻力相近,防止模板产生扭转和结构倾斜。分层浇筑厚度不宜大于 200 mm。

合适的出模强度对于滑模施工非常重要,出模强度过低混凝土会坍陷或产生结构变形;出模强度过高,结构表面毛糙,滑模发生困难,甚至会被拉裂。合适的出模强度既要保证滑模施工的顺利进行,又要保证施工中结构物的稳定。滑模施工支承杆下的墙体处于悬臂状态,结构物承受的风载较大。如出模强度过低,对支承杆以及施工中结构稳定不利。为此,出模强度宜控制在 0.2~0.4 MPa,或贯入阻力值为 0.30~1.05 kN/cm²。

模板的滑升速度,取决于混凝土的出模强度、支承杆的受压稳定和施工过程中工程结构的整体稳定性。当支承杆稳定性有保证时,以出模强度控制滑升速度,则

$$V = \frac{H - h - a}{t} \qquad (4 - 7)$$

式中　V——模板滑升速度（m/h）；

　　　H——模板高度（m）；

　　　h——每个浇筑层厚度（m）；

　　　a——混凝土表面至模板上口的高度（m），取 0.05～0.10 m；

　　　t——混凝土达到规定出模强度所需的时间（h）。

当以支承杆的稳定来控制模板的滑升速度，则模板的滑升速度对 ϕ25 圆钢支承杆按式 4 - 8 确定：

$$V = \frac{10.5}{T_1 \cdot \sqrt{K \cdot P}} + \frac{0.6}{T_1} \qquad (4 - 8)$$

式中　V——模板滑升速度（m/h）；

　　　P——单根支承杆的荷载（kN）；

　　　T_1——在作业班的平均气温条件下，混凝土强度达到 0.7～1.0 MPa 所需的时间（h），由试验确定；

　　　K——安全系数，取为 2.0。

对 ϕ48/3.5 钢管支承杆，按式 4 - 9 确定：

$$V = \frac{26.5}{T_2 \sqrt{KP}} + \frac{0.6}{T_2} \qquad (4 - 9)$$

式中　T_2——在作业班的平均气温条件下，混凝土强度达到 2.5 MPa 所需的时间（h），由试验确定；

　　　其他符号意义同式 4 - 8。

当以施工过程中的工程结构整体稳定来控制模板滑升速度时，应根据工程结构的具体情况计算确定。

在滑升过程中，每滑一个浇筑层应检查千斤顶的升差，各千斤顶的相对标高差不得大于 40 mm，相邻两个提升架上千斤顶的标高差不得大于 20 mm。

③ 垂直度控制

滑模施工中垂直度控制是一个关键技术。由于产生垂直度偏差的因素较为复杂，如操作平台负载不均匀、千斤顶爬升不同步、混凝土浇筑不均匀、局部支承杆失稳、有定向作用的荷载、风荷载及日照产生的温差等。施工中应加强观测并采取有效措施进行控制。垂直度偏差预防和控制主要有以下几种措施：

a. 控制水平度

滑模的水平度直接影响其垂直度。控制水平度首先应控制千斤顶的升差。常用的方法是在支承杆上设置提升限位卡，并在千斤顶上设置油路控制装置，当千斤顶提升达到限位位置时，油路控制装置被提升限位卡挡住便使千斤顶停止进油，从而受到限位不能继续爬升（图 4 - 64）。

b. 垂直度监测

在滑升过程中进行垂直度的监测以便及时发现偏差，尽早进行纠偏。

垂直度监测近年来最常用的仪器是激光铅直仪。激光铅直仪观测垂直度的方法有两种：

其一,是在滑模结构的角部设置标尺,采用经纬仪类似的方法,用激光铅直仪向上观测,由落到标尺上的激光光斑所在的位置确定滑模的垂直度或偏差大小;其二,是在滑模的顶部设置激光靶,它是一个绘制了十字线和同心环的毛玻璃,将激光铅直仪放置在地面激光靶的下方垂直向上测量,通过激光在激光靶上的位置直接测量滑模的垂直状况(图4-65)。

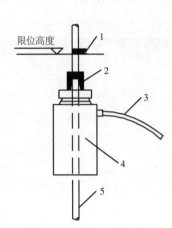

图4-64 滑模的提升限位卡
1—提升限位卡;2—油路控制装置;3—油管;
4—千斤顶;5—支承杆

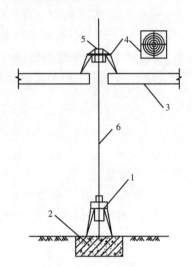

图4-65 激光铅直仪测量垂直度
1—激光铅直仪;2—混凝土底座;
3—滑模平台;4—激光靶;
5—观测口;6—激光束

c. 垂直度偏差的纠正

当垂直度偏差超过5 mm时应及时进行纠正。纠正结构的垂直度偏差时,应逐步徐缓地进行,避免出现死弯。当以倾斜滑升操作平台的办法来纠正垂直度偏差时,操作平台的倾斜度一般应控制在1%之内。

垂直度纠正的方法有平台倾斜调整法和撑拉调整法。

由于结构发生垂直度偏差时平台水平度一般均有偏差,则通过平台倾斜调整法将平台滑升高度较低的部位的千斤顶升高,使平台的水平度得到改善,还可以使平台向反方向倾斜,当滑升平台滑升的轴线和水平度得到恢复,然后再进行若干行程的滑升,观察其垂直度,如果得到纠正,则可回到正常滑升。

撑拉调整法则是通过撑杆或拉杆强制地进行纠偏。当滑模平台发生平移使建筑倾斜或滑模发生扭转时,采用这种方法较为有效。纠偏时,可将撑杆或拉杆的一端设置在下面已经有一定强度的墙体上,而另一端设置在发生位置或高度偏差的模板平台上,在继续滑升时,便可以将该偏差纠正。

当发生扭转时还可以调整混凝土的浇筑方向来进行纠正。它是利用混凝土浇灌和振捣时的水平分力来纠正,但这种纠正方法只能在发生偏差的初期采用,因为这种方法纠正偏差很慢,需要几个浇筑层才能逐步显出效果。

滑模工程的验收应按照《混凝土结构工程施工质量验收规范》(GB50202)。滑模施工的工程结构允偏差则应符合表4-12的规定。

表 4 - 12　　　　　　　滑模施工工程结构的允偏差

项　　目			允许偏差/mm
轴线间的相对位移			5
圆形筒壁结构	直径≤5 m		5
	直径>5 m		半径的 0.1%,并不得大于 10
标高	每层	高层	±5
		多层	±10
	全高		±30
垂直度	每层	层高≤5 m	5
		层高>5 m	层高的 0.1%
	全高	高度<10 m	10
		高度≥10 m	高度的 0.1%,并不得大于 30
墙、柱、梁、壁截面尺寸			+8,-5
表面平整(2 m 靠尺检查)	抹灰		8
	不抹灰		5
门窗洞口及预留洞口的位置			15
预埋件位置			20

④ 楼板施工

为了提高建筑物的整体刚度和抗震性能,高层、超高层建筑的楼板多为现浇结构。当用滑模施工时,现浇楼板结构的施工常用的有下述几种方法:

a. 逐层封闭法("滑一浇一"法)

采用这种工艺施工时,当每层墙体混凝土用滑模浇筑至上层楼板底标高时,将滑模继续向上,滑至模板下口与墙体脱空一定高度(脱空高度根据楼板厚度而定,一般比楼板厚度大 50～100 mm),然后将滑模操作平台中央的活动平台板吊去,进行现浇楼板的支模、绑扎钢筋和浇筑混凝土,如此逐层进行。采用此法施工,滑升一层墙体后紧接着浇筑一层楼板,其优点是建筑物的整体性好,有利于高层建筑的抗震。其缺点是使滑模间断施工,影响滑升速度;模板空滑过程中,易拉松墙体上部的混凝土。

模板与墙体脱空时,外墙外模一般不要滑空,可将外模板高度增加,使其下部"夹住"墙体,此时外周模板与墙体接触部分的高度不得小于 200 mm,以提高滑空阶段滑模系统及结构的稳定性(图 4 - 66)。

b. 隔层封闭法

该施工法是当墙体用滑模连续滑升浇筑数层后,楼板自下而上逐层插入施工。楼板施工用模板、钢筋、混凝土等,可由设置在外墙门窗洞口处的受料平台转运至室内;亦可经滑模操作平台中央的活动平台板处运入。

这种施工法除顶层楼板外,中间的楼板是在墙体混凝土结硬后再浇筑的,为此要解决后浇

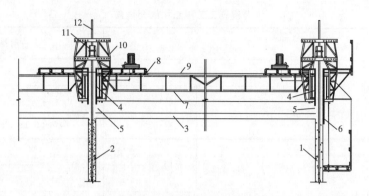

图 4-66　滑模结构楼板的"逐层封闭法"施工

1—外墙；2—内墙；3—拟浇筑楼板；4—内查板；5—滑空高度；6—加长的外模板；

7—操作平台桁架；8—平台板；9—打开的平台板；10—提升架；11—千斤顶；12—支承杆

楼板与墙体的整体连接问题。目前,常用的方法是用钢筋混凝土键连接,即当墙体滑浇至楼板

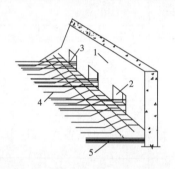

图 4-67　现浇楼板与滑模墙体的整体连接

1—滑模墙体；2—预留孔洞；3—穿过孔洞的钢筋；

4—墙体中预埋的钢筋；5—楼面模板

标高处时,沿墙体每隔一定距离(大约 500 mm)预留孔洞(宽 200～400 mm、高为楼板厚加 50 mm),相邻两间的楼板主筋,可由孔洞穿过并连成整体(图 4-67)。在两端的楼板钢筋应在端墙预留孔洞处与墙板钢筋加以连接。这种接头一般能满足整体性和抗震性能的要求。

全十楼板模板的支设方法,多用搁置式模板或排架支模方法。搁置式是在已滑升浇筑完毕的梁或墙的楼板位置处,利用钢销或挂钩作为临时支承,在其上支设桁架及模板逐层施工。

c. 降模法

用降模法浇筑楼板,也是先施工墙体,再施工楼面,多用于滑模施工的高层居住建筑。这种方法施工楼板十分方便,在施工上具有显著的优越性。这种后期施工楼板的方法,应保证施工过程结构的稳定性。因为此时,结构无楼板,已失去建筑结构整体性。

该法是利用桁架或纵横梁结构,将每间的楼板模板组成整体,通过吊杆、钢丝绳或链条悬吊于建筑物上(图 4-68),先浇筑屋面板和梁,待混凝土达到一定强度后,用降模车将降模平台下降到下一层楼板的高度,加以固定后进行浇筑。如此反复进行,直至底层,最后,将平台桁架在地面上拆除。

降模法施工楼板的楼板与墙体的连接与隔层封闭法中间楼板类似,也需要在墙体上预留孔洞,然后使板的钢筋通过预留孔,以保证楼板与结构的整体性。但用此法施工的结构其整体性还是受到削弱,因此,在抗震设防地区的应用较少。

(3) 滑模系统的拆除

滑模系统的拆除分为整体分段拆除和高空解体散拆两类。由于拆除工作不可避免要在高空作业,故应特别注意安全施工,确定合理的拆除顺序以及施工机械。施工中应设法减少在高处作业,如提升系统的拆除可在操作平台上进行。

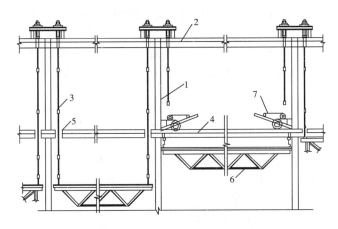

图 4-68　楼板降模施工法
1—墙体；2—已完成的顶层楼板；3—吊杆；4—作业层楼板；
5—楼板留孔柱；6—平台桁架；7—降模车

① 整体分段拆除，地面解体

模板系统、千斤顶及外挑架、外吊脚手架的拆除宜采用整体分段拆除的方法。拆除时应先拆除外墙模板，此时，可将提升架、外脚手架等一起整体拆除，然后拆除内墙模板。模板的拆除程序为：

临时固定外墙提升架和外脚手架→松开围圈连接件→吊紧模板→切割支承杆→起吊模板并转运至地面→模板系统解体。

这方法可以充分利用现场起重机械，既快又比较安全。整体分段拆除前，应做好分段划分的方案设计，方案设计与施工应注意以下几点：

充分利用起重机械的起重能力。

每一房间墙（或梁）区段两侧模板作为一个单元同时吊运拆除，外墙模板连同外挑梁、挂架亦可同时吊运，筒壁结构模板应均匀分段吊运。

外围模板与内墙（梁）模板间的围圈连接点不得过早松开，以防止模板向外倾覆；应待起重设备挂好吊钩并绷紧钢丝绳后，及时将连接点松开。

若模板下有可靠的支承点，内墙（梁）提升架上的千斤顶可提前拆除，否则需待起重设备挂好吊钩并张紧钢丝绳时，将支承杆割断，再进行吊运。

模板吊运前，应挂好牵引绳，模板落地前用引绳牵引导，平稳落地，以防止模板系统部件损坏。

模板落地解体前，应预先做好拆解方案，明确拆解顺序，制定好临时支撑措施，以防止模板系统部件出现倾倒事故。

② 高空解体散拆

当整体分段拆除，地面解体方法无法实现时，可以采用高空解体散拆方法。

高空散拆模板虽不需要大型吊装设备，但占用工期长，耗用劳动力多，且危险性较大。采用高空解体散拆时，必须编制好详细、可行的施工方案，并在操作层下方设置卧式安全网防护，高空作业人员均应系好安全带。一般情况下，模板系统解体前，拆除提升系统及操作平台系统的方法与分段整体拆除相同，模板系统解体散拆的施工顺序为：拆除外吊架脚手架、护栏→拆除外吊脚手架吊杆及外挑架→拆除内固定平台→拆除外墙（柱）模板→拆除外墙（柱）围圈→拆除外墙（柱）提升架→拆除外墙（柱）千斤顶→拆除内墙模板→拆除一个轴线段围圈与提升架→拆除内墙千斤顶。

高空解体散拆模板应注意：在模板散拆的过程中，必须保证模板系统的整体稳定和局部稳定，防止模板系统整体或局部倾倒坍落。因此，在实施过程中，务必有专职人员统一组织、指挥。

4）楼盖结构模板

高层建筑的层数多、高度大，其进深和开间尺寸往往也很大，为满足抗震要求，楼板设计一般均为现浇形式。现浇楼板用的模板体系主要有桁架式模板体系、立柱式模板体系、台模及永久性模板（如预应力薄板、压型钢板）等。

桁架式或立柱式模板体系与多层结构施工类似，其面板可采用胶合板、组合模板等材料。

下面介绍台模与永久性模板两种体系。

（1）台模

台模是一种由平台板、梁、支架（支柱）、支撑和调节支腿等组成的大型工具式模板，它可以整体脱模和转运，借助吊车从浇完的楼板下"飞"出转移至上层重复使用，故亦称为"飞模"。其适用于高层建筑大开间、大进深的现浇钢筋混凝土楼盖施工。由于它装拆快、人工省、技术要求低，在许多国家得到推广。但它只适用于外墙不封密的情况。

台模按其支承形式分为有支腿式和无支腿式两类。前者有分离式支腿、伸缩式支腿和折叠式支腿三种；后者支承在墙或柱侧面的支托上，亦称悬架式。按其制作方式可分为组装式台模及固定式台模两种。

① 组装式台模

这种台模的构造如图4-69所示，其面板可采用定型组合钢模板拼装；为减少缝隙应尽量用大规格的模板，组合钢模板之间用U形卡和L形插销连接。次肋应采用薄壁型钢，次梁与面板之间用U形螺栓和蝶形扣件连接。主肋常用矩形钢管，主肋与次肋之间用紧固螺栓和蝶型扣件连接。支柱用常用的脚手钢管（$\phi48\times3.5$）。水平支撑和斜撑亦用钢管，与支柱之间用钢管脚手扣件连接。

这种台模的升降是用螺旋千斤顶，小幅度的升降则用木楔调节。台模拆模后的行走，可用台模升降运输车。组装式台模还可利用门型组合式脚手架组装，这种台模是用门型组合式脚手架作支架，用组合式钢模板、钢木（竹）组合模板、薄钢板或多层胶合板等为面板拼装而成。

② 固定式台模

固定式台模有多种形式，如桁架式、悬架式等，它结构牢固，转运方便，但制作费用较高。

桁架式台模由桁架、搁栅、面板、钢支腿及操作平台等组成。台模可以整体脱模并在一定范围内升降，用吊车从已浇筑的楼板下的柱间滑出墙面翻转到上层重复使用。它适合于大开间、大进深的现浇楼盖结构。由于其受荷面积较大，为减轻台模重量，各部件宜用铝合金材料。这种台模的构造如图4-70所示。搁栅采用铝合金，其重量轻、施工方便。在搁栅上缘的凹槽中嵌入木块，就可用钉子与面板连接。

可调钢支腿的作用为支承台模和调节高度，一般用型钢，它由内外方套管和螺旋底座组成。大幅度调节高度通过销栓插入内套管上的孔，微调则用螺旋底座。

这种台模设四个吊点，吊点在桁架上，其位置由自重平衡计算求得。

浇筑的楼板混凝土达到规定强度后可以拆模。拆模前先用液压千斤顶于支腿附近向上微微顶紧，然后，将支腿底部的螺旋千斤顶旋松，使之不再受力，使模板下降脱离板底。

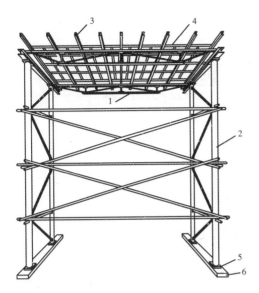

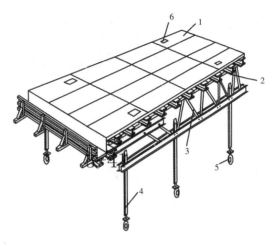

图 4-69　组合式台模
1—桁架；2—支撑；3—小肋；4—面板；
5—调整块；6—垫木

图 4-70　带支腿的桁架式台模
1—面板；2—次肋；3—金属桁架；4—可调支腿；
5—行走轮；6—吊装孔

为使台模能推出楼面，每个台模下部应设滚轮，台模整体下降后，将其向外水平推移。待第一排吊点移出楼层时，就将塔式起重机的吊索挂上，随后继续向外推移，至第二排吊点接近楼层边缘时再挂上吊索，接着缓缓提升使台模继续外移，直至台模全部移出楼层，然后提升并向上转移(图 4-71(a))。台模的转移也可采用大型的 C 形钩直接将台模移出并转移至上一楼面(图 4-71(b))。

(2) 永久性模板

① 预应力薄板

预应力薄板叠合楼板是一种永久性模板，它由预制的预应力混凝土薄板和现浇的钢筋混凝土叠合层组成的楼板结构。施工时，预应力薄板作为模板，浇筑混凝土叠合层后即形成整体楼板。预应力薄板能承受较大荷载，在楼面钢筋和混凝土施工时，一般不需支撑，或仅需少量立柱支撑。

浇筑叠合层前要将薄板表面清扫干净，最好用压缩空气吹净，或用水冲洗干净，并使薄板表面充分湿润，以保证薄板与叠合层的粘结力。

浇筑叠合层时，混凝土布料要均匀，以免荷载集中，同时，施工荷载不能超过规定的数值。振捣要密实，振后用木抹抹平。

② 压型钢板

压型钢板在高层建筑中应用较多。压型钢板亦称钢铺板或钢衬板，它是用厚 1 mm 左右的钢板压制成型。有槽形、波浪形、楔形等形状，并经过防锈处理(图 4-72)。压型钢板用于楼板施工，其优点是铺设方便、不需底模板、能缩短工期、节约劳动力和节省模板材料，但其缺点是钢材消耗较多、造价高。

压型钢板使用时应验算其强度和变形，要求控制跨中最大变形不大于 1/200 跨度，并不大于 20 mm，如果变形超过规定值，则应在压型钢板底设置临时支撑。

压型钢板用于楼板结构，有下列两种方式：

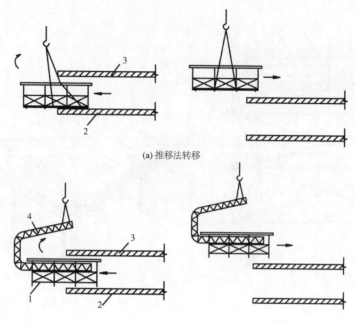

(a) 推移法转移

(b) 采用C形钩转移

图 4-71　台模的转移
1—台模；2—下层楼面；3—上层楼面；4—C形钩

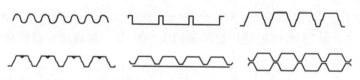

图 4-72　各种截面的压型钢板

a. 压型钢板只用作永久性模板，施工时承受混凝土重量和施工荷载，待混凝土达到设计强度后，全部荷载转由楼板混凝土承受，不考虑压型钢板的作用，这种方式称为非组合式。

b. 另一种是组合式，即压型钢板与楼板混凝土通过一定的构造措施形成组合结构，共同承受荷载。压型钢板在施工阶段作为模板，当混凝土浇筑成型后又与楼板混凝土共同受力。此时，为确保压型钢板与混凝土能共同作用，二者之间粘结力十分重要，其连接方式和连接件的质量应保证钢板与混凝土的粘结力。常用的连接方式有机械连接、铆钉连接、卡件连接及焊接连接（点焊、电弧焊、氧乙炔焊等）等，也有采用合成树脂、橡胶制剂及化学制剂粘接的。一般压型钢板通过栓钉与钢梁固定，可提高组合楼板的纵向抗剪强度。这一方法施工也很方便。

端部采用抗剪栓钉的焊接有两种方式：ⓐ普通栓钉焊，即栓钉直接焊在工件上；ⓑ穿透栓钉焊，它是先将栓钉引弧后熔穿薄钢板，然后再与工件焊熔成一体。图 4-73 是在组合楼板中的穿透栓钉焊。

压型钢板的安装根据钢结构和混凝土结构工艺有所不同。

钢结构中压型钢板的安装流程为：找平放线→安装压型钢板（安装于钢梁上）→校正→压型钢板端部与

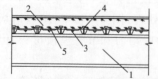

图 4-73　组合楼板的穿透栓钉焊
1—钢梁；2—楼板混凝土；3—压型钢板；
4—栓钉；5—楼板钢筋

梁点焊固定→设置临时支撑→压型钢板纵向连接→栓钉焊接→清理模板。

混凝土结构中压型钢板的安装流程为：找平放线→设置支撑龙骨→安装压型钢板(安装于龙骨上)→校正→压型钢板与龙骨固定→压型钢板纵向连接→清理模板。

4.5.3　高层钢结构施工

1) 高层钢结构的施工特点

高层钢结构工程施工是将工厂加工和生产的钢构件,经运输、中转、堆放和配套后运到施工现场,再用建筑起重机等设备将其安装到设计预定的位置进行连接、校正和固定,构成空间钢结构。其主导工程为结构吊装工程。

在施工程序上,由于高层钢结构既不同于单层钢结构,更与钢筋混凝土结构有根本的区别,其独有的施工特点如下：

(1) 施工进度快、工期短

高层钢结构上部结构的现场施工,实际是钢构件的安装和固定,大量构件均在工厂生产,所以,高层钢结构在现场的施工速度相当快。但高层钢结构的施工速度也受到许多因素的制约,如结构连接较为复杂(特别是焊接连接);高空作业受风的影响较大;高空作业工作效率低;钢筋混凝土基础施工速度慢对工期也有影响等。

(2) 高层钢结构现场用地面积小,施工时对周围的环境影响小

由于高层钢结构工程的供料按需要可加以控制,因而现场可不需设置仓库,仅需起重设备所需的使用空间和调运钢构件占用的地方。

另外,高层钢结构的安装操作无噪声、尘土,废料也少,这对周围的生态环境和居民生活影响较小;其辅助构件的预制同样亦如此。因此,可实现"绿色施工"。

(3) 高层钢结构需进行防火处理

钢材耐热但不耐火,耐火性能差是钢材的致命弱点。当外界温度在 200℃ 以内时,钢材性能没有很大的变化,但当温度在 430℃～540℃ 之间时则其强度急剧下降,塑性增强;而温度为 600℃ 时材料已失去承载能力。因此,高层钢结构必须进行防火处理,以保证建筑物和人员的生命财产安全。防火处理大大增加了施工的工程量和难度,也增加了工程的造价。

(4) 高层钢结构施工精度要求高

高层钢结构由于高度大,其主要构件安装的精度将直接影响结构的垂直度,装配式结构的连接要求,也需要构件有更高的精确性,为此,钢材、钢构件加工、构件安装均要在允许误差之内,这样,才能最后保证顺利施工以及整个建筑物的精度。

2) 高层钢结构分类

高层钢结构的结构体系包括抗侧力体系和抗重力体系两部分。前者抵抗水平荷载(包括风荷载和地震水平作用),后者承受竖向重力(包括地震竖向作用)。由于水平荷载为高层结构的主要荷载,显然,前者为高层钢结构结构体系的主要部分。

组成高层钢结构抗侧力体系的基本单元有四种,即钢框架、支撑桁架、钢筋混凝土或钢剪力墙(筒)和由密柱深梁构成的框筒。这四种基本单元之间的不同组合便形成了不同的抗侧力体系,也就决定了高层钢结构不同的类型。

高层钢结构根据结构体系所使用的材料不同可分为三大类,即全钢结构,钢-混凝土混合结构,型钢-混凝土结构;又根据受力不同分为若干类型见表 4-13。

表 4 - 13　　　　　　　　　高层钢结构体系

全钢结构	钢-混凝土组合结构	型钢-混凝土结构
框架体系 框撑体系 框筒体系 筒中筒体系 筒体体系 大型支撑体系	混凝土芯筒-钢框架体系 混凝土墙-钢框架体系 混凝土芯筒-钢外筒体系 混凝土外筒-钢框架体系	梁、柱用型钢为骨架,外包混凝土,柱用圆钢管或方钢管,内灌混凝土

3) 钢结构柱、梁截面

钢柱截面有多种(图 4-74),其中 H 形截面柱使用率最大(图 4-74(a)),它包括轧制和焊接 H 形两种。其特点是截面抗弯刚度大,两个方向的稳定性接近,构造简单,制造方便,便于连接,因而是高层钢结构钢柱常用的一种截面形式。

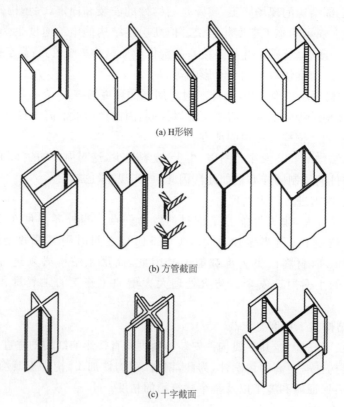

(a) H形钢

(b) 方管截面

(c) 十字截面

图 4-74　高层钢结构柱截面形式

高层钢结构中的钢梁分为三类,即实腹式钢梁、格构式钢梁和钢与混凝土板组合梁,如图 4-75 所示。

实腹式钢梁包括 H 形钢梁、箱形梁、轧制槽钢梁等,前二者应用最为广泛。

钢与混凝土组合梁充分利用钢和混凝土材料的各自优点,上部混凝土楼盖受压,而钢梁则受拉。为使钢梁与混凝土板能有效地协同工作,在钢梁与混凝土交界处必须设置机械连接(如栓钉),以承受接触面的水平剪力。

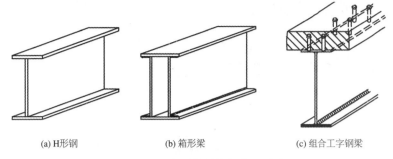

| (a) H形钢 | (b) 箱形梁 | (c) 组合工字钢梁 |

图 4-75　高层钢结构梁截面形式

4）高层钢结构安装

（1）起重机的选择

高层钢结构安装采用的主要机械是塔式起重机,在结构安装前应根据建筑的平面形状与尺寸、构件重量和安装高度等选择合适的起重机。选择与布置塔式起重机的基本原则是塔吊有足够的起重高度、起重量和起重半径。如采用多台起重机作业时应使起重机安全回转不发生吊臂碰撞。塔吊作业应保证结构安装的精确度。起重机选择后应做好施工平面图布置。

（2）钢结构安装程序

合理的安装程序是结构在安装过程中的整体稳定和局部稳定的保证,必要时应进行吊装过程中的结构受力分析。如果不满足,则应采取加固措施。合理的安装程序对于减小安装中的变形及附加应力,保证结构精度也有十分重要意义。因此,必须应给予充分重视。

结构平面安装顺序应按照结构约束较大的中间区域向四边扩展的步骤,尽可能减少累积误差。如高层筒体结构,则可先安装内筒,后安装外筒。又如,对称结构可采取对称安装方案。结构的空间安装顺序一般均分单元逐层进行。先吊装标准柱,然后组成十字框架,再从中间向四周由下到上进行安装,最后进行节点焊接或螺栓连接。

图 4-76 为一般钢结构综合安装流水顺序。

（3）构件安装与连接

① 柱脚施工

a. 地脚螺栓埋设

目前高层钢结构工程柱基地脚螺栓的埋置方法与单层厂房类似,常用的方法有直埋法、套管法及钻孔法三种。

b. 地脚螺栓检查

柱基地脚螺栓检查的内容包括螺栓长度、螺栓位置、螺栓垂直度等。

c. 标高块设置及柱底灌浆

基础标高块设置与柱底灌浆施工方法与单层厂房结构柱施工类似。

② 梁、柱吊装

高层钢结构安装柱时,每节柱的定位轴线均应从地面控制轴线直接引上,不得从下层柱的轴线引上。结构楼层的标高按设计标高进行控制。

高层钢结构梁柱吊装顺序为:在平面上从中心向四周发展,在垂直方向由下而上,这种顺序可使结构安装的积累误差减到最小。

钢柱吊装前,应预先在地面上把操作挂篮、爬梯等固定在施工需要的柱子部位上。在吊装第一节钢柱时,应在预埋的地脚螺栓上加设保护套,以免钢柱就位时碰坏地脚

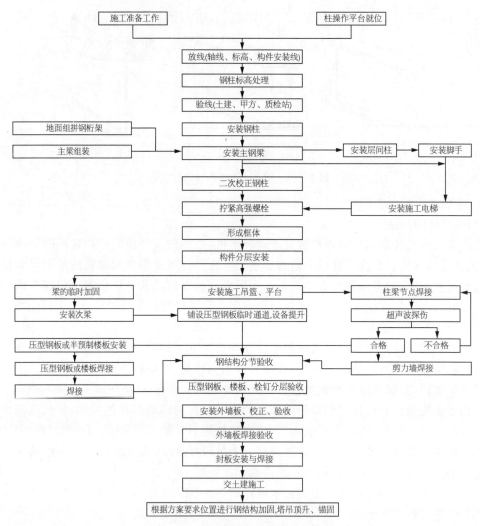

图 4-76　钢结构综合安装流水顺序

螺栓。

　　钢柱的吊点设在吊耳(也称耳板)处,柱子在制作时于吊点部位均焊有吊耳,吊装完毕再将其割去。根据钢柱的重量和起重机的起重量,钢柱的吊装(图 4-77)可用双机抬吊或单机吊装。单机吊装时需在柱子根部垫以垫木,以回转法起吊,严禁柱根拖地。双机抬吊时,钢柱吊离地面后在空中进行回直。

　　钢柱就位后,先对钢柱的垂直度、轴线、牛腿面标高进行初校,然后,安设临时固定螺栓,再拆除吊索。钢柱起吊回转过程中应注意避免同其他已吊好的构件相碰撞,吊索应具有一定的有效高度。

　　钢梁在吊装前,应检查牛腿处标高和柱子间距。主梁吊装前,应在梁上装好扶手和安全网,待主梁吊装就位后,将安全网与钢柱系牢,以保证施工人员的安全。

　　钢梁一般采用二点吊,可在钢梁上翼缘处焊接吊钩。吊点位置取决于钢梁的跨度。为加快吊装速度,对重量较小的次梁和其他小梁,多利用多头吊索一次吊装数根。

　　有时可将梁、柱在地面组成排架进行整体吊装,如上海金沙江大酒店就是预组装成 4～5 层的排架进行整体吊装,减少了高空作业,保证了质量,并加快了吊装速度。

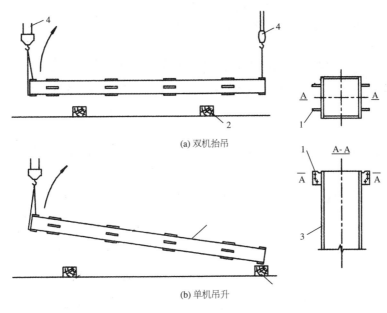

(a) 双机抬吊

(b) 单机吊升

图 4 - 77　钢柱吊装

1—吊耳；2—垫木；3—柱；4—吊钩

③ 钢柱校正

a. 标准柱

标准柱是控制框架平面位置的基准，用它来控制框架结构的安装质量。一般选择平面转角柱为标准柱，如正方形框架取 4 根转角柱；矩形框架当长边较大时，可在长边中间增设 1 根柱；多边形框架取转角柱为标准柱。

b. 钢柱校正

进行钢柱校正时，可采用激光经纬仪以基准点为依据对框架标准柱进行垂直度观测，对钢柱顶部进行竖直度校正，使其在允许偏差范围内。

框架其他柱子的校正一般也采用激光经纬仪。简易的做法是采用直接丈量法，其具体做法是以标准柱为依据，用钢丝绳组成平面方格封闭状，用钢尺丈量距离，对超过允许偏差者予以调整偏差。

框架柱校正完毕后要整理数据，进行中间验收鉴定，然后才能开始高强螺栓的紧固工作。

④ 连接施工

钢构件的现场连接是钢结构施工中的关键工序。连接的基本要求是：提供设计要求的约束条件；应有足够的强度和规定的延性，制作和施工简便。目前，钢结构的现场连接，主要是用焊接和高强螺栓连接。

a. 焊接

a）焊接准备工作

（a）焊条烘焙

焊条和药芯焊丝使用前必须按质量要求进行烘焙，焊条经过烘焙后，应放在保温箱内随用随取。

（b）气象条件检测

气象条件影响焊接质量。当电焊直接受雨雪影响时应停止作业，在雨雪后要根据焊接区大气湿度决定是否进行电焊。当焊接部位附近的风速超过 10 m/s 时，一般不应进行焊接，但在有防风措施，确认对焊接作业无妨碍时可进行焊接。

（c）坡口检查

柱与柱、柱与梁上下翼缘的坡口焊接，电焊前应对坡口组装的质量进行检查，如误差超过允许误差，则应返修后再进行焊接。同时，焊接前对坡口进行清理，去除对焊接有妨碍的水分、垃圾、油污和锈迹等。

（d）引弧板和钢垫板

现场柱与梁、梁与梁的对接坡口电焊，应使用与接头等厚度的引弧板，在接头焊缝焊完后，将板割去，将割疤磨光。

坡口根部应设钢垫板，钢垫板厚 6 mm，其长度应考虑两端引弧板的长度。钢垫板的焊接采用分段焊接。

b）焊接工艺

（a）预热

厚度大于 50 mm 的碳素结构钢和厚度大于 36 mm 的低合金结构钢施焊前应进行预热，预热温度宜控制在 100℃～150℃；焊后应进行后热，后热温度由试验确定。环境温度低于 0℃ 时，预热由试验确定。

（b）焊接

柱与柱的对接焊接，采用两边同时对称焊接。柱与梁的焊接，也应在柱的两侧对称同时焊接，以减少焊接变形和残余应力。

柱与梁的节点焊接顺序：先焊顶部，再焊底部，最后焊中间部分。

c）焊缝质量检验

高层建筑钢结构的焊缝质量检验，属于二级检验。其质量检验应按《钢结构工程施工质量验收规范》（GB50205）的有关规定执行。

b．高强螺栓连接

a）高强螺栓分类

根据施工方法不同，高强螺栓可分为大六角头普通型和扭剪型两大类。

高强螺栓的强度等级分为 8.8 级和 10.9 级两种。其中，小数点前的"8"或"10"表示螺栓经热处理后的最低抗拉强度属于 800 N/mm² 或 1 000 N/mm² 这一级，小数点后的"0.8"或"0.9"表示螺栓经热处理后的屈强比。

目前，采用最为广泛的是扭剪型高强螺栓，它是在普通大六角高强螺栓的基础上发展起来的，它们之间的区别仅是外形和施工方法不同，其力学性能和紧固后的连接性能完全一样。

扭剪型螺栓的螺头与铆钉头相似，螺尾增设一个梅花卡头和一个能够控制紧固扭矩的环形切口。在施工方法上，普通高强螺栓加于螺母上的紧固扭矩是用施工扳手控制的；而扭剪型高强螺栓加于螺母上的紧固扭矩是由螺栓本身环形切口的扭断力矩来控制的。

扭剪型高强螺栓的紧固用的是一种特殊的电动扳手，扳手有内外两个套筒。紧固时，内套筒套在梅花卡头上，外套筒套在螺母上。当加于螺母上的扭矩增加到切口扭断力矩时，切口扭断，紧固完毕。

b）高强螺栓连接的施工工艺

（a）摩擦面处理

用高强螺栓连接，摩擦面要进行处理。摩擦面的处理方法分为两类：第一类是经喷砂、喷丸、砂轮打磨、酸洗、火焰喷烤后，再采取热浸电镀、金属喷镀、刷富锌涂料等使接合面生锈。第二类是经上述方法处理后，再使其生成赤锈，以提高摩擦系数。我国多采用第二类处理方法。

（b）连接板安装

$d \leqslant 1.0$ mm，可不作处理，否则，若两个被连接构件板厚不同，为保证构件与连接板间紧密结合，对由于板厚差值而引起的间隙要作如下处理：间隙 $d = 1.0 \sim 3.0$ mm，将厚板一侧磨成 $1:10$ 的缓坡，使间隙小于 1.0 mm；$d > 3.0$ mm，应加放垫板，垫板上下摩擦面的处理与构件相同。

（c）高强螺栓安装和紧固

安装高强螺栓时，应用尖头撬棒及冲钉对正两连接板的螺孔，将螺栓自由插入。

高强螺栓必须分两次（即初拧和终拧）进行紧固。初拧扭矩值不得小于终拧扭矩值的30%，终拧扭矩值应符合设计要求。

同一连接面上的螺栓，应由接缝中部向两端顺序进行紧固。两个连接构件的紧固顺序，应先紧固主要构件，后次要构件。

为保证高强螺栓的施工质量，对用于紧固高强螺栓的电动板手要定期进行校验。对已紧固的高强螺栓，应在施工自检、互检的基础上，由专职人员进行验收。对终拧用电动板手紧固的高强螺栓，以螺栓尾部是否拧掉作为验收标准。

（4）高层钢结构施工中的焊接变形控制

高层钢结构在施工中的焊接变形与应力控制主要有：由焊缝纵向收缩引起的纵向变形；由焊缝横向收缩引起的横向变形；由贴角焊缝在高度方向的收缩不均匀而引起的角变形以及收缩不均匀引起的扭转和波浪变形等。焊接变形对结构是不利的，在施工中应采取措施使之尽可能地减小。

减小焊接变形可采取以下措施：

① 在材料放样时留足电焊后的收缩余量，对梁、桁架类构件考虑起拱；

② 小型结构可以一次装配。大型结构尽可能分成若干小组件，先进行小组件组装，然后进行总装；

③ 选择合适的焊接工艺，应先焊接变形较大的焊缝，尽量对称施焊经常翻转构件，使之变形相互抵消；

④ 采用垫高焊缝位置等方法形成"反变形"，以抵消焊接变形。

（5）高层钢结构安装质量标准

高层钢结构安装工程可以按照楼层或施工段划分为若干检验批。在钢结构检验时梁、柱、支撑等构件的长度尺寸应包括焊接收缩余量等变形值。

高层钢结构柱子安装偏差采用全站仪或经纬仪和钢尺进行检查。其允许偏差应符合表4-14的规定。钢主梁、次梁及受压杆件的垂直度和侧向弯曲矢高的允许偏差见本书第二章表2-13中的钢屋（托）架、桁架、梁及受压杆件一栏。

表 4 - 14 **高层钢结构柱子安装的允许偏差**

项　目	允许偏差	图　例
底层柱柱底轴线对 定位轴线偏移	3.0	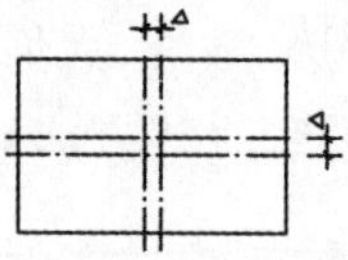
柱子定位轴线	1.0	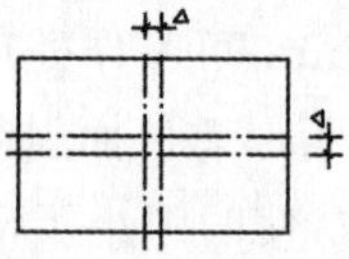
单节柱的垂直度	$h/1\,000$，且$\not>10.0$	

高层钢结构主体结构的整体垂直度采用激光经纬仪、全站仪测量，也可根据各节柱的垂直度允许偏差累计计算。对于整体平面弯曲的检验可按产生的允许偏量累计计算。高层钢结构主体结构的整体垂直度和整体平面弯曲的允许偏差见表 4 - 15。

表 4 - 15 **主体结构整体垂直度和整体平面弯曲的允许偏差**

项　目	允许偏差	图　例
主体结构整体垂直度	$(H/2\,500+10.0)$， 且$\not>50.0$	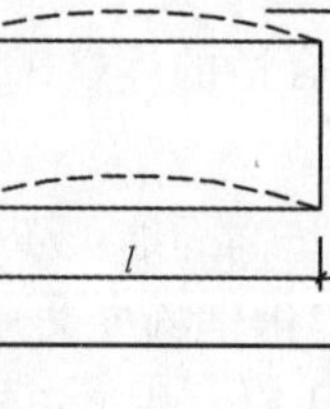
主体结构整体平面弯曲	$L/1\,500$，且$\not>25.0$	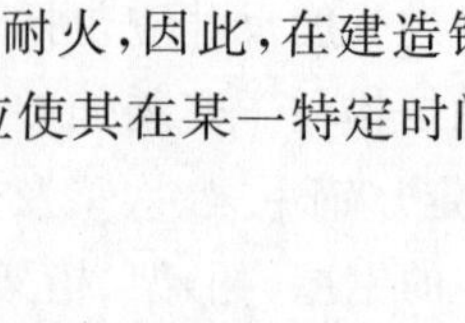

5）防火工程

钢材由于其热传导快、比热小，它虽是一种不燃材料，但不耐火，因此，在建造钢结构高层建筑时，特别要重视火灾的预防。建筑物和结构构件的设计，应使其在某一特定时间内具有抵抗火灾的能力。

（1）耐火极限

构件的耐火极限是指构件从受到火的作用时起，到失去支持能力或完整性被破坏或失去隔火作用时为止的这段时间,用小时(h)表示。

钢结构构件的耐火极限是依建筑的耐火等级和构件种类而定;而建筑物的耐火等级又是根据建筑物的重要性,火灾危险性,建筑物的高度和火灾荷载确定。高层建筑的耐火等级分为一、二两级。火灾荷载是指建筑物内如结构部件、家具和其他物品等可燃材料燃烧时产生的热量。

2)钢构件的防火措施

钢结构构件的防火措施,总的说来有外包层法、屏蔽法和水冷却法三类。

外包层法(图4-78(a))是应用最多的一种方法。它又分为湿作业和干作业两类。湿作业分浇筑、抹灰、喷射三种。前者即在钢构件四周浇筑一定厚度的混凝土、轻质混凝土或加气混凝土等,以隔绝火焰或高温。为增强所浇筑的混凝土的整体性和防止其遇火剥落,可埋入细钢筋网或钢丝网;抹灰是在钢构件四周包以钢丝网,外面再抹以蛭石水泥灰浆、珍珠岩水泥(或石膏)灰浆、石膏灰浆等,其厚度视耐火极限而定,一般约为35 mm;喷射则用喷枪将混有粘合剂的石棉或蛭石等保护层喷涂在钢构件表面,形成防火的外包层。干作业是用预制的混凝土板、加气混凝土板、蛭石混凝土板、石棉水泥板、陶瓷纤维板以及矿棉毡、陶瓷纤维毡等包围钢构件以形成防火层。板材用化学粘合剂粘贴;棉毡等柔软材料则用钢丝网固定在钢构件表面。楼板、梁和内柱的防火多用外包层法。

屏蔽法(图4-78(b))是将钢结构构件包藏在耐火材料构成的墙或顶棚内,或用耐火材料将钢构件与火焰、高温隔绝开来。这常常是较经济的防火方法,国外有些钢结构高层建筑的外柱即采用这种方法防火。

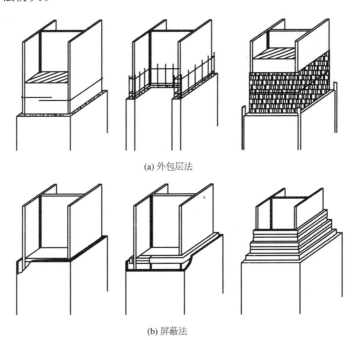

(a)外包层法

(b)屏蔽法

图4-78 柱的防火措施

水冷却法,即在呈空心截面的钢柱内充水进行冷却。如发生火灾,钢柱内的水被加热而产生循环,热水上升,冷水自设于顶部的水箱流下,以水的循环将火灾产生的热量带走,以保证钢结构不丧失承载能力。此法已在柱子中应用,亦可扩大用于水平构件。为了防止钢结构生锈,可在水中掺入专门的防锈外加剂。冬季为了防冻,亦可在水中加入防冻剂。64 层的匹兹堡美国钢铁公司大厦,即采用水冷却法进行钢结构防火。

　　钢结构高层建筑的防火是十分重要的,它关系到居住人员的生命财产安全和结构的稳定。在国外,高层钢结构防火措施的费用一般占钢结构造价的 18%～20%,占整个结构造价的9%～10%。

参 考 文 献

［1］ 赵志缙,应惠清.建筑施工[M].4 版.上海:同济大学出版社,2004.

［2］ 应惠清.土木工程施工[M].2 版.北京:高等教育出版社,2009.

［3］ 郭正兴.土木工程施工[M].南京:东南大学出版社,2001.

［4］ 《建筑施工手册》编写组.建筑施工手册[M].4 版.北京:中国建筑工业出版社,2002.

［5］ 应惠清.基坑支护工程[M].北京:中国建筑工业出版社,2003.

［6］ 曹善华.建筑施工机械[M].上海:同济大学出版社,1992.

［7］ 上海建工集团.上海建筑施工新技术[M].北京:中国建筑工业出版社,1999.

［8］ 范庆国.建设工程施工新技术应用案例[M].北京:中国建筑工业出版社,2007.

［9］ 马保国.新型泵送混凝土技术及施工[M].北京:化学工业出版社,2006.

［10］ 赵志缙,叶可明.高层建筑施工[M].2 版.上海:同济大学出版社,1997.

［11］ 中华人民共和国国家标准(GB 50202—2002).建筑地基基础工程施工质量验收规范[S].北京:中国计划出版社,2002.

［12］ 中华人民共和国国家标准(GB 50203—2002).砌体工程施工质量验收规范[S].北京:中国计划出版社,2002.

［13］ 中华人民共和国国家标准(GB 50204—2002).混凝土结构工程施工质量验收规范[S].北京:中国计划出版社,2002.

［14］ 中华人民共和国国家标准(GB 50205—2001).钢结构工程施工质量验收规范[S].北京:中国计划出版社,2001.

［15］ 中华人民共和国行业标准(JGJ 99—98).高层民用建筑钢结构技术规程[S].北京:中国建筑工业出版社,1998.

［16］ 中华人民共和国行业标准(JGJ 130—2001).建筑施工扣件式钢管脚手架安全技术规程[S].北京:中国建筑工业出版社,2001.

［17］ 中华人民共和国行业标准(JGJ 162—2008).建筑施工模板安全技术规范[S].北京:中国建筑工业出版社,2008.